MIX
Papier aus verantwortungsvollen Quellen
Paper from responsible sources
FSC® C105338

Andreas Göldel

Lokalisierungsverhalten von Carbon-Nanotubes in schmelzegemischten thermoplastischen Polymerblends

disserta
Verlag

Göldel, Andreas: Lokalisierungsverhalten von Carbon-Nanotubes in
schmelzegemischten thermoplastischen Polymerblends, Hamburg,
disserta Verlag, 2014

Buch-ISBN: 978-3-95425-300-5
PDF-eBook-ISBN: 978-3-95425-301-2
Druck/Herstellung: disserta Verlag, Hamburg, 2014

Bibliografische Information der Deutschen Nationalbibliothek:
Die Deutsche Nationalbibliothek verzeichnet diese Publikation in der Deutschen
Nationalbibliografie; detaillierte bibliografische Daten sind im Internet über
http://dnb.d-nb.de abrufbar.

An der Fakultät für Maschinenwesen der Technischen Universität Dresden zur Erlangung
des Grades eines Doktor-Ingenieurs (Dr.-Ing.) angenommene D i s s e r t a t i o n von
Dipl.-Ing. Andreas Göldel, geboren am 11.06.1978 in Erlangen

o Tag der Einreichung: 09. Juli 2012
o Tag der Verteidigung: 08. Juli 2013

Gutachter:
o Herr Prof. Dr.rer.nat.habil. G. Heinrich
o Herr Prof. Dr.-Ing. K. Schulte

Vorsitzender der Prüfungskommission:
o Herr Prof. Dr.-Ing. habil. W. Hufenbach

Das Werk einschließlich aller seiner Teile ist urheberrechtlich geschützt. Jede Verwertung
außerhalb der Grenzen des Urheberrechtsgesetzes ist ohne Zustimmung des Verlages
unzulässig und strafbar. Dies gilt insbesondere für Vervielfältigungen, Übersetzungen,
Mikroverfilmungen und die Einspeicherung und Bearbeitung in elektronischen Systemen.

Die Wiedergabe von Gebrauchsnamen, Handelsnamen, Warenbezeichnungen usw. in
diesem Werk berechtigt auch ohne besondere Kennzeichnung nicht zu der Annahme,
dass solche Namen im Sinne der Warenzeichen- und Markenschutz-Gesetzgebung als frei
zu betrachten wären und daher von jedermann benutzt werden dürften.

Die Informationen in diesem Werk wurden mit Sorgfalt erarbeitet. Dennoch können
Fehler nicht vollständig ausgeschlossen werden und die Diplomica Verlag GmbH, die
Autoren oder Übersetzer übernehmen keine juristische Verantwortung oder irgendeine
Haftung für evtl. verbliebene fehlerhafte Angaben und deren Folgen.

Alle Rechte vorbehalten

© disserta Verlag, Imprint der Diplomica Verlag GmbH
Hermannstal 119k, 22119 Hamburg
http://www.disserta-verlag.de, Hamburg 2014
Printed in Germany

LOKALISIERUNGSVERHALTEN VON CARBON-NANOTUBES IN SCHMELZEGEMISCHTEN THERMOPLASTISCHEN POLYMERBLENDS

An der Fakultät Maschinenwesen

der Technischen Universität Dresden

zur

Erlangung des Grades eines Doktor-Ingenieurs

(Dr.-Ing.)

angenommene

Dissertation

von

Dipl.-Ing. Andreas Göldel

geboren am 11.06.1978

in Erlangen

Meinen Eltern

DANKSAGUNG

Die vorliegende Arbeit entstand zwischen 2007 und 2011 während meiner Tätigkeit als wissenschaftlicher Mitarbeiter am Leibniz-Institut für Polymerforschung Dresden e.V. (IPF). Dass ich mich später sehr gerne an diese Zeit zurückerinnern werde, verdanke ich insbesondere den Mitarbeitern dieses Instituts.

Mein besonderer Dank gilt Herrn Prof. Dr. Gert Heinrich und Frau Dr. Petra Pötschke für die hervorragende Betreuung, die vielen sehr guten Hinweise sowie ihr großes Vertrauen, das mir viele Freiräume eröffnet und mich stets von neuem motiviert hat. Durch ihr stetiges Interesse an den Fortschritten meiner Arbeit haben beide wesentlich zum Gelingen meiner Dissertation beigetragen.

Meinem Zweitgutachter, Herrn Prof. Dr. Karl Schulte möchte ich meinen tief empfundenen Dank für sein stetiges wohlwollendes Interesse am meiner Arbeit, insbesondere aber für die mit der Übernahme des Zweitgutachtens verbundenen Opfer an Zeit und Kraft aussprechen.

Herrn Dr. Holger Ruckdäschel bin ich zu besonderem Dank verpflichtet. Durch ihn wurde ich nicht nur exzellent in die Polymerforschung eingewiesen; seine Unterstützung und Förderung während meiner Zeit am Lehrstuhl für Polymere Werkstoffe in Bayreuth war von entscheidender Bedeutung für meinen weiteren beruflichen Werdegang.

Herrn Dr. Michael Lang, Herrn Dr. Frank Böhme und Frau Dr. Karina Grundke schulde ich herzlichen Dank für deren wertvolle Unterstützung in komplexen und schwer überschaubaren Wissensgebieten. Zudem möchte ich mich bei Frau Marén Gültner bedanken, die im Rahmen ihrer Diplomarbeit alle in Kapitel 8 dieser Arbeit dargestellten Ergebnisse erarbeitet hat.

Herrn Martin Kaufmann möchte ich für eine hervorragende Einweisung in die Fluoreszenzmikroskopie und seine hohe Hilfsbereitschaft bei der Bewältigung der vielen technischen Probleme danken.

Herrn Dr. Petr Formanek, Frau Regine Boldt und Herrn Dr. Mensch von der TUD danke ich für die vielen ausgezeichneten transmissionselektronenmikroskopischen Aufnahmen und Analysen, die zu einem wesentlichen Bestandteil meiner Arbeit wurden.

Den Mitarbeitern der Arbeitsgruppe CNT-Komposite sowie der Abteilung Polymerreaktionen und Blends möchte ich für die vielen theoretischen und praktischen Hilfestellungen sowie für ihre große Unterstützung bei der Herstellung und Charakterisierung verschiedenartigster Proben danken. Ich hoffe, dass die dabei entstandenen Freundschaften über viele Jahre und trotz meines inzwischen weit entfernten Wohnsitzes auch künftig Bestand haben werden. Herrn Dr.

Gaurav Kasaliwal, Herrn Dr. Robert Socher und Herrn Timo Andres möchte ich für ihre Freundschaft und für die humorvolle Atmosphäre danken. Bessere Bürokollegen kann man sich nicht wünschen.

Herrn Bernd Kretzschmar und allen Mitarbeitern des IPF-Technikums danke ich für die Durchführung der Extrusions- und Spritzgussversuche, die für diese Arbeit und für die von mir bearbeiteten Industriekooperationen benötigt wurden.

Herrn Dr. Sven Pegel bin ich für die Unterstützung während meiner Anfangszeit am IPF sowie für die Überlassung seiner „historischen Proben" ausgerichteter Carbon Nanotubes dankbar.

Für die mechanische Prüfung einer großen Zahl nanotubehaltiger Probekörper danke ich Herrn Bernd Scheibner und Frau Marion Kretzschmar. Auf meine Besuche im mechanischen Prüflabor habe ich mich stets gefreut. Dies gilt ebenso für jene in der thermischen Analyse bei Frau Liane Häußler. Auch ihr gilt mein herzlicher Dank. Bei Herrn Dr. Jürgen Pionteck möchte ich mich für die von ihm zur Verfügung gestellten Oberflächenmessdaten sowie die Grillabende im Rahmen unserer gemeinsamen Fußballturniere bedanken. Für die zum damaligen Zeitpunkt sehr wichtigen REM-EDX Analysen danke ich Herrn Dr. Uwe Vohrer vom Fraunhofer IGB Stuttgart.

Den Mitgliedern der IPF-Volleyball- und Fußballmannschaft und der HTW-Mittagsrunde danke ich für die tolle gemeinsame Zeit. Ich werde immer gerne daran denken.

Für die Finanzierung meiner Doktorarbeit möchte ich mich beim Bundesministerium für Bildung und Wissenschaft (BMBF) und der Allianz Industrie Forschung (AIF) bedanken.

Schließlich gilt mein Dank den vielen ungenannten Menschen, die mich durch eine kleine Hilfe, einen hilfreichen Hinweis oder ein freundliches Wort unterstützt haben.

***

Allem übergeordnet und nicht in Worte zu fassen war die grenzenlose Liebe und Unterstützungsbereitschaft meiner Eltern. Ihnen verdanke ich nicht nur den glücklichen Abschluss meiner Promotion, sondern alles, was ich heute bin.

DANKSAGUNG

INHALTSVERZEICHNIS

1. EINLEITUNG

1.1. Motivation 17

1.2. Zielsetzung 20

2. STAND VON WISSENSCHAFT UND TECHNIK

2.1. Carbon-Nanotubes 25

2.2. Thermoplastische Nanokomposite mit Carbon-Nanotubes

2.2.1. *Einleitung* 29

2.2.2. *Kompositherstellung und Verarbeitung* 31

2.2.3. *Mechanische und el. Eigenschaften thermoplastischer Komposite mit CNTs* 32

2.3. Polymerblends aus thermoplastischer Verarbeitung

2.3.1. *Ursachen der Phasenseparation* 36

2.3.2. *Morphologieentwicklung und Blendkontinuität* 37

2.3.3. *Tröpfchenzerteilung* 40

2.3.4. *Tröpfchenkollisionen* 41

2.3.5. *Koaleszenzprozesse* 42

2.4. Lokalisierung nanoskaliger Partikel in mehrphasigen thermoplastischen Polymerblends während des Schmelzemischens

2.4.1. *Funktionelle Werkstoffe mit komplexen Strukturen* 43

2.4.2. *Strukturbildung und Eigenschaften* 45

2.4.3. *Lokalisierungsverhalten von Carbon-Nanotubes* 46

2.4.4. *Lokalisierungsverhalten verschiedener nanoskaliger Füllstoffe* 52

2.5.	**Bedeutung der Grenzfläche in Blendnanokompositen**	
2.5.1.	*Einleitung*	56
2.5.2.	*Oberflächen und Grenzflächenspannung*	56
2.5.3.	*Grenzflächenenergiekonzepte*	57
2.5.4.	*Methoden zur Bestimmung der Oberflächenspannung*	61
2.5.5.	*Die Oberfläche von Carbon-Nanotubes*	63
2.6.	**Ursachen der selektiven Lokalisierung von Nanopartikeln in mehrphasigen Polymerblends**	
2.6.1.	*Der Benetzungskoeffizient*	68
2.6.2.	*Kovalente Anbindung*	70
2.6.3.	*Andere Faktoren*	71
2.7.	**Mechanismen des Nanopartikeltransports in zweiphasigen Polymerblends während des Schmelzemischens**	
2.7.1.	*Partikelkontakt mit der Blendgrenzfläche durch Diffusion*	71
2.7.2.	*Füllstofftransfer durch die Phasengrenze*	72
2.8.	**Einfluss nanoskaliger Füllstoffe auf Struktur und Eigenschaften phasenseparierter Polymerblends**	72
2.9.	**Blends aus Polycarbonat und Styrolcopolymeren**	74

3. METHODEN/EXPERIMENTELLE DURCHFÜHRUNG

3.1.	**Ausgangsmaterialien**	
3.1.1.	*Polymere*	77
3.1.2.	*Carbon-Nanotubes*	78
3.1.3.	*Carbon-Black*	80
3.2.	**Herstellung der Probekörper**	
3.2.1.	*Übersicht zu Herstellungsbedingungen*	80
3.2.2.	*Schmelzemischen*	80

3.2.3.	Heißpressen	82
3.2.4.	Untersuchung der Blendmorphologie	83
3.3.	Mikroskopie	83
3.4.	Analyse der Phasenmorphologien	84
3.5.	Rheologische Charakterisierung	84
3.6.	Thermische Analyse	85
3.7.	Messung des spezifischen Volumenwiderstands	85

4. LOKALISIERUNGSVERHALTEN VON MWCNTS IN SCMELZEGEMISCHTEN PC/SAN- UND PC/ABS-BLENDS

4.1.	Einleitung	87
4.2.	Eigenschaftscharakterisierung PC/SAN- und PC/ABS-Blends	87
4.2.1.	Blendmorphologie	87
4.2.2.	Rheologische Eigenschaften	88
4.2.3.	Oberflächenspannung der Blendpolymere	89
4.3.	Lokalisierungsverhalten typischer kommerzieller MWCNTs in schmelzegemischten PC/SAN-Blends	
4.3.1.	Baytubes® C150 HP in cokontinuierlichen PC_{60}/SAN_{40}-Blends	90
4.3.2.	Nanocyl TM NC3150 und NC3152 in PC_{60}/SAN_{40}-Blends	94
4.4.	Technische Nutzung des Lokalisierungsverhaltens - Doppelperkolierte PC/ABS-Blends mit Baytubes® C150HP	
4.4.1.	Morphologische Struktur	95
4.4.2.	Elektrische Eigenschaften	97
4.5.	Interpretation	99

5. EINFLUSS PHASENSELEKTIV LOKALISIERTER MWCNTS AUF DIE KONTINUITÄT DER BLENDPHASEN IN PC/SAN- UND PC/ABS-BLENDS

5.1. Einleitung...101

5.2. Rheologische Eigenschaften der selektiv gefüllten Blendphase.................102

5.3. Verschiebung des Viskositätsverhältnisses..103

5.4. Berechnung der Phaseninversionskonzentration.................................104

6. KORRELATION VON LOKALISIERUNGS-VERHALTEN UND PARTIKELGEOMETRIE

6.1. Einleitung...107

6.2. Thermodyn. Stabilität von Feststoffpartikeln an einer Phasengrenze..........107

6.3. Korrelation von Lokalisierungsverhalten und Partikelgeometrie:
Der „Slim-Fast-Mechanismus" (SFM)...................................... 108

6.4. Neuinterpretation des Benetzungskoeffizienten......................................111

6.5. Stabilisierung von Füllstoffen an der Blendgrenzfläche......................111

6.6. Bedingungen für die Entwicklung eines Benetzungswinkels auf nanostrukturierten Oberflächen...112

6.7. Korrelation von Dispersionszustand und Partikeltransfer
Das effektive Aspektverhältnis..114

6.8. Verifizierung des SFM

6.8.1. Lokalisierung ausgerichteter Carbon-Nanotubes in PC/SAN-Blends............ 116

6.8.2. Untersuchung des Simultantransfers von Carbon-Black und Carbon-Nanotubes zwischen den Blendphasen....................................... 117

6.9. Die Bedeutung des Partikelaspektverhältnisses für das Lokalisierungsverhalten verschiedener Nanopartikel in Polymerblends.... 120

7. DIE KINETIK DES NANOTUBE-TRANSFERS ZWISCHEN ZWEI BLENDPHASEN WÄHREND DES SCHMELZEMISCHENS

7.1. Einleitung..123

7.2. CNT-Transfer im Extruder..124

7.3. Kinetik des CNT-Transfers...126

7.4. Interaktion von Blendphasen und Primäragglomeraten..........................130

7.5. Mechanismen des CNT-Transfers...131

7.5.1. Transport von MWCNTs zur Phasengrenze zwischen PC und SAN............. 132

7.5.2. Benetzungswinkelinduzierter CNT-Transfer durch die Grenzfläche........... 137

7.5.3. CNT-Transfer durch Einschluss während der Tröpfchenkoaleszenz............ 138

7.5.4. Bedeutung der Transfermechanismen.................................... 139

7.6. Viskositätsabhängiger Transfer von CNTs in PC/SAN-Blends...................140

8. STEUERUNG DES LOKALISIERUNGSVERHALTENS VON MWCNTS DURCH REAKTIVMODIFIZIERUNG DES PC/SAN-MODELLBLENDS

8.1. Das Konzept der konkurrierende Blendphasen.................................143

8.2. Steuerung des Lokalisierungsverhaltens im PC/SAN-Modellblend

8.2.1. Reaktivmodifizierung der SAN-Phase..................................... 144

8.2.2. Lokalisierungsverhalten in reaktivmodifizierten Blends..................... 145

8.2.3. Elektrische Eigenschaften reaktivmodifizierter Blends...................... 146

8.3. Interpretation..148

9. LOKALISIERUNGSVERHALTEN VON MWCNTS IN ZWEI-PHASIGEN THERMOPLASTISCHEN BLENDS ALS INDIKATOR FÜR DIE WECHSELWIRKUNGEN ZWISCHEN TUBES UND MATRIX

9.1. Bedeutung der CNT-Oberflächenspannung für Herstellung und Eigenschaften von Kompositen 151

9.2. Korrelation von CNT-Oberflächenspannungsparametern und Lokalisierungsverhalten in mehrphasigen Polymerblends 152

9.3. Unsicherheiten derzeit üblicher Lokalisierungsvorhersagen

9.3.1. Problemstellung 152

9.3.2. Berechnung des Benetzungskoeffizienten nach dem Stand der Wissenschaft - MWCNTs im PC/SAN-Modellblend 153

9.4. Ausweitung der Grenzflächenspannungs-Betrachtung bei unbekannten Eigenschaften der CNT-Oberfläche

9.4.1. MWCNTs im PC/SAN-Modellblend 155

9.4.2. MWCNTs in Blends aus Polystyrol und SAN 156

9.5. MWCNTs in zweiphasigen thermoplastischen Polymerblends 160

9.6. Publizierte Aussagen zu lokalisierungsrelevanten Parametern 164

9.7. Überprüfung der Eignung häufig verwendeter MWCNT-Oberflächenspannungsparameter zur Erklärung des Lokalisierungsverhaltens von Baytubes® C150HP in binären Polymer Blends 166

9.8. Der Bereich möglicher Oberflächenspannungsparameter von MWCNTs des Typs Baytubes® C150HP 166

10. ZUSAMMENFASSUNG 173

11. AUSBLICK 179

12. APPENDIX

12.1. Abkürzungsverzeichnis

12.1.1. Verwendete Abkürzungen 183

12.1.2. Wichtige Symbole und Formelzeichen 184

12.2. Im Rahmen dieser Arbeit hergestellte Blends und Komposite 186

12.3. Eigenschaften der verwendeten Materialien

12.3.1. XPS-Analyse der verwendeten CNTs 188

12.3.2. CNT-Oberflächenspanungsparameter aus der Literatur 188

12.3.3. Oberflächenspannungsparameter der untersuchten Polymere 189

12.3.4. Aufbau und Agglomeratstruktur der verwendeten ausgerichteten CNTs 189

12.4. Nachweis der MWCNT-Lokalisierung im PC/SAN-Modellblends

12.4.1. Nachweis für Baytubes® C150HP 190

12.4.2. Kontrastierung durch selektive Hydrolyse der PC-Phase 190

12.4.3. Nachweis für Baytubes®C150HP durch REM-EDX Untersuchung 191

*12.4.4. Nachweis für NanocylTM NC3150 und NC3152 an Anschnitten mit
        selektiv hydrolysierter PC-Phase* 192

12.4.5. Nachweis der Auswanderung ausgerichteter MWCNTs aus der SAN-Phase .. 193

12.4.6. MWCNT-Nachweis innerhalb des gemischten Füllstoffsystems 194

12.5. Nachweis der MWCNT-Lokalisierung im PC/ABS-Modellblend 195

12.6. Untersuchungen zur Blendkontinuität

12.6.1. Kontinuität des PC/SAN-Modellblends 197

*12.6.2. Einfluss selektiv lokalisierter CNTs auf die Kontinuität der
        Blendphasen des PC/SAN-Modellblends* 198

*12.6.3. Einfluss selektiv lokalisierter CNTs auf die Kontinuität de
        r Blendphasen des PC/ABS-Modellblends* 198

*12.6.4. Einfluss der Reaktivkomponente Denka IP auf die
        Blendmorphologien ternärer PC/(SAN/RK)-Blends* 199

12.7. Berechnung des Volumenanteils der CNTs in der Schmelze 199

12.8. Scherraten wichtiger technischer Prozesse 200

12.9. Berechnung der Scherrate im Extruder 200

12.10. Viskositätsabhängigkeit des CNT-Transfers zwischen den Blendphasen 201

12.11. Zuordnung der Blendphasen im Knetversuch 201

12.12. PC/SAN-Blends mit Reaktivmodifizierung

12.12.1. Nachweis der Mischbarkeit von SAN mit dem reaktiven Copolymer 202

12.12.2. Nachweise zur Änderung des Lokalisierungsverhaltens 203

12.13. Nachweis der CNT-Lokalisierung in verschiedenen Blendsystemen 204

13. LITERATURVERZEICHNIS 207

14. PUBLIKATIONSVERZEICHNIS 221

1. EINLEITUNG

1.1. Motivation

Seit ihrer Entdeckung Anfang des letzten Jahrhunderts nehmen Bedeutung und Marktanteil von aus Makromolekülen aufgebauten Werkstoffen beständig zu. Durch stetige Innovationen dringt diese junge Werkstoffklasse dabei in immer anspruchsvollere Anwendungen vor, die zum Teil mit klassischen Werkstoffen nicht zu realisieren wären. Dennoch ist die Entwicklung und Vermarktung strukturell neuartiger Polymere in den letzten Jahrzehnten stark rückläufig. Dies ist insbesondere auf den extrem kosten- und zeitaufwendigen Verfahrensablauf von der Synthese bis zur Zulassung und Markteinführung zurückzuführen.

Die Kombination bestehender Polymere zu Polymerblends erlaubt durch Nutzung ohnehin vorhandener Anlagentechnik die äußerst schnelle und kostengünstige Anpassung der Werkstoffeigenschaften an das Anforderungsprofil einer geplanten Anwendung. Zudem können langwierige und kostenintensive Zulassungsverfahren vermieden werden. Diese Vorteile begründen das überproportionale Wachstum dieser Untergruppe der Polymerwerkstoffe. Während bereits im Jahr 1987 ca. 23% aller Kunststoffe als Blends verkauft wurden [1], ist dieser Anteil[1] bis auf 36% zur Jahrtausendwende angewachsen [2].

Neben der Herstellung neuartiger Polymermischungen steht der kunststoffverarbeitenden Industrie ein weiteres Werkzeug zur schnellen und kostengünstigen Maßschneiderung von Eigenschaften zur Verfügung. Durch Zusatz von Füllstoffen der verschiedensten Formen und Größen können bei den mechanischen Eigenschaften wie Steifigkeit, Wärmeform- und Kriechbeständigkeit große Verbesserungen erreicht werden. Zudem besteht die Möglichkeit, Kunststoffkomposite mit funktionellen Eigenschaften herzustellen, wie z.B. mit verbesserten Gasbarriereeigenschaften oder erhöhter Flamm- und Abrasionsbeständigkeit.

Besonderes Interesse in Industrie und Wissenschaft gilt derzeit der antistatischen Ausrüstung der intrinsisch isolierenden Kunststoffe. Eine der wichtigsten Triebfedern für diese Entwicklung ist die insbesondere in der Automobilindustrie angestrebte Substitution metallischer Werkstoffe durch Kunststoffbauteile. Dadurch sollen wesentlich leichtere Strukturen realisiert und so die Energieeffizienz insbesondere im Kurzstreckeneinsatz deutlich erhöht werden. Jedoch wird die Integration in bestehende Prozessketten der Serienfertigung wie z.B. in die Onlinelackierung oder Galvanisierung [3] durch die sehr hohen elektrischen Widerstände der Kunststoffe erschwert. Derzeit müssen daher entweder zeitaufwendige und damit kostenintensive Verfahren zur Leitfähigkeitsmodifizierung der Kunststoffoberfläche eingesetzt werden,

---

[1] Bei Verwendung einer umfassenden Definition des Blendbegriffs

oder das erforderliche Niveau elektrischer Leitfähigkeit muss durch Beladung der gesamten Kunststoffmatrix mit leitfähigen Füllstoffen wie metallischen Flocken oder Fasern, Plättchen oder Leitrußen (Carbon-Black) eingestellt werden [4]. Für alle Füllstoffe mit niedrigen Aspektverhältnissen wie z.b. Carbon-Black kann dies nur mit hohen Füllstoffkonzentrationen erreicht werden. Hohe Volumenanteile des Füllstoffs führen wiederum über die damit verbundene der Erhöhung der Schmelzeviskosität zu einer Verschlechterung der Verarbeitbarkeit. Häufig kommt es zudem zur Versprödung der Bauteile sowie zu einer Reduzierung der Oberflächenqualität. Darüber hinaus wird die spezifische Dichte der Komposite insbesondere bei Einsatz metallischer Füllstoffe stark erhöht, und somit einer der wesentlichen Vorteile für den Einsatz von Kunststoffen in Leichtbauanwendungen teilweise zunichte gemacht.

Nach den Gesetzen der Perkolationstheorie kann die für die Bildung eines elektrischen Netzwerks (elektrische Perkolation) benötigte Füllstoffmenge aber stark reduziert werden, wenn Partikel mit sehr hohen Aspektverhältnissen[II] verwendet werden. Carbon-Nanotubes (CNTs) erreichen bei diesem wichtigen geometrischen Parameter, aber auch bei vielen anderen Eigenschaften Extremwerte, die sie als ideale Füllstoffe für polymere Werkstoffe erscheinen lassen (Kapitel 2.1). Bereits im Jahr 2003 konnte gezeigt werden, dass Verständnis und Nutzung der spezifischen Charakteristika der Netzwerkbildung von Carbon-Nanotubes die Herstellung antistatischer Kunststoffe mit extrem niedrigen elektrischen Perkolationsschwellen ermöglicht. Die dabei für das untersuchte Reaktivharzsystem berichtete Perkolationsschwelle von 0,0025 Gew.-% mehrwandiger Carbon-Nanotubes (MWCNTs) liegt sogar noch weit unterhalb dem sich aus der Perkolationstheorie ergebenden Erwartungswert [5] (Kapitel 2.2).

Allerdings sind ähnlich niedrige Perkolationsschwellen in thermoplastischen Polymerwerkstoffen oder in Elastomeren ungleich schwieriger zu realisieren. Typische Verarbeitungsprozesse wie die kontinuierliche Extrusion bieten sowohl für die Dispergierung der CNTs als auch die Ausbildung des elektrischen Netzwerks nach der Scherbeanspruchung sehr ungünstige Bedingungen (Kapitel 2.2). Dies führt dazu, dass die Perkolationsschwellen für CNTs in durch Extrusion hergestellten thermoplastischen Kompositen meist um mehr als zwei Größenordnungen [6, 7] über dem von Sandler u.a. [5] realisierten Rekordwert liegen. Wird Spritzguss zur Formgebung eingesetzt, muss von noch höheren Perkolationsschwellen ausgegangen werden [8]. Durch den seit vielen Jahren stark sinkenden Preis für mehrwandige Carbon-Nanotubes (MWCNTs) markieren aber bereits diese Füllgehalte die Schwelle zur kommerziell sinnvollen Verwendung von CNTs zur antistatischen Ausrüstung thermoplastischer Werkstoffe. Zudem können auch in thermoplastischen Kompositen sehr niedrige elektrische

---

[II] Verhältnis von Länge L zu Breite bzw. Höhe des Partikels (siehe 2.1)

Perkolationsschwellen erreicht werden, wenn den Nanotubes nach der Scherbeanspruchung des Verarbeitungsprozesses eine ausreichende Zeitspanne zur Ausbildung des elektrischen Netzwerks zur Verfügung steht. Durch Einsatz spezieller MWCNT-Forschungstypen gelang beispielsweise Krause u.a. die Herstellung von Polyamid 6.6-Kompositen, in denen nach einem an die Extrusion anschließenden Heißpressprozess eine elektrische Perkolationsschwelle von 0,04 Gew.-% MWCNTs erreicht werden konnte [9].

Additiv zu allen für Homopolymerkomposite erreichten Verbesserungen kann durch wohldefinierte räumliche Anordnung der CNTs in der Mikrostruktur phasenseparierter Polymerblends der zur Einstellung antistatischer Eigenschaften nötige Füllstoffgehalt potentiell nochmals um ein Vielfaches reduziert werden. Dies kann beispielsweise durch hochselektive Anordnung der CNTs in einer der beiden Blendphasen oder an der Grenzfläche eines cokontinuierlichen Blends erreicht werden (Abbildung 1, Kapitel 2.4).

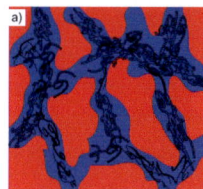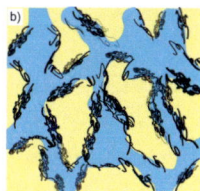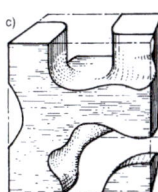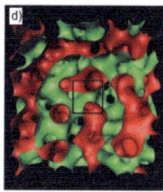

Abbildung 1: Schematische Darstellung cokontinuierlicher Blends mit a) selektiver Lokalisierung der CNTs in einer Blendphase (Doppelperkolation) und b) an der Grenzfläche; c) Dreidimensionales Modell eines aus zwei Blendkomponenten gebildeten interpenetrierenden Netzwerks. Nachdruck aus [10]; d) Dreidimensionale Mikrostruktur der Grenzfläche eines cokontinuierlichen schmelzegemischten Blends aus fluoreszenzaktiviertem Polystyrol (PS) und Styrolacrylnitril (SAN). Nachdruck aus [11][III]

Die lokalen Füllstoffgehalte des sich bildenden leitfähigen Netzwerks sind dann sehr viel höher als die auf das gesamte Blendvolumen bezogenen. In Anbetracht der derzeitigen Marktsituation verspricht dieses Konzept somit schon heute die Herstellung antistatischer thermoplastischer CNT-Komposite mit erheblichen Kosten- und Eigenschaftsvorteilen gegenüber alternativen Verfahren. Es ermöglicht zudem bei geeigneter Auswahl der Blendpolymere die sofortige Anpassung der Werkstoffeigenschaften an ein vorgegebenes Anforderungsprofil.

Das Verständnis der komplexen Mechanismen, die die räumliche Verteilung der Füllstoffe in der sich beim Schmelzemischen im Extruder entwickelnden Phasenstruktur eines Polymerblends bestimmen, ist der Schlüssel zu den gewünschten Strukturen. Dieses Verständnis ist aber aus verschiedenen Gründen heute noch sehr lückenhaft. Die Bedeutung der unterschiedlichen Parameter und Mechanismen wird, trotz der relativ umfangreichen Literatur zum Loka-

---

[III] PS_{50}/SAN_{50} (Blend aus 50 Gew.% PS und 50 Gew.% SAN)

lisierungsverhalten der traditionellen nanoskaligen Füllstoffe wie Carbon-Black oder Schichtsilikate, zum Teil stark unterschiedlich beurteilt [12]. Insbesondere das Lokalisierungsverhalten von Carbon-Nanotubes, die erst seit wenigen Jahren in ausreichenden Mengen zur Verfügung stehen, um in Schmelzemischprozessen eingesetzt werden zu können, weist noch viele ungeklärte Aspekte auf. Die Fachliteratur dokumentiert erst ab dem Jahr 2002 Versuche, CNTs auf diese Weise in Polymerblends einzuarbeiten. Die räumliche Anordnung der Nanotubes innerhalb der Strukturen mehrphasiger Polymerblends wurde sogar erst im Jahr darauf erstmals beschrieben [13]. Die seitdem stark gestiegene Publikationsaktivität verdeutlicht das wachsende Interesse an der Entstehung und den Eigenschaften derartiger Strukturen. Mehr als 75% aller bisherigen Veröffentlichungen zu diesem Thema erschienen in dem Zeitraum von 2007-2011 und damit parallel zur Anfertigung dieser Arbeit [14]. Dennoch wurden viele für das Lokalisierungsverhalten der Nanotubes wichtige Aspekte in den bisher veröffentlichten Arbeiten nicht thematisiert bzw. konnten bis heute nicht aufgeklärt werden.

1.2. Zielsetzung

Die vorliegende Arbeit befasst sich mit dem Lokalisierungsverhalten von mehrwandigen Carbon-Nanotubes (MWCNTs) beim Schmelzemischen mit zweiphasigen Polymerblends. Dabei werden zwei übergeordnete Ziele verfolgt. Zum einen sollen das Lokalisierungsverhalten, die dabei maßgeblichen Mechanismen und die Beeinflussung der Blendmorphologie durch die CNTs umfassend beschrieben werden. Damit soll die Grundlage für die zielgerichtete Herstellung und Vermarktung von mehrphasigen Blendsystemen mit Carbon-Nanotubes geschaffen werden. Zum anderen soll das Lokalisierungsverhalten der CNTs genutzt werden, um erstens Informationen über die bis heute nur sehr unzureichend verstandenen Wechselwirkungen zwischen verschiedenen kommerziellen Polymeren und Carbon-Nanotubes und zweitens über die CNT-Oberfläche zu gewinnen.

Dazu sollten MWCNTs sowohl durch diskontinuierliche[IV] als auch durch kontinuierliche Mischprozesse[V] in binäre Polymerblends eingebracht werden. Dabei war es das Ziel, die Mechanismen des Lokalisierungsverhaltens anhand eines Blends aus Polycarbonat (PC) und Styrolacrylnitril (SAN) aufzuklären, der als Modellsystem für die kommerziell bedeutsamen, aber morphologisch deutlich komplexeren Blends aus PC und Acrylbutadienstyrol (ABS) konzipiert wurde. Da noch im Jahr 2009 in einem Review-Artikel in Frage gestellt wurde, ob es für Nanofüllstoffe mit sehr hohen Aspektverhältnissen während des Schmelzemischens zu einem Partikeltransfer zwischen den Phasen eines Blends kommen kann [12], sollte auch die-

---

[IV] Kleinstmengenmischversuche im Microcompounder und in Kneter
[V] Herstellung extrudierter Blends im gleichlaufenden Doppelschneckenextruder

se Fragestellung anhand des PC/SAN-Modellblends sowohl im Kleinstmengenmischversuch als auch für kontinuierliche Extrusionsprozesse aufgeklärt werden.

Die Korrelation möglicher Transferprozesse mit der Blendmorphologieentwicklung sollte durch morphologische Untersuchung sehr früher Mischungsstadien beschrieben werden. Dazu sollte ein Mischaggregat eingesetzt werden, das eine sekundengenaue Steuerung der Mischdauer und damit der für den Transfer zur Verfügung stehenden Zeit ermöglicht. Zudem sollte, basierend auf den Versuchsergebnissen, versucht werden, durch theoretische Betrachtungen zur Aufklärung der derzeit nur sehr unzureichend verstandenen Mechanismen des Partikeltransfers zwischen den Phasen eines Polymerblends beizutragen.

Auch der Einfluss des Lokalisierungsverhaltens der CNTs auf die für die Kontinuität der Blendphasen maßgeblichen rheologischen Eigenschaften von PC/SAN- und PC/ABS-Blends sollte geklärt werden. Durch Verwendung eines rheologischen Modells, dessen Zuverlässigkeit u.a. in einer vorausgegangenen Untersuchung [15] belegt werden konnte, sollte der Bereich höchster Kontinuität beider Blendphasen in Abhängigkeit von der Anordnung der CNTs im Blend als auch der Scherrate des verwendeten Mischprozesses vorhergesagt und mit den tatsächlich beobachteten Blendstrukturen korreliert werden [16].

Aus werkstofftechnischer Sicht erscheint es zudem in hohem Maße wünschenswert, Einfluss auf die räumliche Anordnung der Nanotubes innerhalb der morphologischen Struktur des Blends zu nehmen. Um dies zu erreichen, sollte das Lokalisierungsverhalten von CNT-Typen mit verschiedenen Oberflächenfunktionalitäten innerhalb der Phasenstruktur des PC/SAN-Modellblends gezielt verändert und angepasst werden [17, 18].

Zudem sollte die technische Nutzbarkeit des Lokalisierungsverhaltens der MWCNTs überprüft werden. Basierend auf den für den PC/SAN-Modellblend gewonnenen Erkenntnissen sollte versucht werden, PC/ABS-Blends mit selektiv innerhalb der Phasenstruktur des Blends angeordneten Carbon-Nanotubes durch großtechnisch relevante kontinuierliche Extrusionsprozesse herzustellen. Dabei sollte evaluiert werden, ob und wie weit die elektrische Perkolationsschwelle durch Realisierung solcher Strukturen im Vergleich zu den Homopolymerkompositen aus den Blendpolymeren abgesenkt werden kann. Das Anwendungspotential sollte durch Herstellung der Blends aus dispersionsoptimierten Compounds [19-21] demonstriert werden.

Abschließend sollte versucht werden, das Lokalisierungsverhalten von MWCNTs in verschiedenen phasenseparierten Polymerblends als Indikator für die bis heute nicht verstandenen Wechselwirkungen zwischen Carbon-Nanotubes und polymeren Matrizes zu nutzen. Als Blendpolymere sollten dabei wichtige, im Fokus derzeitiger Forschungsanstrengungen zur

Dispergierung von CNTs stehende kommerzielle Polymere eingesetzt werden, um so Informationen über deren Interaktionen mit dem verwendeten kommerziellen CNT-Typ ableiten zu können. Basierend sowohl auf den Untersuchungen als auch durch Beispielrechnungen war es das Ziel aufzuzeigen, dass die derzeitige Praxis der in der Literatur häufig verwendeten Ansätze zur Berechnung der thermodynamisch bevorzugten Anordnung von CNTs innerhalb der morphologischen Struktur von Polymerblends mit großen Unsicherheiten behaftet bzw. nicht zielführend sind. Darüber hinaus sollte gezeigt werden, dass das Lokalisierungsverhalten eines CNT-Typs in verschiedenen Polymerblends genutzt werden kann, um einen eng eingegrenzten Bereich der heute experimentell nur äußerst schwer zu bestimmenden CNT-Oberflächenspannungsparameter zu definieren bzw. um die Relevanz möglicher kovalenter Anbindungsreaktionen zwischen den Blendpolymeren und der CNT-Oberfläche zu beurteilen. Der strukturelle Aufbau der vorliegenden Arbeit ist in Abbildung 2 dargestellt.

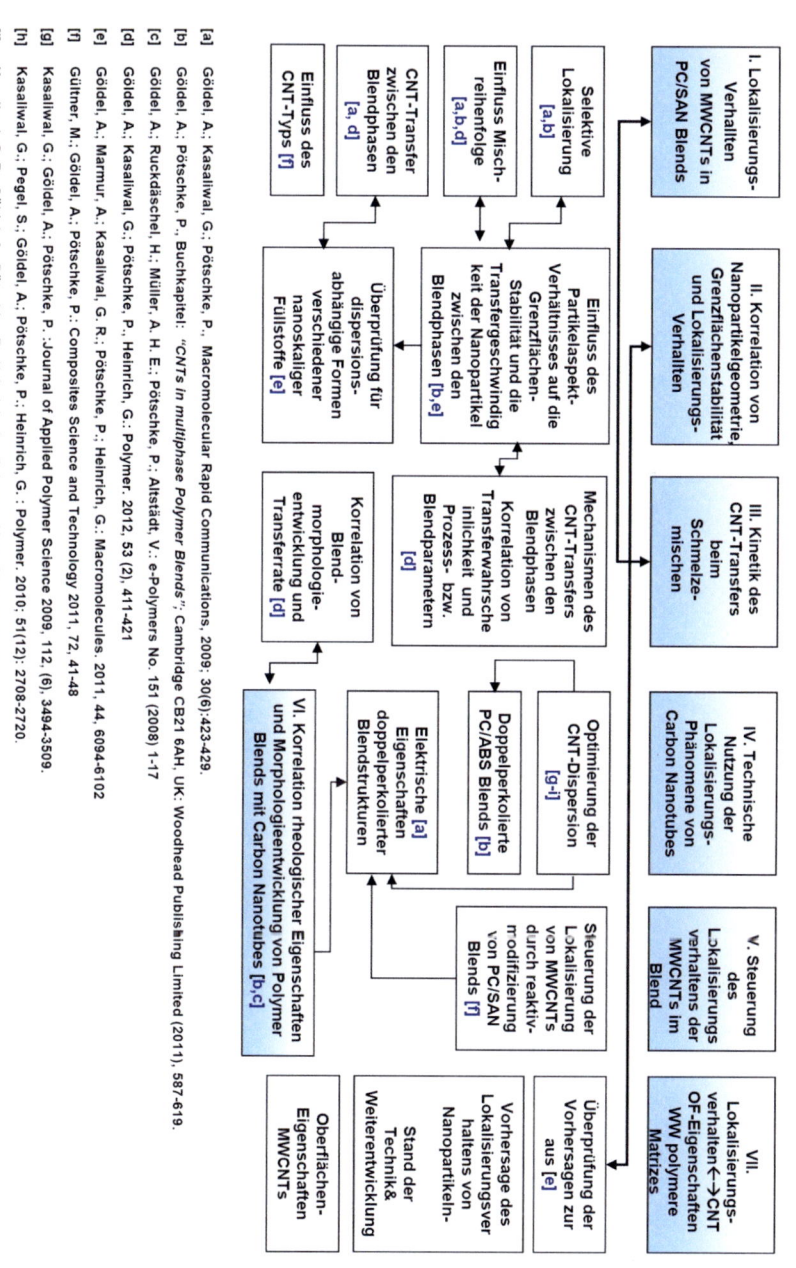

Abbildung 2: Inhaltliche Struktur der vorliegenden Dissertationsschrift mit erschienenen Publikationen

2. STAND VON WISSENSCHAFT UND TECHNIK

2.1. Carbon-Nanotubes

Carbon-Nanotubes sind ebenso wie Graphit, Diamant oder amorpher Kohlenstoff allotrope Modifikationen des Elementes Kohlenstoff. Die Struktur der einfachsten denkbaren CNT, der single-walled CNT (SWCNT) entspricht der einer Graphenröhre[VI], wobei die Länge ein Vielfaches des Röhrendurchmessers beträgt. Das Aspektverhältnis als der Quotient aus Länge zu Durchmesser der Nanotubes erreicht dabei extrem hohe Werte. Die sp^2-Hybridisierung des Kohlenstoffs in den Röhren ist dabei in Verbindung mit der räumlichen Anordnung der Kohlenstoffatome bestimmend für eine Vielzahl von Eigenschaften der Nanotubes. Zum Teil werden in die entstehenden Strukturen sp^3-hybridisierte Kohlenstoffatome eingebaut. Deren Anteil nimmt bei sehr kleinen Tubedurchmessern der CNT-Oberfläche zu [22].

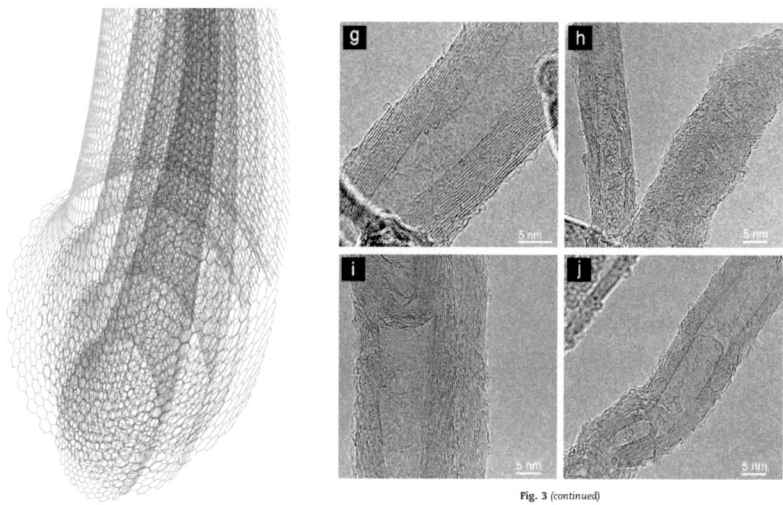

Abbildung 3: Struktur mehrwandiger Carbon-Nanotubes; a) Schema, Nachdruck aus [23], b) HTEM Aufnahmen von MWCNTs der Typen Baytubes® (g-i) und Nanocyl™ N3100 (j); alle: Nachdruck aus [24]

CNTs werden in der wissenschaftlichen Fachliteratur stets in die übergeordneten Kategorien ein- und mehrwandiger Tubes eingeordnet. Allerdings gibt es keine einheitliche Definition des Begriffs mehrwandiger Carbon-Nanotubes (Multiwalled Carbon-Nanotubes oder MWCNTs) [24]. Am gebräuchlichsten ist es derzeit, diese Bezeichnung für alle röhrenartigen graphitischen Materialien mit nanoskaligen Durchmessern zu verwenden [24]. Wird dagegen die sehr viel strengere Definition von Dresselhaus und Endo [25] verwendet, so können nur

---

[VI] Graphen = Monolage aus sp^2 hybridisierten Kohlenstoffatomen

konzentrische Anordnungen von einwandigen CNTs als MWCNTs bezeichnet werden. Der Abstand zwischen den Zylindern beträgt dabei ca. 0,34 nm und ist damit ebenso groß wie der Schichtabstand in Graphit [26]. Typische Durchmesser liegen zwischen 10 und 50 nm.

Innerhalb der übergeordneten Hauptkategorie mehr- und einwandiger CNTs wurden bis heute eine große Zahl verschiedener Aufbauprinzipien der Röhrenstrukturen beschrieben. Zudem können sich CNTs bezüglich der Orientierung der Vektoren des Kristallgitters relativ zur Längsachse der Röhren unterscheiden. Die Orientierung wird durch den Chiralvektor [25] beschrieben und hat entscheidenden Einfluss auf die Struktur der Leitungsbänder. So können SWCNTs je nach Chiralvektor halbleitende oder metallisch leitende Bandstrukturen aufweisen [27-30].

Bis heute konnte aber nicht vollständig geklärt werden, in welchem Maße die einzelnen Schichten mehrwandiger CNTs zum Ladungstransport beitragen [31]. Das liegt unter anderem an den äußerst komplexen Wechselwirkungen zwischen benachbarten Schichten, die zu Veränderungen in der Bandstruktur führen [31]. Unabhängig vom Chiralvektor ist die äußerste Schale von MWCNTs mit Durchmessern über 30 nm aufgrund der zu vernachlässigenden Bandlücke bei Raumtemperatur elektrisch leitend [30]. Die maximalen Leitfähigkeiten der CNTs erreichen mit Werten von $2*10^5$ S/cm [32] nicht ganz das Niveau der wichtigsten metallischen Leiter wie Kupfer, Silber oder Gold.

Das große Interesse an CNTs als Überträger elektrischer Ladungen beruht vielmehr auf dem extremen Aspektverhältnis der Nanotubes, da es für die Länge der CNTs praktisch keine physikalische Obergrenze gibt. Während die Literatur bereits Tubes von mehreren mm Länge beschreibt, sind typische kommerzielle CNTs aus CVD[VII]-Prozessen meist nur wenige Mikrometer lang [33]. Nach den Gesetzmäßigkeiten der Perkolationstheorie ermöglichen sehr hohe Aspektverhältnisse schon bei sehr geringen Füllstoffgehalten die Ausbildung elektrisch leitfähiger Netzwerke in einer isolierenden Matrix (Kapitel 2.2.3.2). Die Herstellung leitfähiger Kunststoffkomposite bei sehr geringen Massenanteilen der CNTs wird dabei auch von der im Vergleich zu metallischen Leitern sehr geringen spezifischen Dichte der Nanotubes ermöglicht. Diese ist bei MWCNTs (1,74 g/cm³ [34]) fünfmal und bei SWCNTs (1,33-1,4 g/cm³ [35]) sechsmal niedriger als die von Kupfer (8,92 g/cm³).

Darüber hinaus weisen Carbon-Nanotubes eine Reihe einzigartiger Eigenschaften auf, die von keinem anderen Material erreicht werden. Die Literatur beschreibt Messungen, bei denen eine einzelne SWCNT einem Strom von bis zu 30 µA standhalten konnte [36]. Die resultierende Stromdichte von 10^9 A/cm^2 übertrifft den Wert der maximalen Strombelastbarkeit von Kupfer

---

[VII] CVD=Chemical Vapour Deposition (Chemische Gasphasenabscheidung)

um mehrere Größenordnungen. Extremwerte werden auch bei der Wärmeleitfähigkeit erreicht, die mehr als doppelt so hoch ist wie die des Diamants.

Neben ihrer Fähigkeit zum Wärme- und Elektronentransport weisen CNTs die höchsten spezifischen Festigkeiten aller derzeit beschriebenen Materialien auf [37]. In einer häufig zitierten Publikation aus dem Jahr 2000 [37] wurden 19 einzelne MWCNTs vermessen. Dabei lag die auf die Dicke der äußeren Hülle bezogene Zugfestigkeit zwischen 11 und 63 GPa, der E-Modul zwischen 270 und 950 GPa. Dies entspricht in etwa den Erwartungswerten verschiedener Simulationsmodelle bei Annahme defektfreier Strukturen [31]. Die angegebenen Spannungen beziehen sich allerdings auf den Querschnitt der Röhrenwände. Für einen Vergleich mit anderen Werkstoffen müssen die gemessenen Kräfte auf den gesamten Querschnitt der Nanotube bezogen werden. Festigkeit und Steifigkeit liegen damit insbesondere für mehrwandige Carbon-Nanotubes, deren mechanische Belastbarkeit nahezu ausschließlich durch die äußere Schale gewährleistet wird [31], deutlich unter den angegebenen Werten [37, 38].

Durch ihre geringe Dichte können dennoch beispielsweise mit SWCNTs gewichtspezifische Festigkeiten erreicht werden, die etwa um den Faktor 50 über der von Stahl liegen [39]. Für den gewichtsspezifischen Modul ergibt sich im Vergleich zu Stahl ein um den Faktor 20 höherer Wert [39]. Allerdings ist der Vergleich der Eigenschaften derartig kleiner Strukturen mit makroskopischen Prüfkörpern eigentlich nicht zulässig. Die hervorragenden Zugfestigkeiten der CNTs resultieren zum Teil aus dem Umstand, dass die Wahrscheinlichkeit eines kritischen Fehlers im Volumen eines nanoskaligen Füllstoffs sehr klein ist. Daher können mit sehr kleinen Strukturen generell Werte nahe der sich aus den Atombindungen ergebenden theoretischen Festigkeiten erreicht werden. Somit müsste die spezifische Festigkeit der CNTs mit Stahlfasern gleicher Dimension verglichen werden.

Trotz dieser Relativierung sind sowohl die mechanischen Eigenschaften als auch das Wärmetransportvermögen nicht mit anderen Materialien zu erreichen. Die Kombination dieser Alleinstellungsmerkmale mit vielen anderen hervorragenden Eigenschaften sowie den sehr hohen Aspektverhältnissen initiierte seit der ersten detaillierten Beschreibung der CNT-Struktur im Jahr 1991 durch Iijima [40] einen der größten Forschungshypes der letzten 50 Jahre. Diese Publikation wurde von vielen Autoren mit der Entdeckung der Carbon-Nanotubes gleichgesetzt. Tatsächlich reicht aber die bisher rekonstruierte Entdeckungsgeschichte der CNTs bis mindestens in das Jahr 1952 zurück [41]. In einem Aufsatz der für das in russischer Sprache herausgegebene „*Journal of Physical Chemistry of Russia*" [42] verfasst wurde, sind die wahrscheinlich ersten transmissionselektronenmikroskopischen (TEM) Nachweise der tubularen Struktur von nanoskaligen Carbon-Filamenten enthalten. Diese Entdeckung wurde aber insbesondere wegen der russischen Sprache international kaum oder gar nicht wahrgenommen [41]. In den Jahren danach wurde, besonders in englischsprachigen Fachzeitschriften, eine größere Zahl von Artikeln publiziert, in denen unabhängig von der genannten Publikation hohle Kohlenstoff- oder Graphitfilamente beschrieben wurden [31, 41]. Die Auflösung der damals verwendeten Transmissionselektronenmikroskope reichte allerdings nicht aus, um beispielsweise die mehrwandige Struktur der MWCNTs darstellen zu können [41]. Weitgehend unstrittig ist aber die Bedeutung der Arbeiten von Iijima [40] als Initiator für die Wahrnehmung der CNTs als neuen Hoffnungsträger der Material- und Naturwissenschaften. Seitdem reflektiert die sehr hohe Zahl an Publikationen zu Eigenschaften und möglichen Anwendungen von Carbon-Nanotubes die hohen Erwartungen von Industrie und Wissenschaft an diese neue Kohlenstoffform.

Triebfeder vieler Forschungsarbeiten war der Versuch, verschiedene Eigenschaften der CNTs durch Einarbeitung in polymere, keramische oder metallische Matrixmaterialien nutzbar zu machen. Während das Ladungstransportvermögen der CNTs in den intrinsisch leitfähigen metallischen Matrizes nicht relevant ist, kann das extrem hohe Aspektverhältnis der Nanotubes in Verbindung mit der sehr guten Leitfähigkeit von MWCNTs als derzeit wichtigste Motivation für die Erforschung von Kunststoffnanokompositen mit CNTs angesehen werden (Kapitel 2.2).

Aufgrund der in den Jahren nach der Entdeckung der CNTs noch nicht vorhandenen bzw. nicht ausgereiften Herstellungs- und Aufreinigungsverfahren konnten damals nur winzige Mengen sortenreiner Nanotubes hergestellt werden. Die daraus resultierenden extremen Preise verhinderten bis in die Anfangsjahre dieses Jahrtausends die Erforschung der Eigenschaften von Kompositen, die mit kommerziell üblichen Verfahren herstellbar waren. Die normgerechte Prüfung mechanischer und anderer Eigenschaften wurde erst durch die Kommerzialisierung der CNT-Herstellung durch Firmen wie Hyperion Catalysis Inc. (Cambridge, USA), Bayer MaterialScience (Leverkusen, Deutschland) und Nanocyl (Sambreville, Belgien) ermöglicht. Dabei dominieren katalytische CVD-Prozesse[VIII] [43, 44] die großtechnische Herstellung der CNTs. Andere Verfahren wie die Hochdruck-Kohlenmonoxidsynthese, Laserablation oder Lichtbogensynthese sind derzeit weitaus weniger bedeutsam. Die inzwischen etablierte Produktionskapazität der CVD-Prozesse von mehreren hundert Tonnen pro Jahr führte zu einem drastischen Preisverfall. So sind die Kosten für 1 g CNTs innerhalb der letzten 11 Jahre von 100 € [31] auf unter 10 Eurocent gefallen. Diese Preisentwicklung ermög-

---

[VIII] CVD: Chemical Vapour Deposition (Chemische Gasphasenabscheidung)

licht inzwischen sowohl die intensive Erforschung von Kompositen mit CNTs als auch deren Einsatz in ersten kommerziellen Produkten.

2.2. Thermoplastische Nanokomposite mit Carbon-Nanotubes

2.2.1. Einleitung

Derzeit werden global zwischen 114 und 181 Millionen Tonnen Kunststoff pro Jahr hergestellt und vermarktet [45]. Der größte Teil wird dabei in Form von Multikomponentensystemen verkauft, die weder chemisch noch molekular homogen sind. Durch Zusatz von mineralischen, keramischen oder metallischen Füllstoffen kann häufig das Eigenschaftsprofil von Kunststoffen stark verbessert und gezielt an das Anforderungsprofil einer beabsichtigten Anwendung angepasst werden. Dies ermöglicht häufig den Einsatz kostengünstiger Polymere. Die Kosten solcher Komposite können dann deutlich unter jenen liegen, die der sonst notwendige Einsatz eines hochwertigeren Polymers oder Werkstoffs verursachen würde. Dabei wird erst seit den späten 80er Jahren des letzten Jahrhunderts der Begriff „Nanokomposit" verwendet. Er bezeichnet eine neue Werkstoffklasse, in der nach einer gängigen Definition mindestens eine der Dimensionen des Füllstoffs kleiner als 100 nm sein muss[IX].

Ähnlich wie bei der Entdeckungsgeschichte der CNTs wurden Nanokomposite schon lange hergestellt und beschrieben, bevor sie als solche bezeichnet wurden. Beispielsweise können nahezu alle mit Ruß gefüllten Polymere dieser Kategorie zugerechnet werden. Somit sollte die Verwendung des Begriffs „Nanokomposit" eher mit einer bewussten Nutzung von Effekten, die erst bei sehr kleinen Abmessungen der Partikel auftreten, in Verbindung gebracht werden. Dies betrifft die mit den Abmessungen reduzierte Wahrscheinlichkeit eines kritischen Fehlers im Volumen des Nanopartikels ebenso wie die mit abnehmenden Abmessungen der Partikel zunehmende Bedeutung der Grenzfläche zwischen Partikeln und Polymermatrix. Rechnerisch ergibt sich schon bei Zugabe von 1 Vol.% eines sphärischen Nanopartikels mit 4 nm Durchmesser und einer Grenzphasendicke von 6 nm ein Interphasenanteil von 63% [45].

Die Übertragung der herausragenden Eigenschaften einzelner sehr kleiner Partikel auf jene makroskopischer Werkstoffe ist aber generell mit sehr großen Herausforderungen verbunden bzw. nur bedingt möglich.

Der einfachste und derzeit am häufigsten verwendete Ansatz besteht darin, die aus dem Herstellungsprozess als lose Pulverschüttungen aus sogenannten Primäragglomeraten[X] hervorge-

---

[IX] ISO TS 27687
[X] Durch attraktive van-der Waals Kräfte und Verschlaufungen zwischen den Nanotubes gebildete Agglomerate mit zum Teil sehr großen Festigkeiten

henden CNTs in Matrizes aus metallischen, keramischen oder polymeren Werkstoffen einzuarbeiten. Aufgrund ihrer extrem hohen Steifigkeit und Wärmeleitfähigkeit, aber auch wegen ihrer guten elektrischen Leitfähigkeit (Kapitel 2.1) erscheinen Carbon-Nanotubes insbesondere für den Einsatz in den nur wenig steifen, und elektrisch und thermisch isolierenden Polymerwerkstoffen als idealer Füllstoff. Die typischen Längen der derzeit wichtigsten kommerziell vertriebenen MWCNTs sind aber im Vergleich zu den Abmessungen typischer thermoplastischer Bauteile so gering, dass für Wärme- und Ladungstransportmechanismen eine extrem hohe Zahl von Kontaktwiderständen überwunden werden muss. Diese nehmen mit dem Abstand zwischen den Tubes zu. Sind die Makromoleküle der Polymermatrix sehr stark an die CNT-Oberfläche gebunden, so kann dies auch bei starken attraktiven Kräften zwischen den Tubes den direkten Kontakt zwischen deren Oberflächen verhindern. Wärme- und elektrische Leitfähigkeit der Komposite werden somit nicht primär durch die Eigenschaften der einzelnen CNTs, sondern durch die Übergangswiderstände bestimmt.

Interessanterweise ergeben sich aus verschiedenen Anforderungen an Funktionalität und Eigenschaften des Komposits zum Teil divergierende Anforderungen an die Anordnung der CNTs in der polymeren Matrix. Im Hinblick auf die mechanischen Eigenschaften des Komposits wird derzeit eine möglichst homogene Distribution (Verteilung) und Dispersion (Vereinzelung) bei guter Imprägnierung der CNT-Oberfläche und starker Adhäsion zur Matrix angestrebt [46, 47]. Derzeit gibt es allerdings Hinweise darauf, dass sehr starke Adhäsionskräfte zwischen CNTs und den Makromolekülen der Matrix zu hohen elektrischen Kontaktwiderständen und damit zu einem niedrigen Leitfähigkeitsniveau oberhalb der elektrischen Perkolationskonzentration führen [48, 49]. Zudem wurde nachgewiesen, dass die Ausbildung eines leitfähigen Netzwerks im Komposit eine mit abnehmendem CNT-Volumengehalt zunehmend inhomogene Distribution bei gleichzeitig guter Dispersion der CNTs erfordert [5, 50]. Dieses Phänomen, das als Sekundär- oder dynamische Agglomeration bekannt ist [31], bezeichnet die durch attraktive Kräfte zwischen den CNTs verursachte Zusammenlagerung der Nanotubes in einem flüssigen Medium. Unterstützt durch den Tunneleffekt[XI], können dadurch bereits weit unterhalb der durch klassische Perkolationstheorien vorhergesagten Konzentrationen durchgängige elektrisch leitfähige Netzwerke ausgebildet werden [5]. Dieser Prozess kann durch moderate Scherung gefördert werden, während große Scherkräfte die Netzwerke zerstören [51]. Durch Anwendung räumlicher Statistik konnte die Zusammenlagerung der Tubes zu sekundären Agglomeraten in durch Schmelzemischen hergestellten CNT-Kompositen mittels TEM-Untersuchungen nachgewiesen werden [52]. Sekundäre Agglome-

---

[XI] Der Tunneleffekt ermöglicht den Ladungsträgertransport zwischen zwei sich nicht unmittelbar berührenden Nanotubes. Er erklärt sich quantenmechanisch aus der über Potentialbarrieren reichenden Aufenthaltswahrscheinlichkeit von Quantenteilchen.

ration kann aber nur dann stattfinden, wenn den CNTs eine ausreichend lange Zeitspanne zur Zusammenlagerung in der Schmelze zur Verfügung steht. Inwiefern sich die dabei stattfindende Clusterung der CNTs auf die mechanischen Eigenschaften der Komposite auswirkt, ist derzeit nicht bekannt.

Die Herausforderung der Kompositherstellung besteht darin, die gewünschte Anordnung und Verteilung der CNTs im Matrixwerkstoff mit einem möglichst schnellen und wirtschaftlichen Verfahren einzustellen. Die damit verbundenen Schwierigkeiten werden zu einem großen Teil von der Struktur und Festigkeit der CNT-Agglomerate verursacht, die aus dem Herstellungsprozess resultiert [53]. Weil die Verfahren zur CNT-Synthese zurzeit noch sehr hohe Temperaturen benötigen, können sie nicht direkt mit der Polymerisation gekoppelt werden. Da zudem die attraktiven Kräfte zwischen den CNTs hoch sind, und die CNTs sich somit zwangsläufig zu zum Teil sehr festen CNT-Primäragglomeraten zusammenlagern [21], müssen die Nanotubes bei der Herstellung der Kunststoffnanokomposite wieder vereinzelt (dispergiert) werden. Zwar kann die Festigkeit der Agglomerate durch Infiltration mit dem Matrixwerkstoff reduziert werden [21]. Die für die Infiltration nötigen Zeiträume nehmen jedoch mit der Viskosität der umgebenden Polymerschmelze stark zu.

2.2.2. Kompositherstellung und Verarbeitung

2.2.2.1. Bewertung der Verfahren hinsichtlich der Herstellung von CNT-Kompositen

Für die kommerzielle Herstellung thermoplastischer Blends und Komposite werden derzeit meist gleichlaufende Doppelschneckenextruder eingesetzt. Diese gewährleisten die schnelle, kontinuierliche, dispersive und distributive Durchmischung der Schmelze. Die mittlere Verweilzeit eines Volumenelements liegt dabei häufig deutlich unter einer Minute. Dies macht es sehr schwierig, innerhalb der zur Verfügung stehenden Prozesszeit die vollständige Dispergierung der CNT-Primäragglomerate zu erreichen. Zudem wird die Ausbildung leitfähiger CNT-Netzwerke durch die starke Scherung im Extruder und an der Düse verhindert [54]. Somit steht beispielsweise bei der Herstellung von Rohren und Profilen für die Sekundäragglomeration (2.2.1) nur die kurze Zeitspanne zwischen dem Austritt aus der Düse und der Erstarrung der Schmelze zur Verfügung. In diesen Zeiträumen können die CNTs in der hochviskosen Polymermatrix nur sehr geringe Distanzen zurücklegen, so dass antistatische Eigenschaften nur dann erreicht werden können, wenn die statistischen Abstände zwischen den CNTs sehr gering sind. Dies ist gleichbedeutend hohen Füllgehalten. Die meisten der kommerziell bedeutsamen Formgebungsverfahren wie beispielsweise Spritzgussprozesse oder das Spinnen von Fasern bieten ähnlich ungünstigste oder sogar noch deutlich schlechtere Bedingungen für die Ausbildung des elektrischen Netzwerks [8]. Dieser Umstand ist wahrscheinlich die wichtigste Ursache der zum derzeitigen Zeitpunkt noch sehr schleppend verlaufenden Kommerzialisierung thermoplastischer Komposite mit Carbon-Nanotubes.

Dagegen lassen sich die Verfahren zur Herstellung von duroplastischen Harzsystemen sehr viel besser mit den Anforderungen an Dispergierung und Sekundäragglomeration der Nanotubes vereinbaren. Insbesondere die diskontinuierliche Verarbeitung ermöglicht eine Maßschneiderung der Prozessführung und damit die Herstellung antistatischer Duromere mit extrem niedrigen Füllstoffgehalten [5].

2.2.2.2. Abschätzung der Scherrate im Extruder

Bei der Kompositherstellung durch Extrusion werden die maximal auf die Primäragglomerate übertragbaren Schubspannungen von der Schmelzeviskosität der Polymermatrix und der Scherrate des Mischprozesses bestimmt [21]. Diese Parameter haben zudem entscheidenden Einfluss auf die bei der Schmelzeverarbeitung von unmischbaren Polymerblends auftretenden Tröpfchenkollisions- und Koaleszenzphänomene (Kapitel 2.3). Die hohen Schmelzeviskositäten üblicher Thermoplaste führen zu weitgehend laminaren Strömungsprofilen im Extruder [31]. Die Abschätzung der Scherraten ist dennoch äußerst schwierig. Zum einen ergeben sich starke, ortsabhängige Varianzen. Zum anderen ist die direkte Messung der Scherraten derzeit für Spritzguss- oder Extrusionsprozesse nicht möglich. Daher müssen entweder aufwendige Strömungssimulationen durchgeführt werden, oder man ist auf grobe Abschätzungen mittlerer oder maximaler Scherraten angewiesen. So werden in [55] für die Extrusion Werte von $100\ s^{-1}$ - $10.000\ s^{-1}$ vorgeschlagen, während an anderer Stelle von Scherraten im Bereich von $1\ s^{-1}$ -$1000\ s^{-1}$ ausgegangen wird [56] (Appendix 12.8, Abbildung-A 12). Es ist jedoch möglich, die Größenordnung der maximalen Scherrate $\dot{\gamma}_s$ im Kammspalt typischer Extruder und damit zwischen der Schnecke und dem Gehäuse abzuschätzen [57]:

$$\dot{\gamma}_s = \frac{\pi(D-2\delta)N}{\delta}$$ Gleichung 1

D bezeichnet dabei den Schneckendurchmesser, δ das Spaltmaß und N die Anzahl der Schneckendrehungen in der Sekunde.

2.2.3. Mechanische und elektrische Eigenschaften thermoplastischer Komposite mit CNTs

2.2.3.1. Korrelation von Dispersionszustand und Verstärkungswirkung

Bis heute haben sich die hohen Erwartungen an die mechanische Verstärkungswirkung von CNTs weder für duroplastische noch für thermoplastischen Polymerwerkstoffe erfüllt [58].

Die geringe Nutzbarkeit des Eigenschaftsprofils einzelner CNTs wurde u.a. mit schlechter Dispergierung und unzureichendem Lasttransfer an der Grenzfläche erklärt [58, 59]. Dabei wurde nicht beachtet, dass auch sehr gut dispergierte Komposite neben den ideal vereinzelten Nanoteilchen eine Vielzahl verschiedener agglomerierter und aggregierter Strukturen aufweisen können [58].

Deren Präsenz hat gravierende Auswirkungen auf die Verstärkungswirkung der Partikel. Für nicht aggregierte, isolierte und steife Kugeln wurde von Smallwood [60] vorgeschlagen, dass der E-Modul des Komposits E_k für kleine Kugelvolumenanteile Φ unabhängig von der Größe der Partikel linear mit der Beladung der Matrix (Modul E_m) ansteigt:

$$\frac{E_k}{E_m} = 1 + 2{,}5\phi, \quad \phi \ll 1 \qquad \text{Gleichung 2}$$

Während sich die Modulverstärkung durch ideal sphärische und perfekt vereinzelte Partikel sehr einfach mit dem genannten Zusammenhang beschreiben lässt, gibt es für aggregierte oder agglomerierte Füllstoffstrukturen aufgrund der weitaus höheren morphologischen Komplexität derzeit keine exakten theoretischen Beschreibungen [60]. Ein häufig zitierter Versuch, deren Größenordnung zu beschreiben, wurde von Witten u.a. veröffentlicht [58, 61]. Darin wird die Verstärkung von Elastomerwerkstoffen durch die in den gewundenen Ästen fraktaler Aggregate des Füllstoffs gespeicherte Energie berechnet [58, 61]. Die Gewundenheit wird dabei durch die fraktale Dimension c ausgedrückt (Gleichung 3).

$$\left(\frac{L}{a}\right) \cong \left(\frac{R}{a}\right)^c \qquad \text{Gleichung 3}$$

Darin bezeichnet L die Länge der das Aggregat aufspannenden Äste, R dessen Radius und a den Durchmesser der Primärpartikel. Für $c = 1$ sind die Äste linear. Die Agglomeratsteifigkeit E_{agg} wird nach dieser Modellvorstellung maßgeblich von Aufbau und Geometrie des Aggregats aus Primärpartikeln der Steifigkeit E_f bestimmt und nimmt mit der Aggregatgröße R stark ab [58, 61]:

$$E_{agg} \cong E_f \left(\frac{a}{R}\right)^{3+c} \qquad \text{Gleichung 4}$$

Mit diesem Zusammenhang kann abgeschätzt werden, bis zu welcher Größe der Aggregate noch eine Erhöhung des Elastizitätsmoduls der polymeren Matrix erwartet werden kann. Alle Aggregate, die so groß sind, dass ihr Modul unter dem der Matrix liegt, tragen dann nicht mehr zu einer Erhöhung des E-Moduls der Matrix bei. Somit sind die Anforderungen an die

Vereinzelung der Nanopartikel für thermoplastische und speziell duroplastische Werkstoffe weitaus höher als für die sehr viel weicheren Elastomere.

Abbildung 4 zeigt für Primärpartikel mit 10, 30 und 100 nm Durchmesser und einem Modul von 100 GPa die mit Gleichung 4 berechnete Aggregatfestigkeit. Die Darstellung verdeutlicht, dass selbst bei sehr kleinen Primärpartikeln (10 nm Durchmesser) auch große Aggregate mit Radien über 100 nm stark zur Erhöhung des Elastizitätsmoduls von Elastomerwerkstoffen beitragen können. Für thermoplastische oder duroplastische Matrizes muss dazu bei gleicher Primärpartikelgröße ein Aggregatradius von 40 nm unterschritten werden.

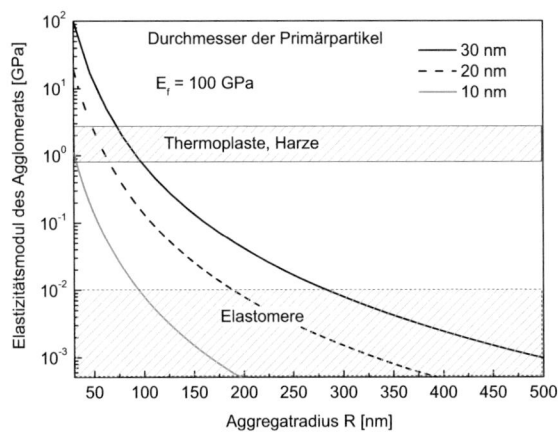

Abbildung 4: Abhängigkeit des E-Moduls fraktaler Aggregate von der Aggregatgröße und Vergleich mit typischen Moduli wichtiger Polymerwerkstoffklassen (Gleichung 4 [61], c = 1,1, adaptiert von Schaefer und Justice [58]

Diese für Aggregate aus sphärischen Primärpartikeln abgeleiteten Zusammenhänge zeigen, dass schon die Präsenz sehr kleiner Aggregate die Nutzung der hohen Moduli der Primärpartikel verhindern kann.

Zur Beurteilung der Steifigkeit von Agglomeraten aus Carbon-Nanotubes werden jedoch sehr spezifische Modelle benötigt, die deren charakteristische Eigenschaften wie z.B. Verschlaufungen zwischen den Primärpartikeln berücksichtigen. Aktuell wird an der Entwicklung derartiger Modelle gearbeitet [62].

In Anbetracht der dargestellten Überlegungen und wegen der häufig noch unzureichenden Dispergierergebnisse bei der Herstellung von thermoplastischen Kompositen durch Extrusion ist die von CNTs zu erwartenden Versteifungswirkung relativ gering. Daher wurde der Abschnitt zur kommerziellen Nutzbarkeit spezieller Anordnungszustände der CNTs innerhalb der Blendmorphologie bewusst auf die Darstellung der elektrischen Eigenschaften der Blendnanokomposite beschränkt.

2.2.3.2. Elektrische Eigenschaften

Polymere Werkstoffe sind, abgesehen von wenigen Nischenprodukten mit speziell angepassten Elektronenkonfigurationen, elektrische Isolatoren mit spezifischen Volumenwiderständen zwischen 10^{17} Ω cm und 10^{10} Ω cm [63]. Während diese Eigenschaft für eine Reihe von Anwendungen vorteilhaft ist, kann sie aber auch die Erschließung neuartiger Anwendungsfelder verhindern.

Der spezifische Volumenwiderstand der Polymerwerkstoffe kann durch die Einarbeitung elektrisch leitfähiger Füllstoffe um viele Größenordnungen abgesenkt werden. Die Einbringung von Carbon-Nanotubes ermöglicht es, Kunststoffkomposite mit moderaten Leitfähigkeiten (gemäß ASTM-D4496-887[XII] bzw. DIN EN ISO 3915 -1999) herzustellen. Diese umfassen einen Bereich des spezifischen Volumenwiderstands von 1- 10^7 Ω cm.

Zur Beschreibung der elektrischen Leitfähigkeit von Verbundwerkstoffen, die durch Verteilung eines elektrisch leitfähigen Füllstoffs in einer isolierenden Matrix hergestellt wurden, wird häufig die Perkolationstheorie eingesetzt. Die Modelle zeigen, dass ein Füllgehalt existiert, bei dem durch infinitesimal kleine Veränderungen der Füllstoffmenge ein Perkolationsnetzwerk unbegrenzter Ausdehnung erzeugt oder zerstört werden kann. Dieser kritische Füllstoffgehalt wird als Perkolationsschwelle bezeichnet. Die Theorie zeigt, dass die Perkolationsschwelle indirekt proportional zum Aspektverhältnis der Füllstoffpartikel ist [64]. Der überwiegenden Teil der im Rahmen dieser Arbeit verwendeten MWCNTs des Typs Baytubes® C150HP liegt innerhalb eines Längenbereichs von 0,2 bis 2 µm [33]. Bei typischen Durchmessern um 14 nm [65] ergeben sich daraus Aspektverhältnisse zwischen 14 und 140. Allerdings weicht die Geometrie dieser durch CVD-Prozess hergestellten CNTs und vieler anderer kommerzieller MWCNTs durch ihre zum Teil starke Krümmung gravierend von jener idealer Stäbchen ab. Li u.a. [63] konnten zeigen, dass sich die Perkolationsschwelle in Folge der Welligkeit der CNTs deutlich erhöht.

Der Umstand, dass reale, durch Extrusionsprozesse hergestellte Komposite trotz der oftmals unvollständigen Dispergierung der CNT-Primäragglomerate sowie der damit einhergehenden Kürzung der CNTs [33] dennoch oftmals weit unterhalb der theoretisch berechneten Perkolationsschwelle perkolieren, kann auf die in Kapitel 2.2.1 beschriebe Kombination von Sekun-

---

[XII] American Society for Testing and Materials

däragglomeration und Elektronen-Tunneling zurückgeführt werden. Durch ein genau auf die spezifischen Erfordernisse der Netzwerkbildung abgestimmtes Verfahren sowie durch Verwendung ausgerichteter CNTs gelang beispielsweise Sandler u.a. die Herstellung von Epoxidharzkompositen mit einer bis heute nicht wieder erreichten elektrischen Perkolationsschwelle von 0,0025 Gew.% [5].

2.3. Polymerblends aus thermoplastischer Verarbeitung

2.3.1. Ursachen der Phasenseparation

Als Polymerblends werden Mischungen aus zwei oder mehr Polymeren bezeichnet, die entsprechend ihrer thermodynamischen Wechselwirkung in drei Gruppen unterteilt werden können (Tabelle 1). Die molekularen Wechselwirkungen und das sich daraus ergebende Phasenverhalten werden von der temperaturabhängigen Änderung der freien Enthalpie (ΔG_m) beim Mischen der Polymere bestimmt.

Homogen Mischbar	Partiell mischbar	Nicht mischbar
$\Delta G_m < 0$ und $\dfrac{\delta^2 \Delta G_m}{\delta \Phi^2} > 0$	$\Delta G_m < 0$ und $\dfrac{\delta^2 \Delta G_m}{\delta \Phi^2} < 0$	$\Delta G_m > 0$
ΔG_m = Enthalpieänderung beim Mischen, Φ = Volumenanteil Blendphase A		
Polymer A + Polymer B	Polymer B in Polymer A / Polymer A in Polymer B	Polymer A Polymer B
Eine Phase	Phasen unterschiedlicher Zusammensetzung	Zwei Phasen

Tabelle 1: Klassifizierung der Polymerblends; Definition nach [66].

Generell nimmt der entropische Anteil der freien Enthalpie beim Mischen verschiedenartig aufgebauter Substanzen mit zunehmendem Molekulargewicht ab. Die hohen Molekulargewichte der meisten kommerziellen Polymere führen somit zu sehr geringen Entropiegewinnen bei der Herstellung von Polymermischungen. Die Wahrscheinlichkeit einer enthalpisch motivierten Durchmischung ist zudem sehr gering. Daher sind die meisten Polymere nicht mischbar und die freie Enthalpie ΔG_m ihrer Blends ist für alle Zusammensetzungen positiv. Die Polymere bilden dann während des Schmelzemischens separierte Phasen, deren Größe mit der Grenzflächenspannung zwischen den Blendpolymeren zunimmt. Dabei können sich komplexe morphologische Strukturen bilden, die nach der Verarbeitung konserviert werden und in der Folge die makroskopischen Eigenschaften des Blends bestimmen (Kapitel 2.4).

Der Nachweis des Phasenverhaltens erfolgt häufig durch thermische oder thermisch-mechanische Analyse des Glasübergangsverhaltens des Blends. Bei Gültigkeit der allgemeinen Form der Couchman-Gleichung [67] (Gleichung 5) kann davon ausgegangen werden, dass sich der Blend in vielen wesentlichen Eigenschaften wie eine homogene Mischung der beiden Polymere verhält:

$$\ln(\frac{T_g}{T_{g1}}) = \frac{\Phi_2 \Delta C_{P2} \ln(T_{g2}/T_{g1})}{\Phi_1 \Delta C_{P1} + \Phi_2 \Delta C_{P2}}$$ Gleichung 5

Dabei bezeichnet $\Phi_{1,2}$ mit $\Phi_1 = (1-\Phi_2)$ die Massenanteile der zwei Blendpolymere, T_g die Glasübergangstemperatur des Blends und T_{gi} jene der Blendkomponenten. Die Änderungen der Wärmekapazitäten der reinen Komponenten am Übergang werden mit ΔC_{Pi} angegeben.

2.3.2. Morphologieentwicklung und Blendkontinuität

Die Mechanismen der Morphologieentwicklung binärer phasenseparierter Polymerblends beim Schmelzemischen in Microcompoundern und Extrudern sind sehr komplex. Eine inzwischen weithin akzeptierte Vorstellung wurde von Scott und Macosko [68] entwickelt (Abbildung 5). Die Autoren schlugen vor, dass der Übergang von der Makro- zur Mikroskala zu Beginn des Blendprozesses durch Ablösung dünner Lagen geschmolzenen Polymers aus den erweichenden Granulaten gewährleistet wird. In diesen Lagen bilden sich dann durch Grenzflächeninstabilitäten disperse Einschlüsse der anderen Blendphase. Deren Konzentration steigt, bis die Lage lediglich durch eine kontinuierliche Struktur dünner Stege zusammengehalten wird. Schließlich zerbricht diese in eine Vielzahl irregulärer Formen, deren Dimensionen bereits nahe an der Domänengröße des fertig gemischten Blends liegen können [68]. Die Beschreibung derartiger Vorgänge gehört derzeit zu den größten Herausforderungen bei der Simulation von Extrusionsprozessen [69]. Im Unterschied zu Schmelzen mit Fasern oder Partikeln können die geschmolzenen Polymere jede nur denkbare geometrische Struktur annehmen und auf vielfältige Art und Weise wechselwirken. Zudem führt der wegen seiner besseren Durchmischung bei der Herstellung von Polymerblends übliche gleichläufige Doppelschneckenextruder gegenüber der Einschneckenextrusion zu einer weiteren Erhöhung der Komplexität. Die sich daraus ergebenden Schwierigkeiten simulationsgestützter Vorhersagen der sich einstellenden Morphologie führen zur häufigen Verwendung empirischer und semi-empirischer Gleichungen.

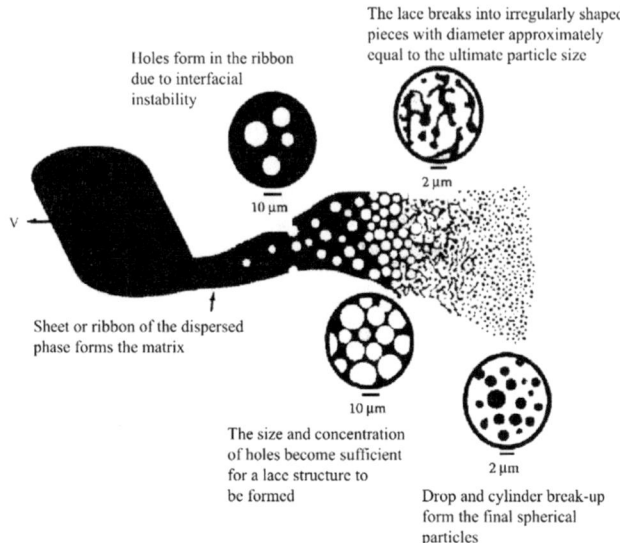

Abbildung 5: Entwicklung von Blendmorphologie und Phasengrenzfläche am Beispiel eines erweichenden Granulats zu Beginn des Schmelzemischens. Sehr schnell führt der Eintrag von Mischenergie zur Ausbildung von Strukturen im Mikrometerbereich. Nachdruck aus [68].

Für binäre Blends kann eine grobe Einteilung der Morphologietypen in die Kategorien Tröpfchen-Matrix-Strukturen und cokontinuierliche Morphologien erfolgen. Der Begriff „cokontinuierlicher Blend" wird in der Literatur in verschiedenen Zusammenhängen verwendet [70]. Wird er mit dem der interpenetrierenden Netzwerke (IPNs) gleichgesetzt, so bezeichnet er eine morphologische Struktur, in der beide Phasen ein ununterbrochenes und theoretisch unendlich ausgedehntes Netzwerk bilden [70]. In solchen Strukturen könnte ein in einer der Blendphasen positioniertes Nanopartikel theoretisch einen beliebigen Ort bzw. ein beliebiges Volumenelement dieser Phase erreichen, ohne ein einziges Mal in Kontakt mit den Molekülen der anderen Phase zu kommen (Abbildung 6, Definition 1). Nach einer weiter gefassten Definition von Utracki u.a. [71-73] liegt eine cokontinuierliche Blendstruktur auch dann vor, wenn zumindest Teile jeder Phase solche, das ganze Volumen durchdringende kontinuierliche Strukturen bilden. Ein Blend kann also auch dann cokontinuierlich sein, wenn Teile der Blendphase als vom durchgehenden Netzwerk isolierte Domänen vorliegen (Abbildung 6, Definition 2).

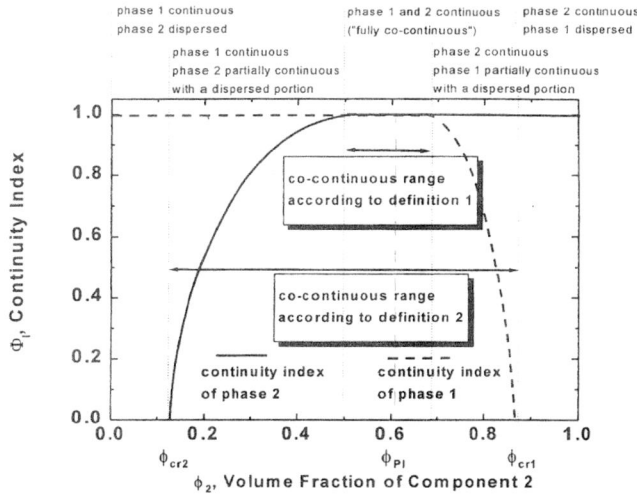

Abbildung 6: Kontinuität Φ_I [70][XIII] der Blendphasen eines unmischbaren Polymerblends in Abhängigkeit von der Phasenzusammensetzung. Nachdruck aus [70], basierend auf den von Lyngaae-Jørgensen und Utracki [71-73] vorgeschlagenen unterschiedlichen Definitionen kokontinuierlicher Strukturen

Abbildung 6 zeigt die Blendphasenkontinuität als Funktion der Blendzusammensetzung. Erhöht man den Anteil einer zunächst vollkommen dispersen Phase aus Polymer 2, so kommt es ähnlich wie bei den für Festkörperpartikel beschriebenen Vorgängen (Kapitel 2.2.3.2) ab einem kritischen Volumengehalt zur Perkolation dieser Blendphase. Ab diesem Gehalt, der wie bei der Perkolation von Füllstoffpartikeln als Perkolationsschwelle (Φ_{cr}) bezeichnet wird, weist die zuvor disperse Phase[XIV] erstmals einen gewissen Kontinuitätsgrad auf [70]. Dies entspricht dem Beginn des kokontinuierlichen Bereichs nach der Definition von Utracki u.a. [71-73]. Bei weiterer Erhöhung des Volumengehalts steigt der Kontinuitätsgrad von Polymer 2, bis ein Bereich erreicht wird, in dem die Kontinuität beider Phasen 100% beträgt ($\Phi_I = 1$). Die Ausdehnung dieses Bereichs interpenetrierender Phasen nimmt mit abnehmenden Grenzflächenspannungen zwischen den Blendphasen zu. Geringe Grenzflächenspannungen sind dabei günstig sowohl für die Entstehung als auch für die Stabilität der kokontinuierlichen Strukturen [70]. Die Phaseninversionskonzentration (Φ_{PI}) wird häufig mit der Mitte dieses Bereichs gleichgesetzt. Es konnte gezeigt werden, dass Φ_{PI} insbesondere von dem Verhältnis der dynamischen Schmelzeviskositäten der dispersen Phase $\eta_d(\dot\gamma)$ und der Matrixphase

---

[XIII] Continuity Index = Maßzahl für die Kontinuität einer Phase, die z.b. über die Fläche zwischen den Blendphasen quantifiziert werden kann
[XIV] Disperse Blendphase: Domänen der Phase sind weitestgehend kugelförmig

$\eta_m(\dot{\gamma})$ abhängig ist [15, 70, 74-76], wobei die dynamische Viskosität $\eta(\dot{\gamma})$ als Quotient aus Schubspannung τ und der Scherrate $\dot{\gamma}_s$ definiert ist (Gleichung 6). In der Vergangenheit wurden verschiedene empirische und semi-empirische Modelle entwickelt, um Φ_{PI} auf Grundlage des Viskositätsverhältnisses (p_{eff}, Gleichung 7) vorherzusagen.

$$\eta = \frac{\tau}{\dot{\gamma}_s};$$ Gleichung 6

$$p_{eff}(\dot{\gamma}) = \frac{\eta_d(\dot{\gamma}_s)}{\eta_m(\dot{\gamma}_s)};$$ Gleichung 7

Die bisher qualitativ besten Vorhersageergebnisse konnten mit einer von Utracki [73] vorgeschlagenen Gleichung erzielt werden [15, 70, 77]:

$$\Phi_{PI} = \frac{\Phi_M + (1-\Phi_M) \cdot p_{eff}^{\frac{1}{[\eta]\Phi_M}}}{p_{eff}^{\frac{1}{[\eta]\Phi_M}} + 1};$$ Gleichung 8

Φ_{PI} bezeichnet dabei die zur Phaseninversion notwendige Konzentration der dispersen Phase, Φ_M ist der Volumenanteil bei maximaler Kugelpackungsdichte. Für Polymerblends kann für diese ein Wert von 0,84 angenommen werden. Die von Utracki eingeführte intrinsische Viskosität $[\eta]$ kann für Polymerblends je nach der Grenzflächenspannung zwischen den Blendphasen Werte von 1,5 bis 2,5 annehmen. Der Wert von 1,9 erwies sich dabei für verschiedene Polymerblends als gut geeignet [73].

2.3.3. Tröpfchenzerteilung

Die Blendmorphologieentwicklung wird während der Extrusion vom Gleichgewicht zwischen Tröpfchenzerteilungs- und Koaleszenzprozessen bestimmt [69]. Dabei wirken auf die Tröpfchen der dispersen Phase Deformationsspannungen, die über die Scherung der Matrixphase übertragen werden. Die Tröpfchenzerteilung wird von der Grenzflächenspannung zwischen den beiden verwendeten Polymeren (γ_{12}) gehemmt. Der als Kapillarzahl Ca bezeichnete Quotient ermöglicht die Beurteilung der Tröpfchenstabilität in einem Scherfeld [69]:

$$Ca = \frac{\eta_m \cdot \dot{\gamma}_s \cdot d}{2 \cdot \gamma_{12}}$$ Gleichung 9

Die auf Tröpfchen mit dem Durchmesser d übertragene Deformationsspannung ergibt sich dabei aus dem Produkt der Viskosität der Matrixphase η_m, und der Scherrate $\dot{\gamma}_S$. Die maximale Scherrate des verwendeten Mischprozesses kann dabei für Microcompounder und Extruder mit Gleichung 1 abgeschätzt werden. Übersteigt der Quotient einen kritischen Wert (Ca_{crit}), der von der Art der vorherrschenden Strömung abhängt, können die Tröpfchen zerteilt werden.

Es konnte gezeigt werden, dass Ca_{crit} in starkem Maße vom Viskositätsverhältnis p_{eff} (Gleichung 7) und vom Charakter der Strömungsfelder des Mischprozesses abhängig ist [69, 78]. Die Art der Strömung kann mit der dimensionslosen Strömungszahl λ beschrieben werden [79]. Für Strömungszahlen nahe Null wird der Prozess von Rotationsströmungen und für λ um 0,5 von Scherströmungen dominiert. Für Dehnströmungen ergeben sich Strömungszahlen nahe eins.

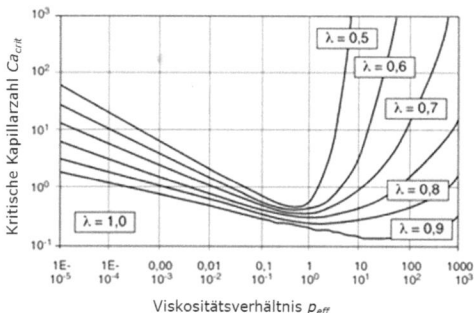

Abbildung 7: Tröpfchenzerteilungsgebiet in Abhängigkeit von Viskositätsverhältnis p_{eff}, Kapillarzahl Ca_{crit} und Strömungszahl λ. Adaptiert aus [69, 78]

Tröpfchenzerteilung kann genau dann stattfinden, wenn die Kapillarzahl für ein bestimmtes Viskositätsverhältnis über der Kurve der jeweils prozesscharakteristischen Strömungszahl λ liegt (Abbildung 7). Die Darstellung verdeutlicht den die Zerteilung begünstigenden Einfluss reiner Dehnströmungen.

Verarbeitungsprozesse mit sehr hohen Kapillarzahlen ($Ca \gg 1$) werden als distributive Mischvorgänge bezeichnet [70]. Liegt die Kapillarzahl unter 1, so bezeichnet man den Mischvorgang als dispersiv [70]. Beim Schmelzemischen von Polymerblends kann je nach Kapillarzahl zwischen zwei Zerteilungsmechanismen unterschieden werden [70]. Zum einen kommt es für genügend hohe Kapillarzahlen ($Ca > Ca_{crit}$) zur Zerteilung der Tröpfchen, wobei meist zwei neue Tröpfchen gebildet werden. Aber auch für Kapillarzahlen, die kleiner sind als Ca_{crit}, kann es zu Zerteilungsprozessen kommen, indem fadenartig verstreckte Domänen aufgrund von Kapillarinstabilitäten aufbrechen [70]. Dabei entsteht eine längs einer Linie angeordnete Reihe kleiner Tröpfchen.

2.3.4. Tröpfchenkollisionen

Durch das Scherfeld des Mischprozesses erfährt jedes Volumenelement Kollisionen mit benachbarten Partikeln oder Phasendomänen der jeweils anderen Blendphase. Die Größenordnung der Frequenz scherinduzierter Kollisionen zwischen kugelförmigen Partikeln in einer umgebenden Matrix kann sehr grob mit Gleichung 10 abgeschätzt werden. Bei Vernachlässigung von hydrodynamischen Wechselwirkungen und bei Annahme einfacher Scherströmung ergibt sich nach Smoluchowksi [80] und Chesters [81] die Kollisionszahl C:

$$C = \frac{8}{\pi} \dot{\gamma}_S \cdot \Phi_d \qquad \text{Gleichung 10}$$

Dabei ist Φ_d der Volumenanteil der dispersen Fraktion, und $\dot{\gamma}_S$ die Scherrate des verwendeten Mischprozesses. Aus dem Verhältnis der sich daraus ergebenden durchschnittlichen Kollisionszeit t_{koll} und der zur Verfügung stehenden Prozesszeit t_{proc} kann die Kollisionswahrscheinlichkeit P_{koll} zwischen den Tröpfchen der dispersen Phase abgeschätzt werden [69, 82].

$$P_{koll} = \exp(-\frac{t_{koll}}{t_{proc}}) = \exp(-\frac{\pi}{8 \cdot \dot{\gamma}_S \cdot \Phi_d \cdot t_{proc}}) \qquad \text{Gleichung 11}$$

2.3.5. Koaleszenzprozesse

Die Koaleszenz zweier Tröpfchen wird in der Literatur meist durch Modelle beschrieben, die vom Abfließen des Matrixfilms zwischen den Tröpfchen ausgehen. Dabei wird der Koaleszenzprozess meist in drei Schritte unterteilt [83]. Nach der gängigen Vorstellung [83] kommt es zunächst zur Annäherung frei beweglicher Tröpfchen. Dabei bildet sich zwischen den Tröpfchen ein dünner Film der flüssigen Matrixphase, der langsam verdrängt wird. Sobald der Film so dünn wird, dass attraktive van-der-Waals-Kräfte zwischen den beiden Tropfen wirksam werden können, kann der Matrixfilm abreißen. Dies geschieht typischerweise ab einer kritischen Filmdicke von 60 nm [83]. Das darauf folgende Halswachstum zwischen den Tröpfchen schließt den Koaleszenzprozess ab.

Voraussetzung für die Koaleszenz zweier Tröpfchen ist das Abfließen des Matrixfilms innerhalb der Kollisionszeit t_{koll}. Die Koaleszenzwahrscheinlichkeit P_{koal} ergibt sich als Produkt aus der Kollisionswahrscheinlichkeit P_{koll} und der gekoppelten Wahrscheinlichkeit für ein vollständiges Abfließen des Matrixfilms zwischen den Tropfen P_{ab} [69]:

$$P_{koal} = P_{koll} \cdot P_{ab} \qquad \text{Gleichung 12}$$

Die Wahrscheinlichkeit, dass der Matrixfilm innerhalb der charakteristischen Kollisionszeit t_{koll} abfließen kann, kann nach einem Konzept von Coulaloglou [84] durch Vereinfachung der von Ross [85] vorgeschlagenen Wahrscheinlichkeitsdichtefunktion aus dem Verhältnis der charakteristischen Abflusszeit t_{ab} und t_{koll} berechnet werden:

$$P_{ab} = \exp(-\frac{t_{ab}}{t_{koll}}) \qquad \text{Gleichung 13}$$

Somit ergibt sich für P_{koal} [69]:

$$P_{koal} = \exp(-\frac{t_{koll}}{t_{pro}} - \frac{t_{ab}}{t_{koll}})\qquad\text{Gleichung 14}$$

Die Quantifizierung der Koaleszenzwahrscheinlichkeit zweier Tröpfchen in einem Blendsystem während des Schmelzemischens P_{koal} erfordert die Kenntnis der charakteristischen Zeit für das Abfließen des Matrixfilms t_{ab} (Gleichung 13). Diese ist das Resultat einer Vielzahl komplexer und parallel stattfindender Vorgänge [86], die empirisch nicht oder nur sehr unzureichend beschrieben werden können [12]. Der Koaleszenzprozess und die Dynamik des abfließenden Matrixfilms wird daher derzeit meist numerisch simuliert [83].

2.4. Lokalisierung nanoskaliger Partikel in mehrphasigen thermoplastischen Polymerblends während des Schmelzemischens

2.4.1. Funktionelle Werkstoffe mit komplexen Strukturen

Die Kombination von nanoskaligen Füllstoffen mit den Phasenmorphologien von unmischbaren Polymerblends ermöglicht die Herstellung morphologischer Strukturen, deren Eigenschaften und Funktionalität jene der entsprechenden Homopolymerkomposite der Blendpolymere bei weitem übertreffen können. Dabei ist die Anordnung der Partikel in der Morphologie des Blends von entscheidender Bedeutung für die makroskopischen Eigenschaften eines so hergestellten Werkstoffs.

Abbildung 8 zeigt, dass sich bereits für das denkbare einfachste Modellsystem (2 Blendphasen mit einem Füllstoff) eine Vielzahl möglicher Kombinationen von Phasenmorphologie und Füllstofflokalisierung ergibt [16]. Allerdings kann nur von einigen Kombinationen ein technologisch interessantes Eigenschaftsprofil erwartet werden. Blends mit dispersen Phasen könnten je nach Art und Anordnung der Füllstoffpartikel interessante mechanische Eigenschaften aufweisen (a-d), aber ihr Potential ist im Hinblick auf die elektrische Leitfähigkeit und die Eigenschaftskombination der Blendpolymere stark begrenzt.

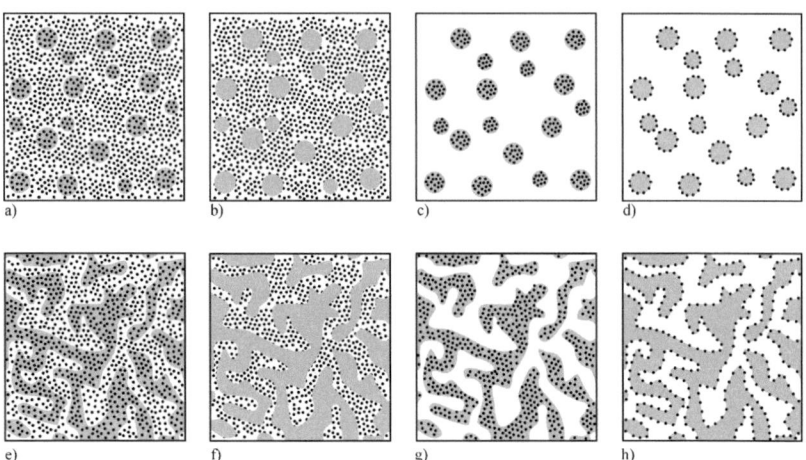

Abbildung 8: Kombinationsmöglichkeiten aus Blendmorphologie und Füllstofflokalisierung in einem binären unmischbaren Blendsystem [16].

Dagegen kann von cokontinuierlichen Blends eine synergistische Kombination der Eigenschaftsprofile der Blendpartner erwartet werden. Entstehung [70, 74, 77, 87-93] und Eigenschaften [94-99] derartiger Strukturen wurden daher bis heute in zahlreichen Arbeiten untersucht. Ist der Füllstoff zudem selektiv in einer von zwei kontinuierlichen Blendphasen (f, g) oder an der Grenzfläche eines cokontinuierlichen Blends (h) angeordnet, so können im Vergleich zu einphasigen Kompositen oder zu Blends mit statistischer Verteilung des Füllstoffs auf beide Blendphasen (e) herausragende Eigenschaften erwartet werden.

Sumita u.a. [100] konnten 1991 erstmals zeigen, dass die elektrische Perkolation von Leitrußpartikeln in einer kontinuierlichen und damit perkolierten Blendphase eine signifikante Reduzierung der elektrischen Perkolationsschwelle ermöglicht. Für dieses Phänomen wurde der Begriff der Doppelperkolation vorgeschlagen, der sich seitdem in der Fachliteratur etabliert hat. Bis heute wurden doppelperkolierte Strukturen für zahlreiche Kombinationen von Blends und Füllstoffen beobachtet (Kapitel 2.4.3 und 2.4.4). Mit diesen gelang die Realisierung der erwarteten elektrischen Eigenschaften.

Als eine im Hinblick auf viele Eigenschaften ideale Struktur wird die Lokalisierung der Füllstoffe direkt an der Grenzfläche eines cokontinuierlichen Blends (h) betrachtet. Neben der Hoffnung, die effektive Grenzflächenspannung zwischen den Blendphasen durch die Partikel absenken zu können (Kapitel 2.8), erscheint dies als das ideale Szenario zur Herstellung von thermoplastischen Kunststoffen mit extrem niedrigen elektrischen Perkolationsschwellen. Zudem könnte die Blendgrenzfläche durch beide Phasen überbrückende CNTs mechanisch verstärkt werden. Die bisher vorliegende Literatur liefert aber Hinweise darauf, dass die verarbeitungsstabile Realisierung solcher Strukturen im Falle von Füllstoffen mit hohen Aspektverhältnissen wie Carbon-Nanotubes unwahrscheinlich ist (Kapitel 2.4.3 und 6).

Generell gilt, dass der eingesetzte Füllstoff im Vergleich zur Blendmorphologie genügend klein sein muss, um sich frei in der Phasenstruktur des Blends anordnen zu können. Für kommerzielle Blends ausreichender Kompatibilität liegen die typischen Domänengrößen meist im Mikrometerbereich oder sogar darunter. Daher erscheint eine Beschränkung der Betrachtung auf die Klasse der Nanofüllstoffe und innerhalb dieser auf die dispergierten Partikel sinnvoll. Insbesondere für MWCNTs muss ferner darauf geachtet werden, dass sich die Nanotubes nur dann vollkommen frei in der Phasenstruktur anordnen können, wenn die Länge der CNTs den Durchmesser typischer Blenddomänen nicht übersteigt. Zur Realisierung der in Abbildung 8 beschriebenen Strukturen müssen daher CNT-Typ und Blendsystem passend kombiniert werden.

2.4.2. Strukturbildung und Eigenschaften

Für die Herstellung von unmischbaren Blends mit Füllstoffen aller Art sind kontinuierliche Extrusionsprozesse im Hinblick auf die kostengünstige und schnelle Herstellung großer Tonnagen derzeit weitgehend konkurrenzlose Produktionsverfahren. Direkt nach der Schmelzeverarbeitung im Extruder oder nach anschließenden Formgebungsverfahren wie dem Spritzguss werden sowohl die Blendmorphologie als auch die Feststoffpartikel im Blend durch Erreichen der Glasübergang- oder Kristallisationstemperatur eingefroren. Die Beweglichkeit der Füllstoffe in einem glasartig erstarrten Polymer ist danach vernachlässigbar klein. Auch in teilkristallinen Polymeren, deren Glasübergangstemperatur unter der Raum- bzw. Einsatztemperatur liegt, sollte in den technisch relevanten Zeitskalen keine nennenswerte Bewegung der Nanopartikel zwischen den Blendphasen möglich sein. Dies kann aufgrund der nach heutigem Kenntnisstand nur äußerst geringen Ausdehnungen der amorphen Bereiche zwischen den Kristalliten erwartet werden. Somit können thermodynamische Ungleichgewichtszustände der Partikellokalisierung für die gesamte Produktlebensdauer konserviert werden. Die räumliche Anordnung der Füllstoffe innerhalb der Blendphasen bestimmt dann die Werkstoffeigenschaften der Blendkomposite.

Somit ist das Verständnis der während des Schmelzemischens maßgeblichen Füllstofflokalisierungsmechanismen der Schlüssel zu den Eigenschaften dieser Werkstoffe. Dieses ist jedoch momentan noch sehr unzureichend und der Einfluss der verschiedenen Parameter wird bis heute kontrovers diskutiert [12] (Kapitel 2.5). Die Morphologieentwicklung von Polymerblends ist in den vergangenen Jahrzehnten für viele Systeme detailliert beschrieben und damit gut beherrschbar geworden. Dies gilt aber nicht für die Interaktion nanoskaliger Partikel mit den äußerst komplexen Tröpfchenzerteilungs- und Koaleszenzphänomenen, die für die Morphologie des Blends verantwortlich sind. Die Aufklärung wird insbesondere dadurch erschwert, dass die zur Herstellung thermoplastischer Blends verwendeten kontinuierlichen Extrusionsprozesse bis jetzt keine experimentelle Beobachtung der maßgeblichen Mechanismen erlauben. Durch die sehr viel bessere Zugänglichkeit verwandter Vorgänge in der Kolloidchemie stützt sich die Diskussion des Lokalisierungsverhaltens von Feststoffpartikeln in Polymerblends häufig auf Erkenntnisse aus diesem Bereich. Dies betrifft insbesondere die Berechnung thermodynamisch bevorzugter Anordnungszustände (Kapitel 2.6.1) und deren Auswirkungen auf Blendgrenzfläche und Domänengröße (Kapitel 2.8). Die große Bedeutung, die die Bildung eines Benetzungswinkels und die dadurch hervorgerufenen thermodynamischen Triebkräfte für den Transfer von Füllstoffen zwischen zwei flüssigen Phasen haben, ist in beiden Forschungsfeldern weitgehend unumstritten (Kapitel 2.6.1).

Trotz der Analogien zwischen den kolloidalen Systemen und den thermoplastischen Blends gibt es fundamentale Unterschiede. Durch die häufig sehr niedrigen Viskositäten der Flüssigkeiten in Kolloiden sind die Zeitskalen, die die für den Transfer von Füllstoffpartikeln entscheidenden Mechanismen in Anspruch nehmen, sehr viel kürzer als bei der Herstellung von thermoplastischen Polymerblends. Dadurch sowie durch die beliebig anpassbaren Mischzeiten der zur Herstellung kolloidaler Systeme verwendeten diskontinuierlichen Prozesse kann die thermodynamisch bevorzugte Anordnung der Partikel relativ einfach erreicht werden. Dagegen werden Lokalisierungsprozesse während der Extrusion durch die hohe Viskosität typischer thermoplastischer Polymere sowie durch die sehr kurzen Verarbeitungszeiten häufig von der Kinetik eines möglichen Nanopartikeltransfers zwischen den Blendphasen dominiert. Die Wahrscheinlichkeit, bei der räumlichen Anordnung der Füllstoffpartikel thermodynamische Ungleichgewichtszustände zu konservieren, ist daher sehr hoch. Dies zeigt die Bedeutung derartiger Transferprozesse und unterstreicht den Bedarf nach einer umfassenden Aufklärung der Transferraten und Mechanismen während des Schmelzemischens (Kapitel 7).

2.4.3. Lokalisierungsverhalten von Carbon-Nanotubes

2.4.3.1. *Tendenzen und bisher ungeklärte Aspekte*

Die folgende Diskussion des Lokalisierungsverhaltens von Carbon-Nanotubes soll im Hinblick auf die Vielzahl spezifischer, beim Mischen von Elastomeren mit Nanofüllstoffen auftretender Besonderheiten auf den Bereich der thermoplastischen Polymerblends beschränkt werden. Auch mit dieser Einschränkung stehen als Folge der verstärkten Forschungsanstrengungen der letzten Jahre inzwischen für eine Reihe verschiedener binärer Blendsysteme Untersuchungsergebnisse zum Lokalisierungsverhalten der CNTs zu Verfügung. Nach dem heutigen Stand der Forschung erscheint es zulässig, die selektive Anordnung der CNTs in einer der beiden Blendphasen nach dem Schmelzemischen als ein für diesen Nanofüllstoff typisches Merkmal zu betrachten [8, 13, 101-110] (siehe auch Kapitel 2.4.3.3). Die Ableitung allgemeingültiger Zusammenhänge oder einer umfassenden und konsistenten Erklärung der beobachteten Lokalisierungszustände erweist sich dennoch in Anbetracht der uneinheitlichen Vorgehensweisen, Ergebnisse und Interpretationen in der Literatur als sehr schwierig [12, 111]. Auf den ersten Blick ergeben sich zum Teil sogar widersprüchliche Ergebnisse. Dies führt dazu, dass das Lokalisierungsverhalten von CNTs in Polymerblends bis heute bei bisher nicht untersuchten Kombinationen von Blendpolymeren und CNTs nicht vorhergesagt werden kann [12]. Die sich in der Literatur abzeichnende Tendenz zur Präsentation eigenschaftsoptimierter Systeme ist in dieser Hinsicht von großem Nachteil. Dadurch fehlen gerade in diesem jungen Forschungsbereich systematische Untersuchungen zur Aufklärung einzelner Einflussgrößen oder der für die beobachteten Phänomene verantwortlichen Mechanismen. Zudem kann die zum Teil nicht ausreichende Qualität der mikroskopischen Untersuchungen zu experimentell nicht ausreichend abgesicherten Lokalisierungsaussagen führen [109, 112-116].

Die Gefahr einer Fehlinterpretation besteht auch dann, wenn sich Aufbau und Charakter der Makromoleküle während des Schmelzemischens durch chemische Reaktionen zwischen den Blendphasen verändern. Dies kann beispielsweise für die bisher einzigen in der Literatur beschriebenen Blends, die eine verarbeitungsstabile Belegung der Blendgrenzfläche mit CNTs aufweisen [117-119], nicht ausgeschlossen werden. Bei den in den Studien verwendeten Verarbeitungsbedingungen kann es durch in-situ Reaktionen zwischen den Blendpolymeren Polyamid und Ethylenacrylat zur Bildung von grenzflächenaktiven Pfropf- und Copolymeren kommen. Dass die dabei möglichen Umesterungsreaktionen während des Schmelzemischens durch temporär an der Grenzfläche des Blends lokalisierte CNTs sogar katalysiert werden können, konnte in einer aktuellen Studie gezeigt werden [120]. Die Entstehung einer aus den Blendpolymeren gebildeten Interphase könnte die beobachtete Anordnung der CNTs an der Grenzfläche ebenso erklären, wie die von den Autoren vermutete irreversible Adsorption der Makromoleküle auf Teilen der CNT-Oberfläche. Zudem könnte das beobachtete Lokalisierungsverhalten auch in Folge kovalenter Kopplungsreaktionen zwischen den Polymeren und der CNT-Oberfläche auftreten. Denkbar wäre, dass eine Carbon-Nanotube aufgrund ihrer großen Länge an verschiedenen Stellen kovalent an beide Blendpolymere ankoppelt. In diesem Fall wäre die Anordnung an der Grenzfläche, ähnlich wie bei einem Dreiblockcopolymer, ein wahrscheinlicher Lokalisierungszustand.

Kann nur eines der Polymere an die CNT-Oberfläche anbinden, könnte es dann zur Grenzflächenlokalisierung kommen, wenn durch die kovalente Anbindung nicht die gesamte CNT-Oberfläche von dem angebundenen Polymer bedeckt wird. Ist gleichzeitig die Anordnung der CNTs in der anderen Blendphase aufgrund geringerer Grenzflächenspannungen zur CNT-Oberfläche thermodynamisch bevorzugt, könnten sich derartige CNTs ähnlich wie grenzflächenaktive Substanzen verhalten.

Aufgrund der nur sehr schwer zu charakterisierenden Funktionalitäten der CNT-Oberfläche sowie aufgrund der derzeit kaum bzw. nur mit enormem experimentellen Aufwand nachweisbaren Reaktionsprodukte (Kapitel 2.5.5) ist das Wissen über Kopplungsreaktionen zwischen den CNTs und polymeren Matrizes aber bis heute sehr lückenhaft (Kapitel 2.6.2, 8, 9). Somit sind verschiedene Szenarien geeignet, die von Baudouin u.a. [117-119] beobachtete Grenzflächenlokalisierung der CNTs zu erklären. Zudem bleiben auch die Werkstoffeigenschaften der hergestellten Blendkomposite unklar. Obwohl den Autoren die Erzeugung eines Lokalisierungszustands gelungen war, der theoretisch bei Übertragung auf cokontinuierliche Blends die Realisierung antistatischer thermoplastischer Werkstoffe mit extrem niedrigen CNT-Füllgehalten ermöglichen würde (vgl. Abbildung 8h), verzichteten die Autoren auch in den beiden auf die erstmalige Beschreibung [117] folgenden Studien [118, 119] auf die Charakterisierung der elektrischen Eigenschaften.

Interessanterweise wird das Lokalisierungsverhalten der Nanotubes gerade in einem Bereich, für den aufgrund verschiedener Faktoren eine äußerst kontrovers geführte Diskussion erwartet werden könnte, von den Autoren sehr einheitlich bewertet. Dies betrifft den Versuch, die beobachtete Anordnung der CNTs in der Blendmorphologie durch Berechnung des Benetzungskoeffizienten (Kapitel 2.6.1) und über die thermodynamischen Triebkräfte zu erklären. Dabei wird stets vorausgesetzt, dass die jeweils zur Berechnung verwendeten CNT-Oberflächenspannungsparameter das Verhalten der tatsächlich eingesetzten CNTs mit ausreichender Genauigkeit beschreiben [8, 103, 116-118, 120-126]. Mit Ausnahme der Untersuchung von Wu und Shaw [103], in der der Benetzungskoeffizient aus für Carbon publizierten Literaturwerten [127] berechnet wurde, stützt sich die Diskussion dabei ausschließlich auf die von Barber u.a. [128] bzw. von Nuriel u.a. [129] an speziellen MWCNT-Typen bestimmten Oberflächenspannungsparameter. Die Nanotubes dieser Studien wurden aber in keinem der untersuchten Blendsysteme verwendet[XV] und die Auswahl zwischen den beiden publizierten und stark unterschiedlichen Parametersätzen erfolgt weitgehend willkürlich. Ausschließlich auf die Messungen von Barber u.a. [128] stützen sich dabei ähnlich viele Studien [116-118]

[XV] Barber u.a.:MWCNTs mit 20 nm Durchmesser von Dynamic Enterprises (U.K.) Nuriel u.a.: MWCNTs mit 30 ± 15 nm Durchmesser des Herstellers Nanolab (USA)

wie auf die von Nuriel u.a. [129] publizierten Werte [120, 121, 123, 126]. Andere Autoren berücksichtigten die ihnen nicht bekannten Oberflächeneigenschaften der verwendeten CNTs, indem sie das Lokalisierungsverhalten für beide stark unterschiedlichen Parametersätze [8, 120, 124] berechneten.

Die derzeitige Praxis, Oberflächenspannungswerte von CNT-Typen zu verwenden, deren Oberflächeneigenschaften keinen erkennbaren Bezug zu jenen der tatsächlich verwendeten CNTs haben, ergibt sich aus dem Umstand, dass für den überwiegenden Teil großtechnisch hergestellter CNTs keine zuverlässigen Werte zur Verfügung stehen. Die Ursache hierfür sind die prinzipiellen Schwierigkeiten, die mit der Bestimmung der Oberflächeneigenschaften einzelner Nanopartikel einer agglomerierten Schüttung verbunden sind (Kapitel 2.5.5). Aufgrund des großen Einflusses, den Herstellungs- und Aufreinigungsverfahren auf die Eigenschaften der CNT-Oberfläche haben (2.5.5), ist die gängige Praxis zur Berechnung der thermodynamischen Triebkräfte aber kritisch zu bewerten. Somit ist Häufigkeit, mit der die Lokalisierung der CNTs aus den Oberflächenspannungen erklärt werden konnte [8, 103, 117, 121-123, 125], kein Indiz für die Richtigkeit der verwendeten CNT-Oberflächenspannungsparameter. In Kapitel 9 wird diese Problematik aufgegriffen und gezeigt, wie die verschiedenen in der Literatur verwendeten Oberflächenspannungsparameter das Berechnungsergebnis des Benetzungskoeffizienten beeinflussen können. Somit sind Richtung und Stärke der aus dem Verhältnis der Grenzflächenspannungen resultierenden thermodynamischen Triebkräfte für die bisher untersuchten Systeme weitgehend unbekannt. Dies erschwert wiederum die Diskussion kinetischer Einflussfaktoren. In den bisher publizierten Studien wurden kinetische Einflussfaktoren lediglich dahingehend bewertet, dass Blendphasen mit sehr hoher Schmelzeviskosität den Transfer der Füllstoffe zwischen den Blendphasen be- oder verhindern können [121, 124].

Auch ohne die Betrachtung auf CNTs zu beschränken, können der Literatur bisher keine Ansätze entnommen werden, wie die Verarbeitungsparameter und die spezifischen Eigenschaften des Blendsystems die Wahrscheinlichkeit, dass einzelne Nanopartikel in eine thermodynamisch bevorzugte Blendphase transferiert werden, beeinflussen. Zwar besteht gerade bei den bisher zum Lokalisierungsverhalten von CNTs erschienenen Studien breiter Konsens darüber, dass deren selektive Anordnung in einer der Blendphasen oder an der Grenzfläche mit Hilfe eines beim Kontakt der Partikel mit der Blendgrenzfläche entstehenden Benetzungswinkels erklärt werden kann [8, 103, 116-118, 120-126] (Kapitel 2.6.1). Dabei fehlen aber Hinweise auf die Relation der einerseits zur Entstehung eines solchen Benetzungszustandes benötigten und der andererseits dafür zur Verfügung stehenden Zeit (Kapitel 2.4.4 und 0). Von der Aufklärung der Kinetik des benetzungswinkelinduzierten Transfers kann langfristig die Erklärbarkeit der von einigen Autoren beschriebenen Viskositätseinflüsse und Ungleichgewichtszustände [104, 108, 116, 121, 124] erwartet werden.

Interessanterweise wurde noch im Jahr 2009 in einem Review-Artikel [12] in Frage gestellt, ob Füllstoffe mit sehr hohen Aspektverhältnissen wie z.b. CNTs überhaupt zwischen den Phasen eines Blends transferiert werden können. Die Vollständigkeit und Effizienz eines solchen Transfers konnte im Rahmen dieser Arbeit im gleichen Jahr für MWCNTs in Blends aus PC und SAN eindeutig nachgewiesen werden [102] (Kapitel 4.3). Dass MWCNTs während des Schmelzemischens aus einer dispersen überfüllten Masterbatchphase auswandern können, wurde aber bereits 2008 von Pötschke u.a. [8] berichtet. Nach Beschreibung des CNT-Transfers in PC/SAN-Blends wurde auch für PA6/PP- [108] PA12/HDPE- [130] und PA12/PCL- [116] Blends die Auswanderung von CNTs aus einer der Blendphasen beschrieben. In den genannten Blends wurden die CNTs stets in die Polyamid-Phase transferiert, wobei die Autoren im Fall des PA12/PCL- Blends einen Teil der CNTs an der Grenzfläche des Blends vermuteten. Der Transferprozess wurde aber bis heute nicht systematisch untersucht (Kapitel 7).

2.4.3.2. *Spezifische Besonderheiten und technische Nutzung des Lokalisierungsverhaltens von CNTs in schmelzegemischten Blends*

Die bereits für mehrere Blendsysteme beschriebene Neigung von Carbon-Nanotubes, sich während des Schmelzemischens hochselektiv in einer thermodynamisch bevorzugten Phase eines mehrphasigen Blendsystems anzuordnen, erscheint als ideale charakteristische Eigenschaft zur Herstellung doppelperkolierter Blendstrukturen (Abbildung 8g). Tatsächlich konnten solche Strukturen schon vor dieser Arbeit [103, 106, 107, 109] und parallel dazu [101, 108, 110, 131, 132] in verschiedenen Blends realisiert werden.

Deutlich nach der erstmaligen Beschreibung doppelperkolierter cokontinuierlicher PC/SAN-Blends im Rahmen dieser Arbeit wurde die selektive Lokalisierung von CNTs in Polycarbonat in einem sehr ähnlichen PC/SAN-Blendsystem zu einer systematischen Untersuchung des Perkolationsverhaltens der leitfähigen Phase genutzt [110]. Ähnlich wie schon von Pötschke u.a. [13] für Blends aus Polyethylen (PE) und Polycarbonat (PC) beschrieben, wurde dabei über Perkolationskonzentrationen der selektiv CNT-gefüllten Phase (Kapitel 2.3.2) nahe 30 Vol.-% berichtet.

Die höchstmögliche Absenkung der Perkolationskonzentration ist aber von der Lokalisierung der CNTs an der Grenzfläche cokontinuierlicher Blends zu erwarten (Kapitel 2.4.1, Abbildung 8h). Einen wichtigen Hinweis auf die prinzipielle Realisierbarkeit dieses Konzepts liefern die Eigenschaften, die beim Sintern von CNT-bedeckten thermoplastischen Partikeln erreicht werden konnten. Das verwendete Verfahren ermöglichte es, die CNTs an der Grenzfläche der thermoplastischen Partikel anzuordnen. Dabei wurden Perkolationsschwellen zwischen 0,04 und 0,07 Vol.-% erreicht [133], die somit um ca. eine Größenordnung unter den derzeit mit kommerziellen CNTs in thermoplastischen Homopolymerkompositen realisierbaren liegen. Aufgrund der nicht gegebenen Stabilität bei thermischer Behandlung oder Verarbeitung in der Schmelze und der zeitaufwendigen Prozedur wäre die Herstellung von Bauteilen auf Basis dieses Verfahrens allerdings mit großen Nachteilen und hohen Kosten verbunden. Gelingt dagegen die thermodynamisch motivierte Anordnung der CNTs an der Blendgrenzfläche, sind derartige Strukturen temperatur- und verarbeitungsstabil. Die thermodynamischen Triebkräfte können allerdings bei vorgegebenen Blendpolymeren und Nanotubes nicht beeinflusst werden. Im Hinblick auf die Literatur erscheint bei zufälliger Auswahl des Blendsystems ein derartiger Anordnungszustand als generell unwahrscheinlich (Kapitel 6).

2.4.3.3. MWCNTs in PC/ABS-Blends

Im Jahr nach der Beschreibung des Lokalisierungsverhaltens von MWCNTs in den als Modellsysteme für die kommerziell bedeutsamen PC/ABS-Blends konzeptionierten PC/SAN-Blends [102] (Kapitel 4.3) wurden von Yao u.a. [121] Ergebnisse zur Anordnung von MWCNTs in schmelzegemischten PC/ABS-Blends mit verschiedenen Kautschukgehalten der ABS-Phase publiziert. Während das Verhalten für niedrige Kautschukgehalte (ABS mit 5 Gew.-% Polybutadien (PB) in SAN[XVI]) analog zu dem für PC/SAN-Blends beschriebenen war, wurde für 20 und 60 Gew.-% PB in SAN die mehrheitliche Anordnung der MWCNTs in der ABS-Phase beobachtet. Die Abhängigkeit des Lokalisierungsverhaltens der CNTs vom PB-Gehalt in SAN wurde in der Studie mit den sehr großen Viskositätsunterschieden zwischen den drei ABS-Typen erklärt[XVII]. Die Autoren vermuteten, dass die im Vergleich zu PC niedrigere Erweichungstemperatur der ABS-Phase dazu führt, dass die CNTs während des verwendeten einstufigen Mischprozesses zunächst von ABS benetzt bzw. in diese Phase eingeschlossen werden. Dass die CNTs bei niedrigen PB-Gehalten dennoch innerhalb der Polycarbonatphase angeordnet waren, wurde auf die in [102] beschriebene thermodynamische Bevorzugung der PC-Phase zurückgeführt. Weiterhin wurde angenommen, dass die für 20 und 60 Gew.-% PB sehr hohen Schmelzeviskositäten der ABS-Phase die Auswanderung der CNTs in die bevorzugte PC-Phase innerhalb der dafür zur Verfügung stehenden Verarbeitungszeit verhindern. Obwohl die Erklärung plausibel erscheint, wäre es auch möglich, die

---

[XVI] ABS = Mischphase aus Polybutadien (PB) und SAN (Kapitel 2.9)
[XVII] 3690 Pa s bei 5 Gew.-% PB in ABS; ABS mit 60 Gew.-% PB konnte aufgrund der sehr hohen Viskosität nicht im Rheometer gemessen werden

Immobilisierung der CNTs bei Kontakt mit der ABS-Phase durch das für Elastomerwerkstoffe beschriebene Phänomen der irreversiblen Okklusion[134][XVIII] zu erklären.

Die Komplexität des untersuchten Systems (Viskositätseffekte, irreversible Adsorptionsphänomene, mehrere Phasengrenzen) erschwert somit die Interpretation der experimentellen Ergebnisse dieser Studie. Zudem wurden von den Autoren keine Informationen zum Acrylnitrilgehalt der SAN-Copolymerphase in ABS bereitgestellt. Dieser bestimmt aber die Grenzflächenspannung zur PC-Phase und ist daher entscheidend für den Transferprozess.

Da derzeit das Wissen über die Mechanismen der räumlichen Anordnung von Füllstoffpartikeln in zweiphasigen Polymerblends während des Schmelzemischens generell unzureichend ist (2.4.2), erscheint es sinnvoll, in einem ersten Schritt vereinfachte Modellsysteme zu untersuchen und so zunächst grundlegende Informationen über die lokalisierungsrelevanten Abläufe zu gewinnen. In dieser Hinsicht erscheint das gewählte PC/SAN-Modellsystem als sehr gut geeignet (Kapitel 2.9 und 4-7).

2.4.4. Lokalisierungsverhalten verschiedener nanoskaliger Füllstoffe

2.4.4.1. *Generelle Aspekte des Lokalisierungsverhaltens*

Seit vielen Jahren werden nanoskalige Partikel zur Anpassung und Verbesserung der Eigenschaften von polymeren Matrizes eingesetzt. Neben dem seit langem etablierten Nanofüllstoff Carbon-Black werden dazu auch häufig Schichtsilikate und sphärische oder aggregierte Silikapartikel verwendet. Das in einer Vielzahl von Studien beschriebene Lokalisierungsverhalten beim Schmelzemischen mit mehrphasigen Polymerblends ergibt sich häufig aus spezifischen Besonderheiten und lässt sich daher, ebenso wie das der CNTs, aufgrund des derzeit unzureichenden Wissens über das Zusammenwirken der maßgeblichen Lokalisierungsmechanismen sowie wegen der häufigen Überlagerung verschiedenster Einflussgrößen nur schwer zusammenfassen.

Es erscheint aber auffällig, dass die Tendenz von Füllstoffen wie Carbon-Black, Silikapartikeln oder Schichtsilikaten, sich hochselektiv in einer der Blendphasen anzuordnen, deutlich weniger stark ausgeprägt ist als für Carbon-Nanotubes (Kapitel 2.4.3). Dies führt dazu, dass diese Füllstoffe nach dem Schmelzemischen häufig auf beide Phasen binärer nicht mischbarer Blends verteilt sind, wenn sie nicht schon zu Beginn des Schmelzeblendens innerhalb der thermodynamisch bevorzugten Blendphase vorlagen. Zudem scheint ihre Stabilität an der Blendgrenzfläche relativ hoch zu sein. Daher können sie sich zusätzlich, bevorzugt, oder sogar ausschließlich an der Grenzfläche der Polymerblends anordnen (Abbildung 9).

[XVIII] Einschließen, Einhüllen, Ummanteln

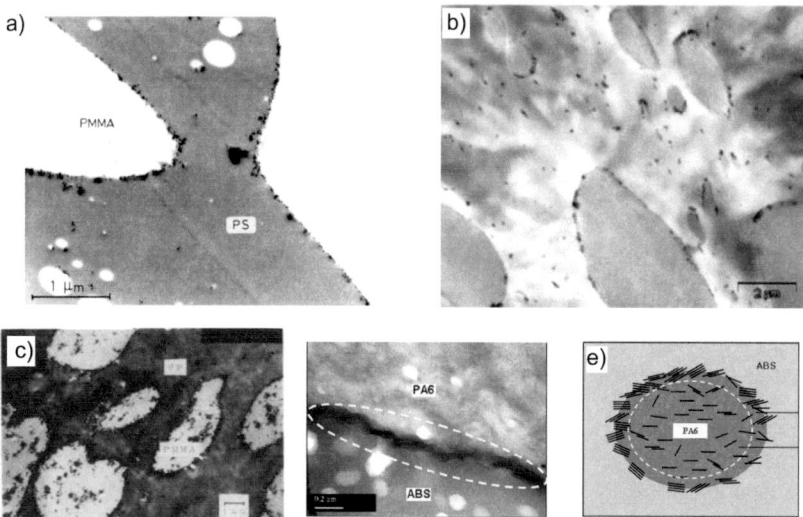

Abbildung 9: Lokalisierungsverhalten von Carbon-Black, Silikapartikeln und organischen Schichtsilikaten in verschiedenen durch Schmelzemischen hergestellten Blends; a) Lokalisierung von CB an der Grenzfläche von PMMA/PS-Blends nach 10 Minuten Mischen bei 64 U/min (Brabender Plasticorder , 210°C) [135]; b) Mischlokalisierung von hydrophoben Silikatpartikeln in PP/EVA Blends nach 5 Minuten Schmelzemischen bei 200°C [111] (DSM15 Microcompounder); c) Mischlokalisierung von Carbon-Black in PMMA/PP-Blends nach 15 min Kneten bei 190°C [100]; d, e) Mischlokalisierung organischer Schichtsilikate in PA6/ABS-Blends nach 3 min Mischen bei 235°C (DSM15 Microcompounder) [136]. Nachdrucke aus [100, 111, 135, 136].

Die Literatur enthält für Silikapartikel [111, 137], Schichtsilikate [138-142] und Carbon-Black [100, 135, 143-151] zahlreiche Beispiele eines derartigen Verhaltens. Zudem finden sich trotz der noch sehr jungen Entdeckungsgeschichte der Graphene bereits erste Beispiele für deren Stabilisierung an der Grenzfläche [152].

Dies motivierte den Versuch, ein prinzipielles Unterscheidungsmerkmal zwischen CNTs und den genannten Füllstoffen zu finden. Aufgrund der vielfältigen und stark verschiedenen Eigenschaften der „anderen" Füllstoffe fällt es schwer, diese in eine Klasse einzuordnen, mit der es gelingt, einen prinzipiellen Unterschied zu den diversen in der Literatur beschriebenen CNT-Typen zu definieren. Im Rahmen dieser Arbeit soll gezeigt werden, dass es möglich ist, Unterschiede in der Grenzflächenstabilität und dem Lokalisierungsverhalten der Nanopartikel auf ihre Geometrie zurückzuführen (Kapitel 6).

2.4.4.2. Transferkinetik zwischen den Blendphasen

Dass Nanopartikel während des Schmelzemischens aus einer Polymermatrix zur Grenzfläche [140, 153] oder in eine besser benetzende disperse Phase [111, 137, 145] eines Polymerblends transferiert werden können, wurde in der Fachliteratur bereits in einigen Studien beschrieben [12]. Eine besonders detaillierte und gut strukturierte Analyse eines solchen Vorgangs wurde zum Transfer von pyrogenen Silikapartikeln zwischen den Phasen eines unmischbaren PP/EVA-Blends publiziert [111] (Abbildung 9b). Als Ursache des Transfers wurden darin von den Autoren drei Mechanismen vorgeschlagen: (i) Diffussion; (ii) Kollisionen zwischen den Füllstoffpartikeln und Tröpfchen der zunächst ungefüllten Blendphase und (iii) Einschluss von Füllstoffpartikeln während der Koaleszenz zweier Tröpfchen. Die Autoren konnten für die verwendeten sphärischen Silikapartikel mit 100 nm Durchmesser zeigen, dass Diffusionsprozesse für den beobachteten Transfer nicht relevant sein sollten. Basierend auf Konzepten aus der Koaleszenztheorie konnte zudem durch Überschlagsrechnung gezeigt werden, dass während des Schmelzemischens eine Vielzahl von Kollisionen zwischen einem Füllstoffpartikel und den Tröpfchen der zunächst ungefüllten Blendphase stattfindet. Dieser Mechanimsmus wurde als der beim Schmelzeblenden bedeutsamste vorgeschlagen. Die Untersuchung enthält jedoch keinerlei Informationen zu Bedeutung und Ablauf des vorgeschlagenen Partikeleinschlusses während der Tröpfchenkoaleszenz. Zudem wurde dabei nicht zwischen Grenzflächenkontakt und tatsächlich stattfindendem Transfer unterschieden. In Kapitel 7 soll aufgezeigt werden, dass gerade diese Unterscheidung entscheidend für die Beurteilung der Wahrscheinlichkeit des Nanopartikeltransfers zwischen den Blendphasen sein kann.

Neben dieser Studie enthalten insbesondere die Unterschungen von Gubbels u.a. [154] zum Transfer von CB zwischen den Phasen eines unmischbaren cokontinuierlichen PE/PS-Blends wertvolle Informationen zur Kinetik solcher Prozesse. Durch Messung der elektrischen Leitfähigkeit an bei verschiedenen Mischzeiten hergestellten Kompositen konnten die Autoren den Transferfortschritt verfolgen. Charakteristisch für das eingesetzte Blendsystem war dabei, dass die elektrische Perkolationsschwelle bei Anordnung der Füllstoffpartikel in einer oder in beiden Blendphasen nicht erreicht wurde. Erst der Durchgang der Mehrheit der Nanopartikel durch die Grenzfläche des Blends während des Transfers führte nach dem in Abbildung 8h beschriebenen Konzept zur Perkolation (Abbildung 10a). Mit diesem Verfahren konnte die Mischzeit mit der höchsten Grenzflächenbelegung aufgezeigt und die Zeitskala des Transfers bestimmt werden. Zudem wurde der pH-Wert der CB-Partikel gezielt variiert, um den Einfluss der CB-Oberflächeneigenschaften auf das Lokalisierungsverhalten zu evaluieren sowie um die CB Partikel verarbeitungsstabil an der Grenzfläche anzuordnen. Dies konnte für alle pH-Werte zwischen 3 und 6 erreicht werden (Abbildung 10, b). Allerdings war dabei auch ein Teil der Partikel innerhalb der Blendphasen lokalisiert.

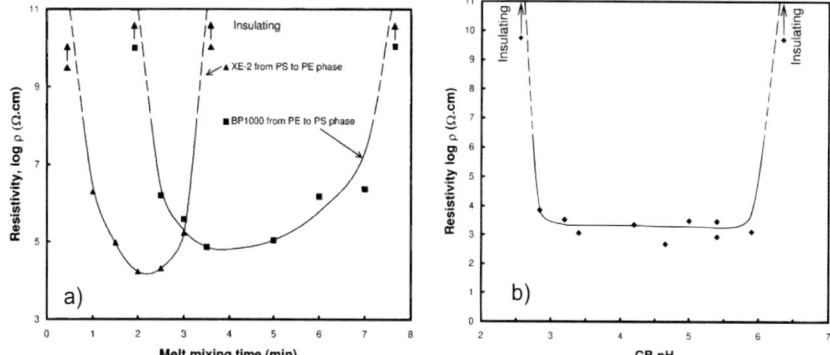

Abbildung 10: Kinetik des Transfers von Carbon-Black der Typen XE-2 (Evonik Industries) und BP1000 (Cabot Corporation, Boston, USA) zwischen den Phasen eines unmischbaren kokontinuierlichen PE_{45}/PS_{55}-Blends; a) Spezifischer Volumenwiderstand als Funktion der Mischzeit; b) Spezifischer Volumenwiderstand als Funktion des pH-Werts der eingesetzten Füllstoffpartikel. Alle Mischzustände, in denen nicht ein signifikanter Anteil der CB-Partikel an der Grenzfläche angeordnet ist, haben isolierende Eigenschaften. Nachdruck aus [154].

Somit enthält die Literatur, CNTs ausgenommen, bereits wertvolle Hinweise sowohl auf mögliche Mechanismen des Nanopartikeltransfers während des Schmelzemischens als auch auf die Zeitskala derartiger Transfervorgänge. Dennoch ist das Wissen über den Ablauf und die Interaktionen bis heute sehr lückenhaft. Insbesondere ist unklar, unter welchen Bedingungen sich dabei ein Benetzungswinkel ausbilden kann, der gemeinhin als Ursache für hochgeordnete Lokalisierungsszenarien akzeptiert ist [12] (2.6.1). Ebenso gibt es keine Untersuchungen zur Zeitskala der Prozesse, die in einem ersten Schritt die Ausbildung des Winkels und in einem zweiten Schritt den Transfer der Partikel in Folge der resultierenden Verkrümmung der Grenzfläche ermöglichen (Kapitel 2.6.1, 6, 7). Zudem fehlen Informationen zur Korrelation des Nanopartikeltransfers mit der von makroskopischen Granulaten ausgehenden Blendmorphologieentwicklung.

2.4.4.3. Technische Nutzung des Lokalisierungsverhaltens

In einer anderen Arbeit konnten Gubbels u.a. [146] zeigen, dass die PE-Phase der im vorherigen Kapitel beschriebenen PE/PS-Blends schon bei 5 Gew.-% PE im Blend perkolieren kann (Kapitel 2.3.2). Diese Blends können dann als kokontinuierlich im Sinne der Definition 2 in Abbildung 6 betrachtet werden. Durch Lokalisierung der CB-Partikel an der

Grenzfläche des Blends sowie durch die Anwendung systemspezifischer Herstellungs- und Nachbehandlungsverfahren konnte eine Perkolationskonzentration von 0,4 Gew.-% CB im Blend erreicht werden. Diese lag um ein Vielfaches unter jener in den reinen Blendkomponenten. Somit konnte die in Abbildung 8h skizzierte Idealstruktur mit Carbon-Black bereits realisiert und zu der erwarteten großen Absenkung der elektrischen Perkolationsschwelle genutzt werden.

Ein noch komplexerer Ansatz wurde von Shen u.a. [155] beschrieben. Durch Berechnung des Spreitungskoeffizienten (Kapitel 2.5.1) gelang es den Autoren, einen ternären Blend herzustellen, in dem die dritte Blendkomponente eine Interphase zwischen den zwei kontinuierlichen Phasen des Blends bildete. Durch selektive Lokalisierung der CB-Partikel in dieser Blendphase konnte eine für Komposite mit CB äußerst niedrige Perkolationsschwelle von 0,2 Vol.-% erreicht werden. Wegen der häufig noch stärker ausgeprägten Phasenselektivität von CNTs (Kapitel 2.4.3, 4.3 und 6) ist es wahrscheinlich, dass das Konzept auch für diese realisiert werden kann. In diesem Fall versprechen die hohen Aspektverhältnisse der Nanotubes eine noch deutlich niedrigere elektrischen Perkolationsschwelle als jene, die von Shen u.a. [155] beobachtet wurde.

2.5. Bedeutung der Grenzfläche in Blendnanokompositen

2.5.1. Einleitung

Als Grenzfläche wird eine Fläche bezeichnet, durch die zwei Phasen separiert werden. In realen Systemen ist dabei der Übergang zwischen zwei Phasen nicht durch eine stufenartige Änderung der Molekülkonzentration bestimmt, sondern ändert sich innerhalb einer bestimmten Dicke [156]. Dieser Übergangsbereich wird auch als Grenzphase bezeichnet. Nanokompositen und Kolloiden[XIX] gemeinsam sind die sehr hohen spezifischen Oberflächen der Festkörperpartikel bzw. der dispersen Phase. Dies hat zur Folge, dass ein Großteil der Moleküle der Grenzphase zugeordnet werden kann, die somit das Verhalten dieser Systeme dominiert.

2.5.2. Oberflächen und Grenzflächenspannung

Ursache der Zusammenlagerung von Molekülen zu Phasen ist die energetische Begünstigung eines Zustands, in dem ein beliebiges Molekül an jeder Seite von anderen, gleichartigen Molekülen umgeben ist. Die Asymmetrie, die sich bei Anordnung von Molekülen an einer Grenz- oder Oberfläche ergibt, führt zu einer gegenüber Molekülen in der Volumenphase

---

[XIX] Disperse Systeme mit Teilchengrößen zwischen 1 nm und 1 µm

erhöhten freien Enthalpie G dieser Konfiguration [156]. Somit muss zur Schaffung neuer Oberfläche A Energie aufgewendet werden. Die partielle Ableitung der freien Enthalpie G nach der Oberfläche bezeichnet man als Grenzflächenspannung γ [156]:

$$\gamma = (\frac{\delta G}{\delta A})_{p,T,n_i}$$ Gleichung 15

Dabei ist p der Druck, T die Temperatur und n_i die Molzahl der Teilchenklasse i. Mathematisch äquivalent kann γ entweder als mechanische Spannung (Einheit mN/m) oder als die zur Erzeugung neuer Oberfläche notwendige Energie (Oberflächenenergie, Einheit mJ/m^2) aufgefasst werden [157].

2.5.3. Grenzflächenenergiekonzepte

Die Phänomene, die die Benetzbarkeit einer Festkörperoberfläche durch eine Flüssigkeit bestimmen, werden trotz ihrer großen Bedeutung für eine Vielzahl technischer Prozesse bis heute nicht vollständig verstanden [157]. Ursächlich dafür ist zum einen die Komplexität der zugrunde liegenden Mechanismen und zum anderen die Schwierigkeit, maßgebliche Größen experimentell zu bestimmen. Dies führte zur Parallelentwicklung voneinander unabhängiger Lehrmeinungen und Konzepte. Die zum Teil kontrovers geführte Diskussion über die Legitimation der verschiedenen theoretischen Gebäude hält bis heute an [157]. Somit kann und muss der Anwender das im Hinblick auf die spezifischen Besonderheiten des zu untersuchenden Systems bestgeeignete Konzept auswählen.

Weitgehend unumstritten ist, dass die Messung des Benetzungswinkels die derzeit praktikabelste Methode zur Gewinnung von Informationen über die Grenzflächenspannungen zwischen verschiedenen Phasen ist [157]. Allerdings wird bis heute kontrovers diskutiert, wie die aus der Messung des Kontaktwinkels gewonnenen Informationen in eine zutreffende Beschreibung der Grenzflächenspannung überführt werden können. Dabei haben sich in den letzten Jahrzehnten im Wesentlichen zwei voneinander unabhängige konzeptionelle Vorstellungen entwickelt. Zum einen das „Equation-of-state" Konzept [158] und zum anderen das Konzept der Oberflächenspannungskomponenten [159], das die Grundlage aller Oberflächenenergiebetrachtungen im Rahmen dieser Arbeit bilden soll. Beide basieren auf der Gleichung von Young [160] (Gleichung 16), die das mechanische Gleichgewicht dreier Grenzflächenspannungen beschreibt, das sich nach Young beim Aufsetzen eines Flüssigkeitstropfens auf eine Festkörperoberfläche (Abbildung 11) ausbildet:

$$\cos\theta = \frac{\gamma_{sv} - \gamma_{sl}}{\gamma_{lv}}$$ Gleichung 16

Dabei wirken die Grenzflächenspannungen zwischen Festkörperoberfläche und Flüssigkeit (γ_{sl}) bzw. Gasphase (γ_{sv}) parallel zur benetzten Oberfläche, während jene zwischen Flüssig- und Gasphase (γ_{lv}) tangential zur Oberflächenkrümmung des Tropfens am Schnittpunkt der drei Grenzflächen gerichtet ist. Somit bestimmt das Verhältnis der Oberflächenspannungen den sich an diesem Schnittpunkt ausbildenden Kontaktwinkel θ (Abbildung 11a).

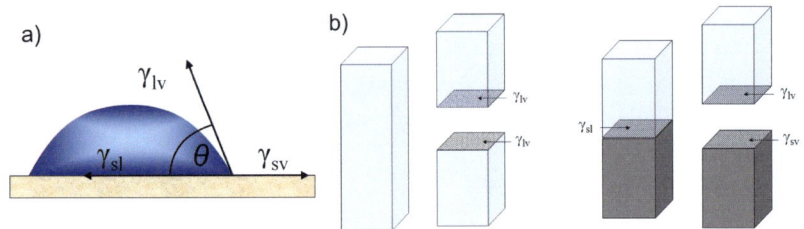

Abbildung 11: a) Benetzungswinkel und Kräftegleichgewicht an einem Flüssigkeitstropfen auf einer ideal ebenen Oberfläche nach Young [160, 161]; b) Thermodynamische Kohäsionsarbeit bei der Erzeugung von zwei Flächenelementen einer Flüssig-Gas-Grenzfläche [157][XX]; c) Thermodynamische Adhäsionsarbeit bei der Trennung einer Fest-Flüssig-Grenzfläche [157]

Die Betrachtung der zur Schaffung einer neuen Oberfläche notwendigen Energie erlaubt es, eine einfache Verknüpfung zwischen dem thermodynamischem Parameter der Adhäsionsarbeit W_{sl} und dem Kontaktwinkel θ herzustellen[157]. Wird ein Flächenelement einer Fest-Flüssig-Grenzfläche durch Trennung der Flüssigkeit von der Festkörperoberfläche durch die zwei damit neu geschaffenen Grenzflächen zwischen Festkörper und Gasphase bzw. zwischen Flüssigkeit und Gasphase ersetzt (Abbildung 11c), so kann die dazu benötigte Energie mit der Dupré-Gleichung beschrieben werden [157]:

$$W_{sl} = \gamma_{sv} + \gamma_{lv} - \gamma_{sl} \qquad \text{Gleichung 17}$$

Durch Zusammenführung mit der Gleichung von Young kann somit dieser wichtige thermodynamische Parameter durch zwei einfach zu messende Größen (θ und γ_{lv}) ausgedrückt werden (Young-Dupré-Gleichung) [157]:

$$W_{sl} = \gamma_{lv}(1 + \cos\theta) \qquad \text{Gleichung 18}$$

Auf Grundlage analoger Überlegungen ist es möglich, die Benetzbarkeit einer Festkörperoberfläche durch eine Flüssigkeit auf die Kohäsions- und Adhäsionsarbeit zurückzuführen [157]. Die Benetzbarkeit kann durch den Spreitungskoeffizienten S ausgedrückt werden, der die Differenz der freien Energie einer unbenetzten und einer

---

[XX] Analog: Erzeugung einer Grenzfläche zwischen Festkörper und Gasphase

vollständig von einem flachen Flüssigkeitsfilm bedeckten Festkörperoberfläche beschreibt [157]:

$$S = \gamma_{sv} - (\gamma_{sl} + \gamma_{lv})$$ Gleichung 19

Ist $S < 0$, so ist die freie Energie einer unbenetzten Festkörperoberfläche kleiner als die des benetzten Zustands. Die Oberfläche wird dann nur teilweise benetzt. Für $S \geq 0$ wird die Oberfläche vollständig durch die Flüssigkeit benetzt.

Analog zur Ableitung der Young-Dupré-Gleichung ergibt sich durch Verknüpfung mit der Gleichung von Young [157]:

$$S = \gamma_{lv}(\cos\theta - 1)$$ Gleichung 20

Die Zusammenführung von Gleichung 20 mit der Young-Dupré-Gleichung (Gleichung 18) ergibt [157]:

$$S = W_{sl} - 2\gamma_{lv}$$ Gleichung 21

Mit einer zur Dupré-Gleichung analogen Definition der Kohäsionsarbeit (Abbildung 11b, Gleichung 22) kann S durch die Adhäsions- und Kohäsionsarbeit ausgedrückt werden (Gleichung 23, [157].

$$W_{ll} = 2\gamma_{lv}$$ Gleichung 22

$$S = W_{sl} - W_{ll}$$ Gleichung 23

Der Festkörper wird demnach immer dann vollständig benetzt, wenn die Adhäsionsenergie zwischen Flüssigkeit und Festkörper größer ist als die freie Kohäsionsenergie der Flüssigkeit [157].

Nach einem Vorschlag von Girifalco und Good [162] kann die Adhäsionsarbeit W_{sl} mit einem geometrischen Mittel aus der Kohäsionsenergie der Flüssigkeit und jener des Festkörpers berechnet werden:

$$W_{sl} = \sqrt{W_{ll}W_{ss}}$$ Gleichung 24

Mit $W_{ss} = 2\gamma_{sv}$ (Abbildung 11b) ergibt sich das geometrische Mittel der Adhäsionsarbeit (Gleichung 25) [157]:

$$W_{sl} = 2\sqrt{\gamma_{lv}\gamma_{sv}}$$ Gleichung 25

Dieser Zusammenhang bildet in Kombination mit den Gleichungen von Young (Gleichung 16) und Dupré (Gleichung 17) die Grundlage für verschiedene Ansätze zur Berechnung der Oberflächenspannung von Festkörperoberflächen [157]. So kann durch Zusammenführung von Gleichung 25 und Gleichung 17 ein direkter Zusammenhang zwischen den drei Grenzflächenspannungen hergestellt werden [157].

$$\gamma_{sl} = \gamma_{sv} + \gamma_{lv} - 2\sqrt{\gamma_{lv}\gamma_{sv}} \qquad \text{Gleichung 26}$$

1963 wurde dieser konzeptionelle Ansatz von Fowkes [163] erweitert. Das vorgeschlagene Konzept beruht auf der Annahme, dass sich die Grenzflächenspannung als Summe der verschiedenen Komponenten der Wechselwirkungskräfte zwischen den Molekülen an der Grenzfläche errechnen lässt:

$$\gamma_i^{ges} = \gamma_i^d + \gamma_i^p \qquad \text{Gleichung 27}$$

Die Gesamtgrenzflächenspannung ergibt sich nach Fowkes aus der Summe der dispersiven London-Kräfte (γ_d), und der Summe aller anderen Wechselwirkungen, die zu einem polaren Anteil der Grenzflächenspannung γ_p zusammengefasst werden. Dieser beinhaltet die Kräfte zwischen zwei permanenten Dipolen (Keesom-Kräfte), zwischen permanenten Dipolen und von diesen permanent polarisierten anderen Molekülen (Debye-Kräfte) als auch durch π-Elektronenwechselwirkungen verursachte Kräfte. Dabei ging Fowkes davon aus, dass bei solchen Materialpaarungen, die von van-der-Waals-Wechselwirkungen dominiert werden, nur die dispersiven Anteile effektiv über die Grenzflächen hinweg wirken können. Diese Annahme bildet die Grundlage für die von ihm vorgeschlagene Modifizierung von Gleichung 26:

$$\gamma_{sl} = \gamma_{sv} + \gamma_{lv} - 2\sqrt{\gamma_{lv}^d \gamma_{sv}^d} \qquad \text{Gleichung 28}$$

1969 wurde dieses Konzept von Owens und Wendt [164] aufgegriffen und um den Beitrag der Dipolwechselwirkungen erweitert (Gleichung 29).

$$\gamma_{sl} = \gamma_{sv} + \gamma_{lv} - 2\sqrt{\gamma_{lv}^d \gamma_{sv}^d} - 2\sqrt{\gamma_{lv}^p \gamma_{sv}^p} \qquad \text{Gleichung 29}$$

Die Messung der Kontaktwinkel von Tröpfchen mindestens zweier Testflüssigkeiten mit bekannten polaren und dispersiven Parametern (γ_{lv}^d und γ_{lv}^p) erlaubt dann mit Hilfe der Gleichung von Young die Berechnung der Parameter γ_{sv}^d und γ_{sv}^p einer unbekannten Festkörperoberfläche. Aus diesen können dann analog die Grenzflächenspannungen zu beliebigen Materialien mit bekannten Oberflächenparametern berechnet werden (Kapitel 2.5.4).

Während das sowohl von Girifalco und Good [162] als auch von Owens und Wendt [164] verwendete geometrische Mittel derzeit häufig zur Berechnung der Grenzflächenspannungen hochenergetischer Materialpaarungen eingesetzt wird, gibt es in der Literatur Hinweise darauf, dass Substanzen mit niedrigen Oberflächenenergien wie z.b. Polymere besser durch ein harmonisches Mittel (Gleichung 30) beschrieben werden können [127]:

$$\gamma_{12} = \gamma_{sv} + \gamma_{lv} - 4\left[\frac{\gamma_{lv}^d \gamma_{sv}^d}{\gamma_{lv}^d + \gamma_{sv}^d} + \frac{\gamma_{lv}^p \gamma_{sv}^p}{\gamma_{lv}^p + \gamma_{sv}^p}\right] \qquad \text{Gleichung 30}$$

Die Zulässigkeit einer derartigen Aufspaltung in polare und dispersive Anteile ist bis heute umstritten. Die Berechnung der asymmetrischen Dipolkräfte mittels eines geometrischen oder harmonischen Mittels kann in diesem Zusammenhang als wesentlicher Kritikpunkt angesehen werden [157]. Zudem sind die aus Kontaktwinkelmessungen errechneten polaren und dispersiven Anteile der Oberflächenspannung nicht vollständig unabhängig von den verwendeten Testflüssigkeiten [157]. Trotzdem werden Gleichung 29 und Gleichung 30 sehr häufig zur Beschreibung von Blendnanokompositen verwendet [12, 100, 103, 117, 121-123, 137, 153, 165, 166], da sie die relativ zuverlässige und einfache Berechnung der nicht direkt messbaren Grenzflächenspannungen zwischen den Blendphasen und den Nanopartikeln ermöglichen. Die Diskussion des Lokalisierungsverhaltens von Carbon-Nanotubes in mehrphasigen Polymermischungen stützt sich nahezu ausschließlich auf diese Berechnungsgrundlage (siehe auch Kapitel 2.6.1 und 2.4.3). Darüber hinaus bildet das Konzept der Oberflächenspannungskomponenten die Grundlage verschiedener innovativer Methoden zur Messung der Oberflächenspannung einzelner CNTs (Kapitel 2.5.5). Um eine vergleichende Diskussion der eigenen Ergebnisse mit den Studien anderer Autoren zu ermöglichen, soll dieses Konzept auch im Rahmen dieser Arbeit verwendet werden. Auf die Darstellung anderer konzeptioneller Ansätze, wie beispielsweise die Beschreibung der Grenzflächenwechselwirkungen in CNT-Kompositen mit Hilfe der Hansenparameter [167], wurde an dieser Stelle mit Verweis auf die Literatur bewusst verzichtet.

2.5.4. Methoden zur Bestimmung der Oberflächenspannung

2.5.4.1. Oberflächenspannung von Festkörpern

Im Moment gibt es keine Verfahren, die eine direkte Bestimmung oder Berechnung der Oberflächenspannung einer Festkörperoberfläche erlauben [157]. Dennoch oder gerade deswegen werden derzeit die verschiedensten semiempirischen Methoden verwendet, um diese aus Benetzungsmessungen abzuleiten [168]. Diese Methoden erfordern meist die Durchführung von Messreihen mit mehreren Flüssigkeiten, deren Oberflächenspannung und Polarität bekannt sein müssen (Kapitel 2.5.4.2).

Eine der gebräuchlichsten dieser Methoden ist die des liegenden Tropfens (Sessile-Drop-Methode). Dabei wird der in Abbildung 11a dargestellte Benetzungszustand durch Aufbringen eines Flüssigkeitstropfens bekannter Oberflächenspannung und Polarität auf eine ebene Oberfläche erzeugt. Der Randwinkel kann für sehr kleine Tröpfchen, die als Kugelsegment betrachtet werden können, aus der Höhe und dem Radius des Tropfens berechnet werden. Alternativ erlaubt die präzise Festlegung der Tangenten an der ternären Grenzfläche mit Hilfe von Mikroskop und Bildverarbeitung dessen direkte Vermessung [156]. Die Kombination des geometrischen (Gleichung 29) oder des harmonischen Mittels (Gleichung 30) mit der Gleichung von Young (Gleichung 16) erlaubt die Berechnung der polaren und dispersiven Anteile der Grenzflächenspannung der Festkörperoberfläche. Diese indirekte Ableitung der Oberflächeneigenschaften ist allerdings nur für (ideal) ebene Oberflächen zulässig.

Wird ein Tropfen auf eine raue und stark strukturierte Oberfläche aufgesetzt, so kann der sich einstellende Kontaktwinkel stark vom Gleichgewichtswinkel bei idealer Benetzung abweichen. Somit besteht kein unmittelbarer Zusammenhang zwischen dem Benetzungszustand, der sich auf der Oberfläche agglomerierter nanoskaliger Füllstoffe wie Carbon-Nanotubes einstellt, und den Oberflächeneigenschaften der einzelnen Füllstoffpartikel (siehe auch Kapitel 2.5.5). In Kapitel 9 soll gezeigt werden, dass aus dem Lokalisierungsverhalten der CNTs in mehrphasigen Flüssigkeitsgemischen oder Blends mit Hilfe eines im Rahmen dieser Arbeit eingeführten Auswerteverfahrens Informationen über die Oberflächenspannungsparameter der Nanotubes abgeleitet werden können.

2.5.4.2. *Oberflächenspannung von Flüssigkeiten*

Die Literatur beschreibt eine Vielzahl verschiedener Methoden zur Bestimmung der Oberflächenspannung von Flüssigkeiten. Ein gebräuchliches Verfahren ist die Wilhelmy-Methode. Bei einer häufig verwendeten Variante wird ein dünnes Plättchen senkrecht von oben an eine Flüssigkeitsoberfläche angenähert, bis es von der Flüssigkeit unter Ausbildung des Kontaktwinkels θ benetzt wird (Wilhelmy-Platten-Methode, Abbildung 12a). Dabei wird ein Teil der Flüssigkeit gegen die Schwerkraft angehoben. Aus der resultierenden Gewichtskraft kann dann die Oberflächenspannung berechnet werden [156].

Bei der ebenfalls häufig verwendeten Methode des hängenden Tropfens nutzt man den Umstand, dass sich die Geometrie eines nach unten aus einer Kapillare austretenden Tropfens aus dem Gleichgewicht zwischen der Gewichtskraft und dessen Oberflächenspannung ergibt, so dass letztere bestimmt werden kann [156] (Abbildung 12b).

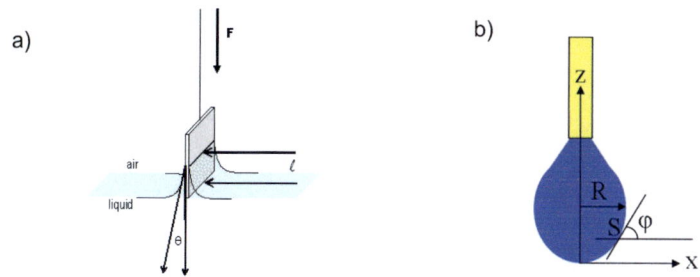

Abbildung 12: Methoden zur Bestimmung der Oberflächenspannung von Flüssigkeiten; a) Wilhelmy-Platten-Methode, Nachdruck aus [169]; b) Methode des hängenden Tropfens, Nachdruck aus [170].

2.5.5. Die Oberfläche von Carbon-Nanotubes

2.5.5.1. Grenzen üblicher Messverfahren

Die Oberfläche von CNTs wird häufig als eine zylindrisch aufgerollte Graphenschicht idealisiert. Sie ist damit aber in der Praxis nur unzureichend beschrieben [171]. Reale CNTs enthalten Defekte, Fremdatome und amorphen Kohlenstoff [172]. Diese Störstellen können sowohl die Benetzung der CNT-Oberfläche durch Flüssigkeiten als auch die Adhäsion anderer Moleküle stark beeinflussen [173].

Die direkte Bestimmung entscheidender Oberflächenparameter der CNTs wie die der Oberflächenspannung bzw. -energie ist äußerst schwierig, da die Messergebnisse von standardisierten, auf dem Benetzungsverhalten beruhenden Verfahren stark von den in verschiedenen Größenskalen strukturierten Oberflächen der CNT-Pulver oder Agglomerate verfälscht werden können [157, 174]. Der Lotuseffekt [175] ist das bekannteste Beispiel für den Einfluss, den die Struktur einer Oberfläche auf die Benetzbarkeit einer Festkörperoberfläche ausübt [157] (Abbildung 13a,c). Makroskopisch entwickelt sich ein „scheinbarer Kontaktwinkel", der sich aus der Kombination vieler mikroskaliger Benetzungszustände der verschiedensten Oberflächengeometrien, Porenformen und Größenskalen auf der Oberfläche des agglomerierten Füllstoffs ergibt. Im Hinblick auf die genannten Unsicherheiten sollten aus solchen Messungen abgeleitete Oberflächenspannungswerte eher als Vergleichsgrößen innerhalb einer Untersuchung denn als physikalische Eigenschaft der einzelnen Nanopartikel interpretiert werden. Die breite Streuung der in der Literatur beschriebenen Oberflächenspannungswerte für MWCNTs, die sich oft nicht aus spezifischen Besonderheiten des verwendeten CNT-Typs ableiten lassen, kann u.a. auf die genannten Messschwierigkeiten zurückgeführt werden.

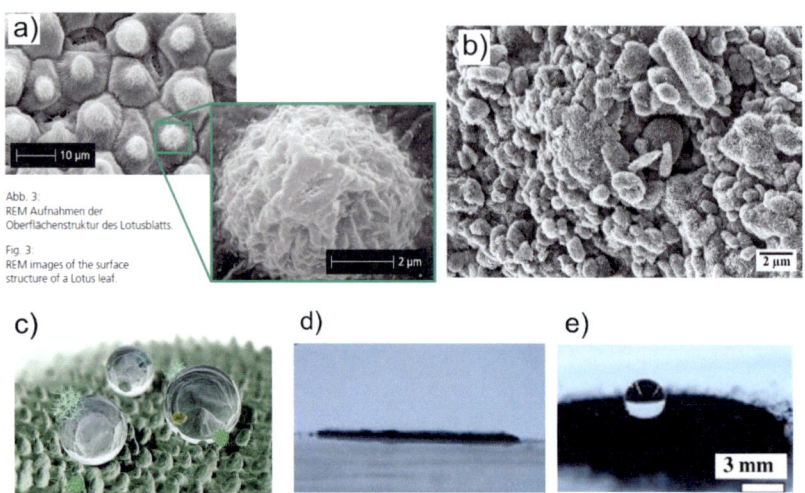

Abbildung 13: Einfluss von Oberflächenstrukturierung und Oberflächenfunktionalität auf die Benetzbarkeit.
a) Struktur des Lotusblattes, Nachdruck aus [176]); b) Baytubes®C150HP Primäragglomerat, Nachdruck aus [21]; c) Lotuseffekt, Nachdruck aus [177]; d,e) Destilliertes Wasser auf unmodifiziertem (d) und NF_3-modifiziertem (e) MCWNT-Pulver, Nachdrucke aus [178]

Bei denjenigen Literaturquellen, die die Oberflächenspannungswerte nach dem von Fowkes vorgeschlagenen Konzept in dispersiv und polar wirksame Anteile differenzieren (Kapitel 2.5.3), reicht das Spektrum verfügbarer Werte für die Polarität der CNT-Oberfläche von 0% [168] bis 59% [129]. Dabei wurden die höchsten Werte durch Kontaktwinkelmessung an einzelnen MWCNTs [129], die niedrigsten mit einer modifizierten Variante der Wilhelmy-Methode (Abbildung 12a) an CNT-Pulvern [168] gemessen.

2.5.5.2. *Ansätze zur Bestimmung der Oberflächenspannung von Carbon-Nanotubes über deren Benetzungsverhalten*

Die Vermessung isolierter Nanopartikel erlaubt eine vom Einfluss der Oberflächenstruktur ungestörte Messung der Benetzbarkeit einzelner Nanopartikel und damit eine zuverlässige Aussage über deren Oberflächenspannung. Dies erfordert die Herstellung einer definierten Grenzfläche zwischen individuellen Nanopartikeln und einer Flüssigkeit [171]. Anschließend muss eine geeignete Methode entwickelt werden, um den Grad der Benetzung und damit die Oberflächenspannung zu quantifizieren [171]. Bisher gibt es zu CNTs nur sehr wenige derartige Untersuchungen. Es konnte bereits gezeigt werden, dass es möglich ist, MWCNTs mit geschmolzenem Blei zu füllen [179]. Zudem wurden die Wechselwirkungen zwischen

Metallschmelzen und den inneren und äußeren Oberflächen von SWCNTs [180] und MWCNTs [181] in darauf folgenden Studien untersucht. Allerdings konnte auf Basis der Ergebnisse nur qualitativ zwischen benetzend und nicht benetzend unterschieden werden [171].

Als problematisch in der Auswertung erwiesen sich ebenso die Untersuchungen von im inneren Kern von CNTs eingefangenen Wassertropfen. Hier verhinderte die durch den Elektronenstrahl verursachte Aufheizung die Ermittlung von Oberflächenspannungswerten [171, 182]. Der von Nuriel u.a. [129] publizierte Ansatz, mit Hilfe von ESEM[XXI] den Kontaktwinkel polymerer Matrizes auf einzelnen CNTs abzubilden, ist mit deutlich geringerem experimentellem Aufwand verbunden. Allerdings ist die Methode nicht genau genug, um zuverlässige Oberflächenspannungswerte abzuleiten. Tran u.a. [171] zeigten, dass mit einer Modifizierung des beschriebenen Verfahrens die Wechselwirkung von Flüssigkeiten mit den CNTs schnell und zuverlässig in die Kategorien benetzend und nicht benetzend differenziert werden kann. Allerdings können mit dieser Methode die zur Berechnung von Grenzflächenspannungen zwischen Polymer und CNT benötigten Oberflächenspannungswerte ebenfalls nicht abgeleitet werden.

Dass diese entscheidende Quantifizierung prinzipiell möglich ist, wurde durch die Untersuchungen von Barber u.a. [128] gezeigt. Dabei wurden einzelne MWCNTs mit Durchmessern von 20 nm analog zu der in Abbildung 12a beschriebenen Wilhelmy-Methode mit einem modifizierten AFM[XXII] in verschiedene Flüssigkeiten bekannter Oberflächenspannungen eingetaucht. Aus den beim Herausziehen der Tubes gemessenen Kräften konnte nach dem Verfahren von Owens und Wendt [164] auf die Oberflächenspannungswerte und deren polare und dispersive Anteile zurückgeschlossen werden. Die Qualität der aus den Messpunkten erstellten Gerade spricht für eine hohe Zuverlässigkeit der ermittelten Werte. Das Verfahren kann als das derzeit zuverlässigste zur Bestimmung der Oberflächenspannung von CNTs angesehen werden. Es ermöglicht zudem durch Verwendung des Konzepts der Oberflächenspannungskomponenten die einfache Berechnung der Grenzflächenspannung zwischen den untersuchten CNTs und polymeren Matrizes. Bis heute steht einer Standardisierung des beschriebenen Verfahrens der immense Messaufwand entgegen, der mit der Handhabung einzelner CNTs verbunden ist. Dies ist vermutlich die Ursache dafür, dass bis heute keine Oberflächenspannungswerte anderer CNTs veröffentlicht wurden, als jene, die in der Studie an kommerziell nicht erhältlichen CNTs bestimmt wurden.

[XXI] Environmental Scanning Electron Microscopy
[XXII] Atomic Force Microscope

2.5.5.3. Alternative Verfahren zur Bestimmung der CNT-Oberflächenspannung

Die sowohl mit den Standardverfahren als auch den modifizierten Benetzungsuntersuchungen verbundenen Schwierigkeiten führten zu einer Reihe von Versuchen, die Oberflächeneigenschaften der CNTs mit alternativen Konzepten zu bestimmen. Beispielsweise wurde versucht, die Wechselwirkungen zwischen verschiedenen Ethylenvinylacetaten (EVA) und CNTs durch den Einsatz von modulierter DSC^{XXIII} zugänglich zu machen [183]. Dabei wurde die Polarität der Polymermatrix über den VA-Anteil des Copolymers gesteuert. Die abgeleiteten Ergebnisse führen allerdings ebenfalls nicht zu physikalischen Kennwerten der CNT-Oberfläche, sondern ermöglichen nur den qualitativen Vergleich der Wechselwirkungen verschiedener polymerer Matrizes mit den CNTs. Gleiches gilt für die aktuelleren Ergebnisse von nanoskaligen Peel-Versuchen (Schältests) [184]. Deren Quantifizierung gelang hingegen Menzel u.a. durch die Untersuchung des Gasadsorptionsverhaltens der Nanotubes mit Hilfe von inverser Gaschromatographie [185]. In der Literatur zum Lokalisierungsverhalten von CNTs in Polymerblends wurden diese Messungen wohl aufgrund des von den Autoren verwendeten Elektronen-Donator/Akzeptor-Konzepts [157] bisher nicht berücksichtigt (2.6.1). Dieses kann nicht mit dem in diesem Bereich etablierten Konzept der Oberflächenspannungskomponenten [159] korreliert werden (2.5.1). Darüber hinaus wurde versucht, die Wechselwirkungen zwischen Polymeren und CNTs mit Hilfe von Simulationsprogrammen zu beschreiben (z.B. [186]). Allerdings weichen die Oberflächeneigenschaften realer CNTs oft stark von jenen der idealisierten CNT-Oberflächen ab, die bei den Berechnungen angenommen werden. Insbesondere die für ideale graphitische Oberflächen errechneten Ergebnisse sind in vielen Fällen nicht geeignet, um experimentell beobachtete Phänomene wie das Lokalisierungsverhalten der CNTs in Polymerblends zu erklären.

2.5.5.4. Bestimmende Parameter der CNT-Oberflächeneigenschaften

Die Oberflächenspannung von Carbon-Nanotubes wird durch eine Vielzahl verschiedener Parameter beeinflusst. Dass die Eigenschaften der CNT-Oberfläche durch Einbringung funktioneller Gruppen drastisch verändert werden können, konnten Hong u.a. [178] durch Untersuchung der Benetzbarkeit von MWCNT-Pulverschüttungen durch organische Lösungsmittel nachweisen. Sie konnten zeigen, dass CNT-Pulver mit im unbehandelten Zustand hydrophilen Eigenschaften durch die Behandlung mit einem Stickstofftrifluorid (NF_3)-Plasma ultrahydrophob modifiziert werden können. Dabei wurde die Oberflächenspannung der Pulverschüttung rechnerisch von 82,6 mN/m auf 0,12 mN/m

---

[XXIII] Differential Scanning Calorimetry

reduziert (Abbildung 13). Dies und die Anwesenheit von Elementen der fünften und sechsten Hauptgruppe (häufig Stickstoff und Sauerstoff) auf der Oberfläche vieler kommerziell vertriebener CNTs [175, 187] verdeutlicht, dass die Ergebnisse von Wechselwirkungssimulationen bei Annahme idealisierter CNT-Oberflächen die realen Interaktionen der Nanotubes mit Lösungsmitteln oder polymeren Matrizes nur unzureichend beschreiben können. Konzentration und Typ der funktionellen Gruppen wird durch die Synthesebedingungen bei der CNT-Herstellung und durch die häufig nachfolgenden Aufreinigungsverfahren zur Entfernung der Katalysatorreste bestimmt. Allerdings können Konfiguration und Konstitution der Gruppen auf der CNT-Oberfläche für die meisten kommerziellen CNT-Typen wegen deren sehr geringen Konzentrationen derzeit nicht zweifelsfrei nachgewiesen werden. Die Signalintensitäten gängiger Messverfahren wie beispielsweise der Infrarotspektroskopie sind so gering, dass die charakteristischen Banden im Bereich des möglichen Fehlers liegen [188]. Deren Interpretation ist daher äußerst heikel. Dennoch werden solche Messergebnisse in der Literatur zum Teil als Nachweis bestimmter funktioneller Gruppen präsentiert [189].

Noch weitaus schwieriger gestaltet sich der Nachweis möglicher Reaktionen zwischen derartigen Gruppen beziehungsweise der CNT-Oberfläche einerseits und einer Polymermatrix andererseits. Die Konzentration der nachzuweisenden Verbindungen reduziert sich dabei nochmals um ca. zwei Größenordnungen. Daher herrscht derzeit im Bereich thermoplastischer Komposite mit CNTs große Unsicherheit darüber, ob es während des Schmelzemischens zu Reaktionen zwischen spezifischen kommerziellen Polymeren und den funktionellen Gruppen auf der CNT-Oberfläche kommen kann.

Unabhängig vom Einfluss funktioneller Gruppen kann durch Modellrechnungen gezeigt werden, dass die Oberflächenspannung der Nanotubes auch von deren Durchmesser abhängen kann [190]. Dies gilt insbesondere für sehr kleine CNT-Durchmesser (unter 10 nm), für die man rechnerisch eine starke Abhängigkeit des Kontaktwinkels vom Krümmungsradius der CNTs erhält [190]. Daraus ergibt sich die theoretische Möglichkeit, einer hydrophilen graphitischen Faseroberfläche ausschließlich durch Veränderung des Faserdurchmessers hydrophobes Verhalten aufzuprägen. Darüber hinaus können auf der CNT-Oberfläche durch Fehler in der Gitterstruktur lokale Varianzen der Oberflächeneigenschaften auftreten. So ist die Oberflächenspannung in einer kristallinen Graphitschicht allgemein niedriger als die der Kristallkanten, Kavitäten oder von Bereichen mit amorphem Kohlenstoff [49, 191].

Durch Graphitisierung der CNTs bei sehr hohen Temperaturen können strukturelle Defekte ausgeheilt und die Kristallinität des Kohlenstoffgitters erhöht werden [192]. Zudem ermöglicht die Hochtemperaturbehandlung die Entfernung polarer Gruppen und damit eine effektive Absenkung des polaren Anteils der CNT-Oberflächenspannung [192]. Somit sollte das Verhalten derartig behandelter Tubes den Vorhersagen von Simulationsprogrammen für CNTs mit idealen Oberflächen am nächsten kommen.

2.5.5.5. Zusammenfassung

Die starke Abhängigkeit der CNT-Oberflächeneigenschaften von den gezeigten Faktoren dokumentiert den derzeit dringenden Bedarf nach einem standardisierbaren und zugänglichen Charakterisierungsverfahren, das zumindest die zuverlässige Vermessung und Beschreibung der heute wichtigsten kommerziellen CNT-Typen erlaubt.

Der Zugang zu den tatsächlichen Oberflächeneigenschaften der im konkreten Fall eingesetzten Nanotubes ist der entscheidende Schlüssel zum Verständnis einer Vielzahl von Wechselwirkungseffekten mit Matrizes aller Art. Dies betrifft die zuverlässige Vorhersage der CNT-Lokalisierung in einer mehrphasigen Mischung ebenso wie die Auswahl geeigneter Dispergierungshilfsmittel für die Dispersion von CNT-Primäragglomeraten in Homopolymeren. Zudem wird eine Vielzahl von Werkstoffeigenschaften der Komposite von der Adhäsion zwischen CNTs und Polymermatrix beeinflusst (Kapitel 2.2).

2.6. Ursachen der selektiven Lokalisierung von Nanopartikeln in mehrphasigen Polymerblends

2.6.1. Der Benetzungskoeffizient

Beim Mischen von genügend kleinen Feststoffpartikeln mit phasenseparierten Flüssigkeiten wird deren thermodynamisch angestrebte Anordnung innerhalb der Phasen nach derzeitigem Stand der Wissenschaft von dem beim Kontakt der Partikel mit der Grenzfläche entstehenden Kontaktwinkel bestimmt (Abbildung 14).

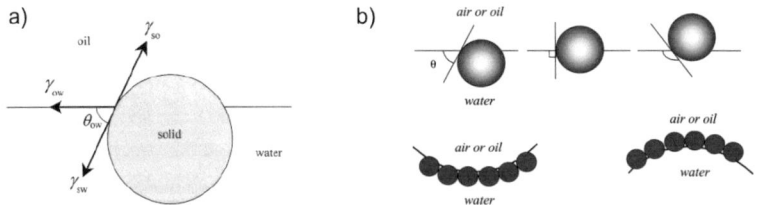

Abbildung 14: a) Benetzungswinkel eines Feststoffpartikels an einer Flüssig-Flüssig-Phasengrenze (Nachdruck aus [193]); b) Beeinflussung der Grenzfläche zwischen den Flüssigphasen durch Partikel und Benetzungswinkel (Nachdruck aus [194])

Die thermodynamisch stabilste Position der relativ zu den Phasen beweglichen Partikel kann dann analog zur Gleichung von Young (Gleichung 16) aus der Relation der Grenzflächenspannungen abgeleitet werden.

Um die Grenzflächenspannungen zu einer einfach anzuwendenden Lokalisierungsaussage für den thermodynamischen Gleichgewichtszustand von Füllstoffpartikeln in Polymerblends zusammenzufassen, wurde von Sumita u.a. [100] der Benetzungskoeffizient ω_a eingeführt (Gleichung 31).

$$\omega_a = \cos\theta = \frac{\gamma_{s2} - \gamma_{s1}}{\gamma_{1,2}}$$ Gleichung 31

Dieser ergibt sich aus der Differenz der Grenzflächenspannungen (γ_{S-2} und γ_{S-1}) zwischen den Polymeren (1, 2) und dem Füllstoff (s) sowie der Grenzflächenspannung zwischen den beiden Blendphasen $(\gamma_{1,2})$. Nach Sumita u.a. [100] kann für - $1 < \omega_a < 1$ die Lokalisierung der Füllstoffe an der Grenzfläche erwartet werden. Für $\omega_a < -1$ wird die selektive Lokalisierung des Füllstoffs in Polymer 2 und für Werte $\omega_a > 1$ in Polymer 1 vorhergesagt. Als Voraussetzung für eine nicht zu starke Beeinflussung des Füllstofflokalisierungsverhaltens durch die Schmelzeviskosität der Polymere wurde bei der Einführung des Benetzungskoeffizienten ein Viskositätsverhältnis (Gleichung 7) nahe eins gefordert. Seitdem wurde der Benetzungskoeffizient in einer Vielzahl von Studien genutzt, um das experimentell beobachtete Lokalisierungsverhalten von Nanopartikeln wie z.B. CNTs [8, 103, 117, 121-123], Carbon-Black [100, 165, 166] oder Silikaten [137, 153] beim Schmelzemischen zu erklären [12].

Die definierte Anordnungen der Füllstoffpartikel innerhalb der morphologischen Strukturen phasenseparierter Polymerblends während des Schmelzemischens wird derzeit generell nahezu ausschließlich durch die Betrachtung von Grenzflächenspannungs-Phänomenen erklärt [12, 111]. Im Rahmen dieser Arbeit sollen Gültigkeitsbereiche und Grenzen dieser Betrachtungsweise für das Lokalisierungsverhalten von Nanopartikeln während des Schmelzeblendens diskutiert werden. Die Literatur enthält, wie bereits erwähnt, bisher insbesondere keine Informationen über die Zeitskala, Kinetik und Wahrscheinlichkeit, mit der sich ein Benetzungswinkel in der hochviskosen Schmelze eines Polymerblends ausbilden kann. Der Benetzungskoeffizient und alle verwandten Betrachtungen verlieren aber in dem Moment ihre Gültigkeit, in dem die Ausbildung eines Benetzungswinkels aus kinetischen Gründen nicht länger möglich ist (Kapitel 7). Zudem setzt die Berechnung der thermodynamisch günstigsten Nanopartikellokalisierung in mehrphasigen Mischungen die zuverlässige Messung bzw. Berechnung aller Grenzflächenspannungen voraus. Während die Oberflächeneigenschaften der Blendpolymere mit gut etablierter und standardisierter

Messtechnik gemessen werden können, ist die Bestimmung der Oberflächenspannung nanosnanoskaliger Feststoffe wie bereits beschrieben (Kapitel 2.5.5) hochproblematisch. Dies führt bis heute dazu, dass bei der Untersuchung des Lokalisierungsverhaltens von CNTs in Polymerblends meist keine zuverlässigen Informationen oder Messwerte zu den Oberflächeneigenschaften des verwendeten CNT-Typs zur Verfügung stehen. Nach derzeitiger Praxis werden die Werte frei aus dem breiten Spektrum verfügbarer Oberflächenkennwerte ausgewählt [8, 103, 117, 121-123]. Daher können die abgeleiteten Aussagen des Benetzungskoeffizienten von den eingesetzten Werten abhängen (Kapitel 9). Zudem müssen die bei Raumtemperatur bestimmten Werte der CNT-Oberfläche zur Berechnung der Grenzflächenspannung in der Polymerschmelze eingesetzt werden, da der Temperaturkoeffizient der CNT-Oberflächenspannung im Moment noch unbekannt ist.

2.6.2. Kovalente Anbindung

Die Möglichkeit, CNTs kovalent an die Makromoleküle der Polymermatrix anzubinden, wurde in der Literatur für verschiedene Systeme beschrieben. Meist werden dazu auf der Oberfläche der Nanotubes gebundene Carboxylgruppen genutzt, die beispielsweise mit Amino- oder Hydroxygruppen der Polymere reagieren können [195]. Allerdings besteht somit auch die Gefahr nicht beabsichtigter Reaktionen, die potentiell das Lokalisierungsverhalten der Nanotubes stark beeinflussen können.

Aufgrund der nur äußerst schwer bestimmbaren Oberflächenfunktionalitäten der CNTs (Kapitel 2.5.5) sowie der hohen Temperaturen bei der Schmelzeverarbeitung können chemische Reaktionen zwischen kommerziellen Polymeren und der CNT-Oberfläche auch bei Verwendung nominal nicht modifizierter CNTs nicht ausgeschlossen werden (Kapitel 2.5.5, 8). Durch XPS-Untersuchungen kann gezeigt werden, dass auch vom Hersteller als unmodifiziert deklarierte CNTs zum Teil erhebliche Anteile des Elements Sauerstoff aufweisen (Kapitel 8). Dies weist auf die Präsenz von Hydroxy- und Carboxylgruppen auf der CNT-Oberfläche hin, wobei insbesondere letztere während der Schmelzeverarbeitung kovalent an Polyamide oder Polyester anbinden könnten. Der Nachweis derartiger Reaktionen zwischen einer Polymermatrix und den darin nur in geringen Konzentrationen vorliegenden CNTs ist mit noch sehr viel größeren experimentellen Schwierigkeiten verbunden, als jener der funktionellen Gruppen auf der Oberfläche der reinen CNTs.

Ist die In-situ-Kopplung zwischen CNT und Polymer während des Schmelzemischens erwünscht, erscheint es sinnvoll, Polymere mit deutlich reaktiveren Gruppen wie z.B. Maleinsäureanhydrid (MSA) zu verwenden. Es konnte gezeigt werden, dass MSA bei den hohen Temperaturen üblicher Extrusionsprozesse auch dann sehr schnell und vollständig mit geeigneten Gruppen eines hochviskosen Matrixpolymers reagieren kann, wenn die MSA-Gruppen in die Struktur von Makromolekülen integriert und somit weniger mobil sind. Die große Geschwindigkeit einer solchen Umsetzung während der großtechnischen Extrusion wurde beispielsweise für Kopplungsreaktionen zwischen MSA in einer ABS-Phase einerseits und den endständigen NH_2-Gruppen von Polyamiden andererseits detailliert beschrieben [196]. MSA wird daher häufig zur Kompatibilisierung unverträglicher Phasen kommerzieller Polymerblends eingesetzt [197]. Analog sollte auch die kovalente Anbindung an NH_2-Gruppen auf der Oberfläche von Carbon-Nanotubes möglich sein.

MSA wurde bereits in verschiedenen Studien zur Verbesserung der Anbindung der CNTs an polymere Matrizes und damit zur Steigerung der Dispergiergüte eingesetzt, beispielsweise in Polypropylen [198, 199] oder in PVC-Kompositen [200].

2.6.3. Andere Faktoren

Zur Erklärung des Lokalisierungsverhaltens von Nanopartikeln in Polymerblends wurde in der Literatur neben dem häufig diskutierten Benetzungskoeffizienten insbesondere der Einfluss der Viskosität der Blendphasen diskutiert [12, 111, 144, 201, 202]. Die Ergebnisse und Schlussfolgerungen lassen sich aber nicht zu einem Trend zusammenfassen [165, 201, 202]. Zum Teil werden sogar widersprüchliche Aussagen abgeleitet [12, 202, 203]. Das heute noch unzureichende Verständnis des Zusammenwirkens der verschiedenen lokalisierungsrelevanten Parameter ergibt sich insbesondere aus den Schwierigkeiten, diese getrennt voneinander zu untersuchen.

2.7. Mechanismen des Nanopartikeltransports in zweiphasigen Polymerblends während des Schmelzemischens

2.7.1. Partikelkontakt mit der Blendgrenzfläche durch Diffusion

Die meisten kommerziellen MWCNTs sind im Vergleich zu den umgebenden Molekülen der Polymerschmelze sehr groß. Der Diffusionskoeffizient supramolekularer sphärischer Partikel (D) und die Zeitskala ihrer Bewegungen, die von der Brownschen Molekularbewegung einer umgebenden Flüssigkeit verursacht werden, wurden erstmals 1905 von Einstein umfassend beschrieben [204]. Die Einstein-Stokes Gleichung (Gleichung 32) beschreibt die thermisch induzierte und durch den Strömungswiderstand verlangsamte Bewegung sphärischer Partikel in einer umgebenden Flüssigkeit der Viskosität η. Dabei ist r der hydrodynamische Radius des Partikels, k_B die Boltzmann-Konstante und T die absolute Temperatur.

$$D = \frac{k_B T}{6\pi \cdot \eta \cdot r}$$ Gleichung 32

Durch Einführung des Strömungswiderstandsparameters ζ erhält man die allgemeine Form der Gleichung. Diese ermöglicht es, für bekannte ζ das Diffusionsverhalten von Partikeln unterschiedlicher Geometrie zu berechnen:

$$D = \frac{k_B T}{\zeta}$$ Gleichung 33

Die Zeitabhängigkeit einer diffusionsinduzierten Translation der Partikel $R(t)$ kann nach Einstein [204] mit Gleichung 34 beschrieben werden.

$$R(t) = \sqrt{2D \cdot t}$$ Gleichung 34

2.7.2. Füllstofftransfer durch die Phasengrenze

Die Mechanismen des Transfers von nanoskaligen Festkörperpartikeln durch die Grenzfläche von zwei- oder mehrphasigen Polymerblends während des Schmelzemischens konnten bis heute nicht im Detail aufgeklärt werden [12]. Der Kontakt zwischen Nanopartikeln und der Blendgrenzfläche kann dabei als eine notwendige, aber nicht hinreichende Bedingung für den Übergang der Partikel in die andere Phase angesehen werden. Für den tatsächlich stattfindenden Transfer werden in der aktuellen Fachliteratur zum einen der Einschluss der Füllstoffpartikel während der Koaleszenz zweier Tropfen der zunächst ungefüllten Blendphase [12, 111] und zum anderen der Transfer durch die Ausbildung eines nanoskaligen Benetzungswinkels [12] vorgeschlagen. Beide Mechanismen wurden aber bisher weder nachgewiesen noch in ihrem Ablauf beschrieben.

2.8. Einfluss nanoskaliger Füllstoffe auf Struktur und Eigenschaften phasenseparierter Polymerblends

Die Gegenwart nanoskaliger Partikel kann die Voraussetzungen für Tröpfchenzerteilungs- und Koaleszenzprozesse entscheidend verändern. Ihr Einfluss wird insbesondere im Bereich der Kolloidchemie seit vielen Jahren intensiv untersucht. Ausgehend von den Beobachtungen von Ramsden [205] konnte Pickering [206] bereits im Jahr 1907 erstmals zeigen, dass an Phasengrenzen lokalisierte Feststoffpartikel ähnliche emulsionsstabilisierende Wirkung haben können, wie die sonst eingesetzten grenzflächenaktiven Moleküle (Tenside). Die für die Stabilisierung maßgebliche Mechanismen sind bis heute umstritten [12, 207]. Dies betrifft insbesondere den Einfluss der Partikel auf die Grenzflächenspannung zwischen den Flüssigphasen. Die Ergebnisse von Okubo [208] und Vignati u.a. [209] deuten beispielsweise darauf hin, dass die Grenzflächenspannung zwischen zwei Flüssigkeiten einer Emulsion nicht durch die Partikeladsorption an der Grenzfläche beeinflusst wird. Es gibt allerdings auch dem widersprechende Auffassungen. In jedem Fall verringert sich die Grenzfläche, an der die beiden Flüssigkeiten tatsächlich in Kontakt stehen und somit die Gesamtgrenzflächenenergie pro Tröpfchen der Emulsion. Diese kann mit dem von Levine und Bowen [210] eingeführten Begriff einer effektiven Grenzflächenspannung beschrieben werden.

Dagegen ist die Behinderung von Koaleszenzprozessen durch die Präsenz der Nanopartikel heute akzeptierter Stand der Wissenschaft. So wurde beispielsweise diskutiert, dass dichte Lagen hochmoduliger Partikel an einer Flüssig-Flüssig-Grenzfläche unter bestimmten Voraussetzungen das Abfließen des Matrixfilms zwischen zwei Tröpfchen und somit deren Koaleszenz verhindern können [12]. Nach Auffassung der Autoren kann Koaleszenz zudem nur dann stattfinden, wenn die Partikel die Kontaktfläche der koaleszierenden Tropfen beim Abreißen des Matrixfilms verlassen können. Dies kann entweder durch Umlagerung von der Grenzfläche in eine der beiden Flüssigphasen oder durch Verschiebung entlang der Phasengrenze erreicht werden. Die Verschiebung der Partikel erfordert nach Auffassung der Autoren deutlich geringere Energien und wurde daher als dominierender Prozess vorgeschlagen [12]. Allerdings muss beachtet werden, dass Nanopartikel auch in umgekehrter Richtung verschoben werden können. Eine Verlagerung entlang der Grenzfläche in Richtung der Kontaktfläche kann den Koaleszenzprozess stark behindern [12]. Die Tröpfchenstabilität kann somit auch dann stark erhöht werden, wenn die Grenzfläche zwischen den Flüssigphasen nicht vollständig von den Partikeln bedeckt ist [209, 211].

Die in der Kolloidchemie beschriebenen Vorgänge sind auch beim Schmelzemischen mehrphasiger Polymerblends mit Nanopartikeln von großer Bedeutung. So beschreibt die Literatur zahlreiche Blendsysteme, bei denen die Zugabe von Nanopartikeln zu einer signifikanten Reduzierung der Blenddomänengröße führte. Insbesondere Silikate werden aufgrund dieser in der Literatur sehr gut dokumentierten Wirkungsweise [137-140, 212-220] gezielt eingesetzt, um diesen für die Werkstoffeigenschaften der so modifizierten Blends sehr vorteilhaften Effekt zu nutzen.

In den letzten Jahren konnte gezeigt werden, dass auch die Präsenz von CNTs die Blenddomänengröße [104, 107, 108, 114, 119] oder die Phaseninversionskonzentration [105, 221] beeinflussen kann. Dabei wurden feinere Blendmorphologien relativ selten ausschließlich auf eine Reduzierung der Grenzflächenspannung zwischen den Blendphasen zurückgeführt [138, 216]. Übereinstimmend wird dagegen auch hier die große Bedeutung der kinetischen und geometrischen Behinderung von Koaleszenzprozessen durch die Nanopartikel anerkannt [137, 214, 216, 218-220]. Entscheidend für die Art und Richtung der

Beeinflussung ist dabei die räumliche Anordnung der Partikel relativ zu den Blendphasen. Sind diese hauptsächlich innerhalb der Phasen lokalisiert, so werden die Koaleszenzprozesse insbesondere kinetisch behindert (Kapitel 2.3.5). Dies ist darauf zurückzuführen, dass die Präsenz der Nanopartikel in den meisten Fällen die Schmelzeviskosität der umgebenden Polymerphase stark erhöht[XXIV]. Parallel verändert sich in Folge der Viskositätsänderung der gefüllten Blendphasen auch die Tröpfchenzerteilungswahrscheinlichkeit im Scherfeld des Mischprozesses. Dies kann sowohl zu einer Erhöhung als auch zu einer Reduzierung der Domänengröße des Blends führen. Kommt es in Folge der selektiven Lokalisierung der Füllstoffe zu einer Annäherung des Viskositätsverhältnisses der Blendphasen (p_{eff}, Gleichung 7) an einen zur Tröpfchenzerteilung idealen Wert[XXV], so kann die Domänengröße des Blends reduziert werden. Umgekehrt kann p_{eff} durch die Präsenz der Nanopartikel auch in Richtung abnehmender Tröpfchenzerteilungswahrscheinlichkeit beeinflusst werden. Der Einfluss von Carbon-Nanotubes auf das für die Blenddomänengröße und die Kontinuität der Blendphasen maßgebliche Viskositätsverhältnis wurde bisher noch nicht systematisch untersucht oder beschrieben.

2.9. Blends aus Polycarbonat und Styrolcopolymeren

PC/Styrolcopolymer-Blends gehören zusammen mit den auf Polyphenylenether basierenden Systemen zu den zwei weltweit umsatzstärksten Gruppen im Bereich der thermoplastischen Polymerblends [197]. Neben den speziell für Anwendungen bei ungeschützter Bewitterung entwickelten PC/ASA-Blends[XXVI] kommt dabei insbesondere PC/ABS-Blends hohe kommerzielle Bedeutung zu. Diese zeichnen sich durch hohe Festigkeit und Steifigkeit sowie durch sehr gute Oberflächenqualität und Schlagzähigkeit aus. Ihre Einsatzmöglichkeiten sind vielfältig und reichen von Gehäusen für Werkzeuge, Unterhaltungs- und Kommunikationselektronik bis zu hochwertigen Teilen im Automobilbereich (Abbildung 15a). Die hohe Schlagzähigkeit wird durch das komplexe Zusammenwirken der unmischbaren Phasen Polycarbonat und ABS erreicht. Innerhalb der ABS-Phase bilden sich wiederum zwei Phasen aus den Hauptbestandteilen SAN und Polybutadien (PB, Abbildung 15b). In einer Studie von Callaghan u.a. [222] werden insgesamt 6 wissenschaftliche Publikationen angeführt, deren Ergebnisse indirekt auf die maximale Verträglichkeit von Polycarbonat und SAN-Copolymeren bei AN-Gehalten um 25 Gew.-% hinweisen [97, 223-227]. Die Übereinstimmung umfasst theoretische Berechnungen, Grenzflächenspannungsmessungen

---

[XXIV] In seltenen Fällen und kann es auch zu einer Reduzierung der Schmelzeviskosität kommen. Dieser Effekt wird bereits heute zu einer Reduzierung der Zykluszeiten beim Spritzguss eingesetzt (z.B. Ultradur® High Speed PBT, BASF SE)
[XXV] Meist nahe eins (Abbildung 7)
[XXVI] ASA=Acrylnitril/Styrol/Acrylester-Copolymer

und Prüfungen der Grenzflächenfestigkeit. Das somit vorhergesagte und beobachtete Verträg-Verträglichkeitsmaximum korrespondiert mit der maximalen mechanischen Festigkeit der Phasengrenze von PC/SAN- und PC/ABS-Blends und damit auch mit dem Optimum der mechanischen Eigenschaften. Dies wird durch aktuellere Untersuchungen aus dem Jahr 2003 bestätigt [228].

 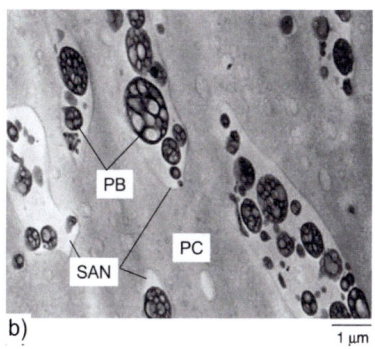

a) b)

Abbildung 15: a) Anwendungen von PC/ABS-Blends (Nachdruck aus [229]); b) PC_{70}/ABS_{30} Blend mit 16 Gew.% Polybutadien (PB, schwarz) in der ABS-Phase. Deutlich zeigt sich, dass der Kontakt zwischen PC und ABS stets durch die SAN-Phase (hell) in ABS vermittelt wird (Nachdruck aus [230]).

Während sich verschiedene kommerzielle PC/ABS-Blends erheblich in Bezug auf Kautschukgehalt, Kompatibilisator und Phasenmorphologie unterscheiden können, wird der AN-Gehalt der ABS-Phase für den überwiegenden Teil dieser Blends bei oder nahe bei dieser Konzentration eingestellt.

Das in dieser Arbeit untersuchte PC/SAN-Modellsystem wurde mit einem SAN-Typ hergestellt, der mit einem nominalen Acrylnitrilgruppenanteil von 25 Gew.-% sowohl maximale Kompatibilität als auch Vergleichbarkeit zu den meisten kommerziellen PC/ABS-Blends gewährleistet. Gemäß Abbildung 16 kann für den verwendeten Blend davon ausgegangen werden, dass die Blendgrenzschicht ihre in PC/SAN-Blends maximale Dicke [222, 231] erreicht, während die Grenzflächenspannung zwischen den Blendphasen minimal sein sollte [222, 228, 231, 232].

Kontrovers wurde in der Vergangenheit diskutiert, ob es in PC/SAN-Blends zu einer partiellen Mischbarkeit der Blendphasen kommen kann. Diese für die Interpretation des Lokalisierungsverhaltens sehr bedeutsame Frage ist in starkem Maße von den betrachteten Molekulargewichten abhängig. Aus genügend kleinen Molekulargewichten hergestellte PC/SAN-Blends können vollständig mischbar sein [222]. Die Mischbarkeitswahrscheinlichkeit nimmt allerdings mit steigendem Molekulargewicht stark ab. Ursache ist die mit der Kettenlänge sinkende Anzahl an Anordnungsmöglichkeiten der einzelnen Kettenbausteine und der daraus resultierende abnehmende Entropiegewinn.

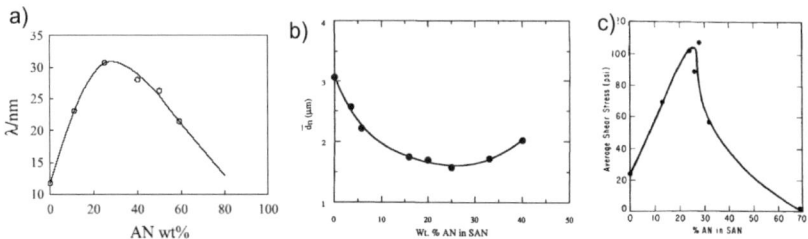

Abbildung 16: Abhängigkeit der Eigenschaften des PC/SAN-Modellblends vom Acrylnitrilgehalt (AN) der SAN-Phase; a) Durch Ellipsometrie bestimmte Dicke der Grenzschicht [233]; b) Durchschnittliche Größe der Blenddomänen als Maß für die Grenzflächenspannung zwischen PC und SAN [222]; c) Durchschnittliche Schubspannung beim Versagen von PC/SAN-Laminaten nach Keitz u.a. [224]. Nachdrucke aus: [222, 224, 233]

Die Gewährleistung eines ausgewogenen mechanischen Eigenschaftsniveaus polymerer Werkstoffe erfordert oft die Einstellung von Molekulargewichten, die die Mischungsentropie beim Blenden mit einem anderen Polymer vernachlässigbar klein werden lassen (Kapitel 2.3.1). Dieser grundsätzliche Zusammenhang führt auch bei PC/SAN-Mischungen mit Polycarbonat aus Bisphenol-A und kommerziell üblichen Molekulargewichten innerhalb des gesamten Verarbeitungstemperaturbereichs zur Bildung von zwei separierten Blendphasen [224, 225].

Die aus früheren Untersuchungen abgeleitete Vermutung, dass die Verschiebung der Glasübergangstemperaturen von PC und SAN in Richtung jener des Blendpartners als Nachweis für partielle Mischbarkeit bzw. thermodynamische Kompatibilität gewertet werden kann, konnte durch die Studien von Callaghan u.a. [222] und Guest u.a. [234] widerlegt werden. Die Autoren konnten zeigen, dass die Verschiebung der Glasübergänge vielmehr durch die gegenseitige Durchdringung kurzkettiger und oligomerer Moleküle von PC und SAN an der Phasengrenzfläche verursacht wird. Werden diese entfernt, zeigen die Blendpolymere ihr ursprüngliches Glasübergangsverhalten und verhalten sich somit wie die Bestandteile unmischbarer Blends [222, 234]. Nach heutigem Stand der Wissenschaft kann davon ausgegangen werden, dass die in der Studie verwendeten Polymere PC und SAN weder in der Schmelze noch im festen Zustand homogen mischbar sind [224, 225]. Im Hinblick auf die Lokalisierung eines nanoskaligen Füllstoffs in der Blendmorphologie nehmen derartige PC/SAN-Blends dennoch aufgrund ihrer außergewöhnlich geringen Grenzflächenspannungen zwischen den Blendphasen eine Sonderstellung innerhalb der Gruppe der Polymerblends ein.

3. METHODEN UND EXPERIMENTELLE DURCHFÜHRUNG

3.1. Ausgangsmaterialien

3.1.1. Polymere

Die im Fokus dieser Arbeit stehenden PC/SAN-Modellblends wurden aus Polycarbonat des Typs Makrolon 2600 (Bisphenol-A-Basis, Bayer MaterialScience SE) und einem statistischen Poly(Styrol-Acrylnitril)-Copolymer (SAN, Luran 358N, BASF AG) hergestellt. Zur Bestimmung des für die Grenzflächenspannung zwischen den Blendphase entscheidenden molaren Anteils der Acrylnitrilgruppe wurde das SAN-Copolymer in Dichlormethan gelöst und mit einem DRX 500-Spektrometer (Bruker, Deutschland) vermessen. Mit der Lösungs-NMR-Messung wurde ein Acrylnitrilgehalt von 37±1 mol.-% bzw. 23±1 Gew.-% ermittelt. Dies entspricht dem Gehalt des SAN-Copolymers in der ABS-Phase der meisten kommerziellen PC/ABS-Blends und in etwa der bestmöglichen Grenzflächenverträglichkeit zwischen PC und SAN (Kapitel 2.9).

Polymer	Handelsname	Hersteller	$\eta_0(260°C)$ [Pa s]	Dichte ρ, 25 °C [g/cm³]	T_g [°C]
PC	Makrolon 2600	Bayer MaterialScience AG	$1,7*10^3$	1,19	147
SAN	SAN 25 (Luran 358N)	BASF SE	$9,8*10^2$	1,08	107
ABS	Magnum 3504	Dow Plastics	$4,0*10^3$	-	107 (SAN)
RK[XXVII] (co-MSA)	Denka IP	Denki Kagaku Kogyo Kabushiki Kaisha	$7,7*10^4$	1,18	203

Tabelle 2: In den Modellblends verwendete Polymere

Die Übertragbarkeit der für die PC/SAN-Modellblends entwickelten Konzepte auf PC/ABS-Blends wurde durch Verwendung eines ABS-Typs (Magnum™ 3504, Dow Plastics) überprüft, der in Bezug auf Acrylnitrilgehalt, Kautschukgehalt und Polymerisationsverfahren gute Vergleichbarkeit mit kommerziellen Blends der Bayblend®-Reihe gewährleistet. Alle in den Kapiteln 4-7 dargestellten Untersuchungen wurden an Blends aus den in Tabelle 2 beschriebenen Polymeren PC, SAN und ABS durchgeführt.

Um den Einfluss einer reaktiven Blendkomponente auf das Lokalisierungsverhalten der CNTs zu untersuchen, wurde in Kapitel 8 ein statistisches Copolymer (DENKA IP MS L2A der Firma Denki Kagaku Kogyo Kabushiki Kaisha, Tokio, Japan) eingesetzt (Tabelle 2 und Abbildung 17). Dieses beispielsweise zur Kompatibilisierung von PA6/ABS-Blends [196] ver-

---

[XXVII] RK = Reaktivkomponente; alternativ im Folgenden auch mit dem Handelsnamen bezeichnet

wendete kommerzielle Produkt ist mit SAN-Produkten der hier betrachteten Acrylnitrilgehalte homogen mischbar.

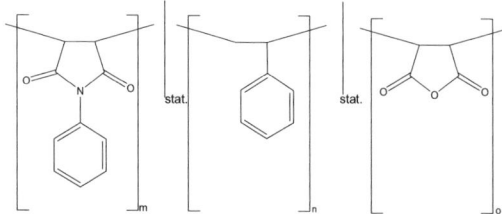

Abbildung 17: Strukturformel des Poly(N-Phenylmaleimid-Styren-Maleinsäureanhydrid)-Copolymers Denka IP [18];

In Kapitel 9 wurde das Lokalisierungsverhalten von Baytubes® C150HP in Blends aus verschiedenen kommerziell bedeutsamen Thermoplasten untersucht, die in Tabelle 3 spezifiziert sind.

Polymer	Handelsname	Hersteller	T_g [°C]	T_{mp} [°C]
PET	Arnite® D04 300	DSM Engineering Plastics	95 [235]	250-260 [235]
PA6	Ultramid® B4	BASF SE	53*	213,6/220,2*
PS	PS 145D	BASF SE	90*	amorph
PA12	Vestamid® 1600	Evonik Degussa GmbH	38*	161/172/178,7*
PMMA	Plexiglas® 8N	Evonik Degussa GmbH	113*	amorph

Tabelle 3: Handelsnamen und thermische Eigenschaften der in Kapitel 9 verwendeten Polymere; Glasübergangs (T_g)- und Schmelzepeaktemperaturen (T_{mp}) aus DSC-Untersuchung* und aus [235].

3.1.2. Carbon-Nanotubes

Wenn nicht anders angegeben, wurden in allen Blends MWCNTs des Typs Baytubes® C150HP (Bayer MaterialScience AG) verwendet. Der äußere Durchmesser dieser durch chemische Gasphasenabscheidung (CVD) hergestellten MWCNTs liegt nach Herstellerangaben zwischen 13 und 16 nm, der Kohlenstoffanteil bei über 99% [65]. Den in [33] gezeigten Messungen zufolge sind 90% der ausgelieferten MWCNTs dieses Typs kürzer als 1,7 µm (Abbildung 18). Die Strukturierung der Primäragglomerate dieses kommerziell bedeutsamen CNT-Typs zeigt Abbildung 19.

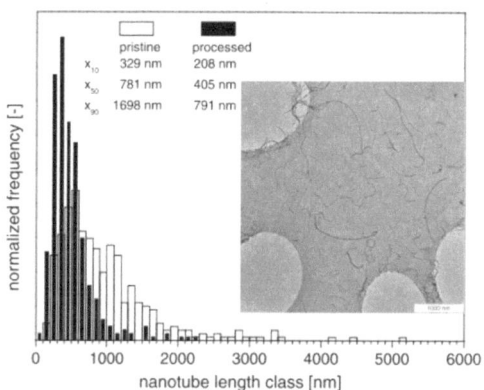

Abbildung 18: Längenverteilung von Baytubes® C150HP vor (pristine, mit TEM) und nach der Schmelzeverarbeitung von 1 Gew.% MWCNTs in Polycarbonat (processed); Nachdruck aus [33].

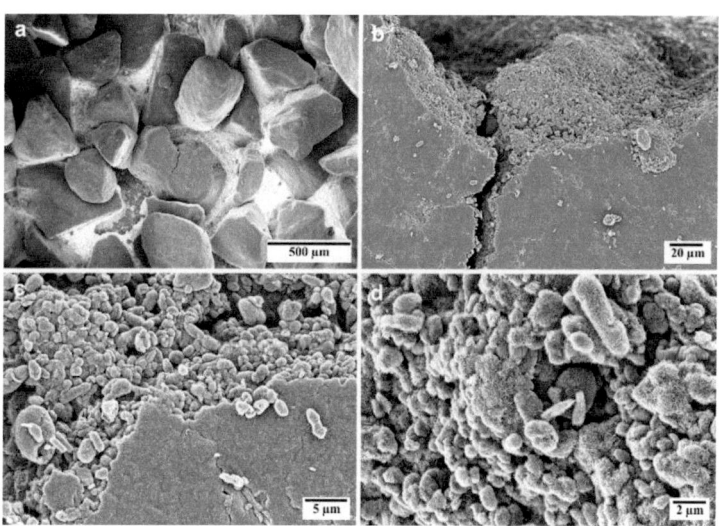

Abbildung 19: Struktur und Substruktur von Primäragglomeraten des Typs Baytubes® C150HP; Nachdruck aus [21].

In Kapitel 8 wurden zudem Amin-modifizierte MWCNTs des Typs Nanocyl^{TM} 3152 (NC3152) und unmodifizierte MWCNTs des Typs Nanocyl^{TM} 3150 (NC3150) eingesetzt. Nach Herstellerangaben beträgt die Kohlenstoffreinheit dieser Produkte 95 %, der durchschnittliche Durchmesser liegt bei ca. 9,5 nm und die Länge unter 1 μm [236]. Der

Anteil der durch die Aminmodifizierung erzeugten NH$_2$-Gruppen auf der CNT-Oberfläche am Gesamtkohlenstoffgehalt der MWCNTs beträgt laut Herstellerangaben unter 0,5%.

Mit dem Ziel, die elementare Zusammensetzung der verwendeten CNTs aufzuklären, wurden diese mit Photoelektronen-Spektroskopie (XPS)[XXVIII] charakterisiert (Appendix 12.3.1). Damit kann gezeigt werden, dass jeder der drei im Rahmen dieser Arbeit untersuchten CNT-Typen (Baytubes® C150HP, Nanocyl™ NC3150 und NC3152) neben Kohlenstoff entweder geringe Konzentrationen an Stickstoff oder an Sauerstoff enthält.

Zur Untersuchung der Korrelation von Partikelgeometrie und Lokalisierungsverhalten (Kapitel 6.8) wurden zudem nicht kommerziell erhältliche ausgerichtete MWCNTs eingesetzt. Herstellung und Eigenschaften sind in Kapitel 12.3.4 im Appendix beschrieben.

3.1.3. Carbon-Black

Zur Überprüfung der Aussagen zum Einfluss der Füllstoffgeometrie auf das Lokalisierungsverhalten nanoskaliger Füllstoffe wurde Carbon-Black des Typs Printex® 35 (Evonik AG, Marl) verwendet. Dieser Leitruß zeichnet sich sowohl durch seine gute Dispergierbarkeit in thermoplastischen Polymeren als auch durch seine geringe Überstrukturierung aus. Der Durchmesser der Primärpartikel liegt bei ca. 33 nm, der BET-Oberflächenwert[XXIX] bei 65 m^2/g [237].

3.2. Herstellung der Probekörper

3.2.1. Übersicht zu Herstellungsbedingungen

Die bei der Herstellung der Materialien im Rahmen dieser Arbeit verwendeten Versuchsparameter sowie die Zusammensetzung der Komposite und Blends sind im Appendix zusammengefasst (12.2, Tabelle-A 1).

3.2.2. Schmelzemischen

Zur Herstellung der Blendnanokomposite im Rahmen dieser Arbeit wurden insgesamt drei Mischaggregate eingesetzt. Als Standardmischaggregat für grundlegende Untersuchungen und die Entwicklung von Rezepturen wurde ein DSM Xplore 15-Microcompounder mit 15 ml Schmelzevolumen eingesetzt (DSM, Geleen, Niederlande). Dieser Doppelschneckencompounder mit konischen Schnecken (Abbildung 20) ermöglicht die unabhängige Variation von Drehzahl und Mischzeit. Im Unterschied zu kontinuierlichen Mischern wird die Schmelze

---

[XXVIII] Deutsch: EPS, gebräuchlich: XPS (X-ray photoelectron spectroscopy)
[XXIX] Analyseverfahren zur Größenbestimmung von Oberflächen mittels Areameter

durch den am unteren Ende der Mischkammer befindlichen Bypass in den Einzugsbereich der Schnecken zurückgeführt. Die Zirkulation kann jederzeit durch Betätigung des Auslassventils gestoppt werden. Die angegebenen Mischzeiten bezeichnen die Zeit zwischen der vollständigen Beschickung der Mischkammern und der Betätigung des Auslassventils. Dabei ist zu beachten, dass die Dosierung der zu mischenden Substanzen nur bei rotierenden Schnecken erfolgen kann und daher schon vor Beginn der eigentlichen Mischzeit Energie in das System eingebracht wird. Zur Abschätzung der Scherraten im Microcompounder wurde das Spaltmaß zwischen Gehäusewand und Schnecken auf etwa halber Schneckenhöhe bestimmt (Appendix 12.9).

Mit Ausnahme von Blends mit dem hochschmelzenden Polymer Polyethylenterephthalat (PET) wurde das Lokalisierungsverhalten der Nanotubes im Microcompounder stets bei einer Mischzeit von 5 Minuten, einer Schneckendrehzahl von 100 U/min und einer Gehäusetemperatur von 280°C (ca. 263-265°C Schmelzetemperatur) untersucht.

Zur Untersuchung der Kinetik des CNT-Transfers zwischen zwei Blendphasen wurde zudem ein HAAKE PolyLab-System eingesetzt. Dieses besteht aus einer Antriebseinheit (Rheocord PolyLab System 300p) und einer Haake Rheomix 600P-Knetkammer mit 78 cm^3 Schmelzevolumen und Banbury-Rotoren (Abbildung 21). Die Knetkammer ermöglicht die Beschickung des Kammervolumens ohne den Eintrag von Mischenergie. Die Rotoren wurden genau in dem Moment gestartet, in dem die Mischtemperatur (Schmelzetemperatursensor) erreicht war. Unmittelbar nach dem Mischen wurden dünne Stränge aus der Schmelze abgezogen, deren hohe spezifische Oberfläche die schnelle Abkühlung der Blendkomposite gewährleistete. Dieses Vorgehen gestattete es, die Mischzeit exakt zu kontrollieren (Tabelle-A 1, C- 29 - C- 31).

Abbildung 20: DSM Xplore 15 Microcompounder. Nachdruck aus [238].

Das Lokalisierungsverhalten der CNTs bei kontinuierlicher Extrusion wurde in einem gleichlaufenden ZE 25-Doppelschneckenextruder der Firma Berstorff untersucht (Abbildung 21). Der Extruder wurde zudem zur Vordispergierung der CNTs in eines der Blendpolymere genutzt. Dazu wurden zwei Schneckenkonfigurationen eingesetzt, die in [239] detailliert bebeschrieben wurden. Die Schmelzestränge wurden nach dem Austritt aus der Düse durch ein Wasserbad gezogen und granuliert. Die Verarbeitungsbedingungen der Extrusionsversuche sind in Tabelle-A 1 aufgelistet.

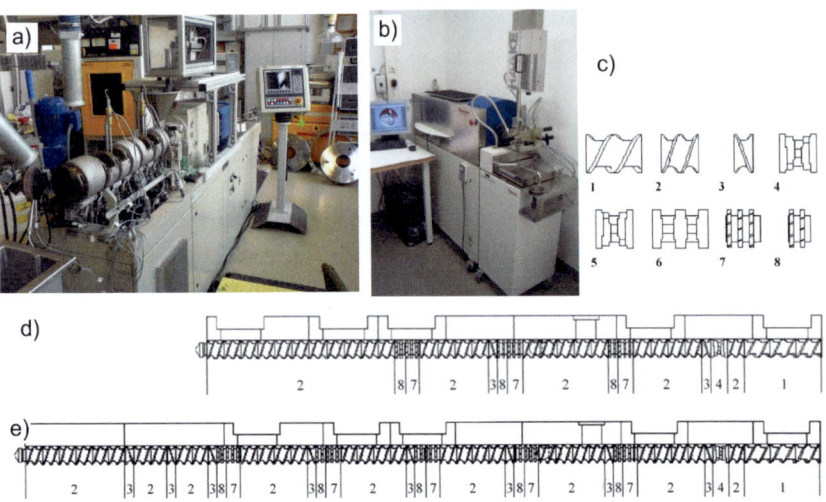

Abbildung 21: a) Gleichlaufender Berstorff ZE 25 Doppelschneckenextruder für die Herstellung von CNT-Kompositen im Technikumsmaßstab. Die verwendeten Schneckenkonfigurationen entsprechen den von Villmow u.a. [239] beschriebenen Schnecken SC 3 mit L/D=36 (d) und SC5 mit L/D = 48 (e) und enthalten die in (c) dargestellten Komponenten: Förderelemente (1 und 2), rückfördernde Elemente (3), Knetblöcke (4-6) und Mischelemente (7 und 8); b) HAAKE Rheomix 600P Knetkammer. c,d,e: Nachdruck aus [239]

3.2.3. Heißpressen

Für die Vermessung des elektrischen Widerstands wurden die Polymergranulate oder Strangstücke aus dem Kleinstmengenmischversuch zu Rundplättchen mit 60 mm Durchmesser und 0.5 mm Dicke gepresst. Dazu wurde eine wassergekühlte PW 40 EH-Heißpresse (Paul-Otto Weber GmbH, Deutschland) mit regelbarer Schließgeschwindigkeit eingesetzt. Das Polymer wurde dazu zwischen zwei durch Polyimidfolien vom Granulat getrennte Messingplatten gepresst, die zwischen zwei Stahlplatten gelegt wurden. Alle Proben wurden nach einem in [19] detailliert beschriebenen Verfahren gepresst. Dieses umfasst eine Aufschmelzphase von 2,5 Minuten. Anschließend wurden die Proben für wenige Sekunden mit Presskräften von 20°kN und 50°kN beaufschlagt und sofort wieder entspannt. Dieses Vorgehen dient der Entfernung von Lufteinschlüssen. Nach dieser Vorbehandlung wurden die

Proben für eine Minute mit der Nominalpresskraft von 100 kN beaufschlagt. Nach dem Pressvorgang wurde die Pressform in einem auf ca. 8 °C eingestellten Minichiller bis ungefähr auf Raumtemperatur gekühlt.

 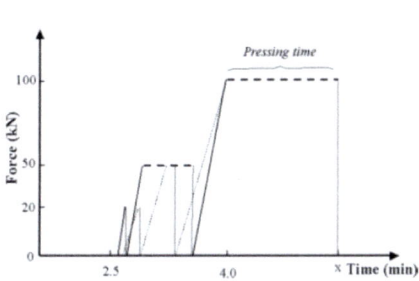

Abbildung 22: PW 40 EH (Paul-Otto-Weber GmbH), Verwendetes, in [19] beschriebenes Pressverfahren. Für alle im Rahmen dieser Arbeit charakterisierten Komposite wurde eine Presszeit von 1 Minute verwendet.

3.2.4. Untersuchung der Blendmorphologie

Um die Auswertung der Blendmorphologien im REM zu ermöglichen, wurde die PC-Phase durch selektive Hydrolyse entfernt. Dazu wurden Anschnitte der Schmelzestränge mit einer wässrigen Natriumhydroxid-Lösung (NaOH) bei 105°C hydrolysiert [18]. Die Behandlungszeiten wurden nach den Vorgaben von Dong u.a. [240] an die Blendzusammensetzungen angepasst (Appendix, 12.4.2).

3.3. Mikroskopie

Für die transmissionslichtmikroskopischen (LiMi) Untersuchungen wurden von gepressten Platten (3.2.3) mit einem RM 2055-Mikrotom (Leica, Deutschland) dünne Schnitte von 2-5 Mikrometer Dicke entnommen und anschließend mit einem Olympus BX2-Mikroskop und einer DP71-Kamera untersucht. Bei selektiver Lokalisierung der CNTs in einem der Blendpolymere ergibt sich der Kontrast zwischen den Blendphasen aus der starken Absorption der CNTs im sichtbaren Bereich.

Zur Erfassung und Auswertung der Blendmorphologie von CNT-gefüllten Blendstrukturen mit bei LiMi-Untersuchung unzureichendem Kontrast wurde ein Leica DM IRE2-Fluoreszenzmikroskop im Reflektionsmodus eingesetzt. Dabei wurde ein DAPI-Filter mit einem charakteristischen Transmissionsspektrum von 455 – 475 nm verwendet.

TEM-Untersuchungen wurden in einem Zeiss Libra 200 (200 kV Beschleunigungsspan-Beschleunigungsspannung[xxx]) und einem Zeiss EM 912 Omega (120 kV) Transmissionselektronenmikroskop (TEM) an Ultradünnschnitten von ca. 80 bis 120 nm Dicke durchgeführt. Die Proben wurden aus der Mitte der extrudierten Stränge senkrecht zur Düsenaustrittsrichtung bzw. bei den gekneteten Proben aus den per Hand abgezogenen Strängen entnommen. Für alle PC/SAN-Modellblends konnten die Ultradünnschnitte bei Raumtemperatur angefertigt werden. Dagegen musste die Temperatur für alle PC/ABS-Blends aufgrund der in ABS enthaltenen Polybutadienphase auf unter -90°C abgesenkt werden.

In einigen Fällen wurde die Lokalisierung der Füllstoffpartikel in den Blendphasen durch energiegefilterte Transmissionselektronenmikroskopie (EFTEM) nachgewiesen. Dabei konnten die Phasen durch charakteristische und nicht in der anderen Phase enthaltene Elemente wie Sauerstoff und Stickstoff nachgewiesen werden. Zur Bilderzeugung werden bei diesem Verfahren jeweils nur jene inelastisch an der Probe gestreuten Elektronen zugelassen, deren Energie einem der für die genannten Elemente charakteristischen Übergänge entspricht.

3.4. Analyse der Phasenmorphologien

Zur Auswertung der Flächenanteile der selektiv gefüllten Blendphase wurde mit der Software GIMP 2.6.8 (GNU Image Manipulation Program) eine Tonstufenkorrektur der digitalisierten Aufnahmen durchgeführt. Die so bearbeiteten Bilder wurden mit der Software Image J 1.37v binarisiert und anschließend ausgewertet.

3.5. Rheologische Charakterisierung

Die schmelzerheologischen Eigenschaften der Polymere wurden mit einem ARES Rotationsrheometer von TA-Instruments (früher Rheometric Scientific) unter Verwendung der Anwendungssoftware RSI Orchestrator bestimmt. Plättchen mit einem Durchmesser von 25 mm und einer Dicke von 1 mm wurden durch Heißpressen nach dem in 3.2.3 beschriebenen Verfahren hergestellt und bei oszillatorischer Scherung vermessen. Alle Messungen wurden unter Stickstoffatmosphäre durchgeführt. Für alle Proben wurden Strain-Sweeps durchgeführt, um die Messung innerhalb des linear-viskoelastischen Bereichs sicherzustellen. Die im Rahmen dieser Arbeit dargestellten frequenzabhängigen Schmelzeviskositäten wurden durch Frequenzsweeps von 100 rad/s bis 0,1 rad/s oder weniger ermittelt. Vor der Messung wurde der Frequenzbereich zunächst in umgekehrter Richtung durchlaufen.

[xxx] Kiloelektronenvolt

3.6. Thermische Analyse

Zur Ermittlung der Glasübergangstemperaturen (T_g) sowie der Peaktemperaturen des Schmelzbereichs (T_{mp}) wurde dynamische Differenzkalorimetrie (DSC[XXXI]) eingesetzt. Die Proben wurden dazu in einem Wärmestromkalorimeter Q 1000 von TA Instruments bei Heiz- bzw. Abkühlraten von 10 K/min unter Stickstoffatmosphäre vermessen. Dabei wurden die Wärmeübergangswerte nach Durchlauf des ersten Heiz-Kühl-Zyklus beim zweiten Aufheizen bestimmt.

3.7. Messung des spezifischen Volumenwiderstands

CNT-Komposite mit sehr hohen spezifischen elektrischen Widerständen ($\rho > 10^7$ Ω cm) wurden normgerecht als Isolierwerkstoffe nach ASTM D257-99 bzw. nach DIN IEC 60093 (VDE 0303, Teil 30/31) geprüft (Abbildung 23).

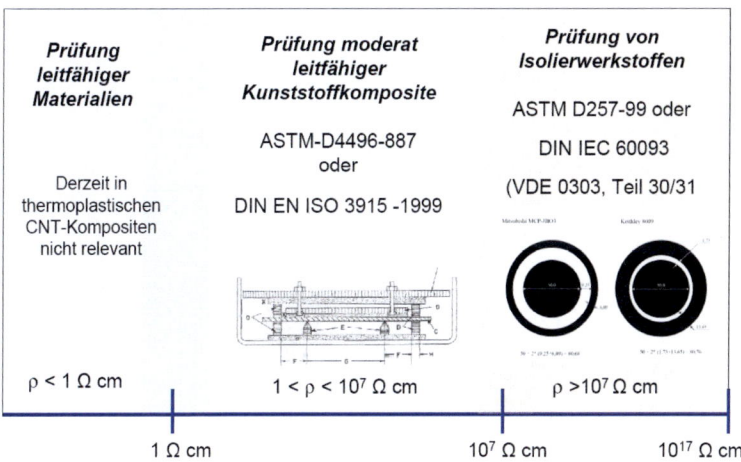

Abbildung 23: Normgerechte Prüfung der elektrischen Leitfähigkeit im Rahmen dieser Arbeit

Dazu wurden mit dem in 3.2.3 beschriebenen Verfahren Platten gepresst und anschließend in einer Widerstandsmesszelle (Modell 8009, Keithley Instruments, Inc., USA) vermessen. Diese wurde mit einem Elektrometer des Typs 6517A desselben Herstellers gekoppelt. Die Messspannungen lagen widerstandsabhängig zwischen 40 und 400 Volt. Die Messanordnung erlaubt das Vermessen von Absolutwiderständen (R) zwischen 10^3 Ω und 10^{16} Ω, wobei die

---

[XXXI] Differential Scanning Calorimetry

untere Grenze durch den Eigenwiderstand des Geräts bestimmt wird. Alle dargestellten spezifischen Widerstände ρ wurden mit Gleichung 35 aus der Fläche A und Dicke d der Platten berechnet.

$$\rho_p = \frac{R \cdot A}{d} \qquad \text{Gleichung 35}$$

Für spezifische Widerstände unterhalb von 10^7 Ω cm wurden aus den Platten Streifen einer Breite (b) von ca. 3 mm und einer Länge von ca. 30 mm geschnitten. Diese wurden mit einer auf der Norm ASTM D 4496 zur Prüfung moderat leitfähiger Kunststoffe basierenden Eigenentwicklung des IPF Dresden e.V. in Kombination mit einem Digitalmultimeter des Typs DMM 2000 vermessen. Der spezifische Widerstand $\rho_{streifen}$ wurde mit Gleichung 36 berechnet.

$$\rho_{streifen} = \frac{R \cdot b \cdot d}{l} \qquad \text{Gleichung 36}$$

Dabei bezeichnet l die vorgegebene Messlänge zwischen den beiden Elektroden.

4. LOKALISIERUNGSVERHALTEN VON MWCNTS IN SCMELZEGEMISCHTEN PC/SAN- UND PC/ABS-BLENDS

"An interesting issue may be: are such high shape factor fibrous nanoparticles able to transport from one phase to the other?"[12]

Die in diesem Kapitel diskutierten Ergebnisse konnten nahezu zeitgleich mit einem Review-Artikel [12] zum Lokalisierungsverhalten von Nanopartikeln in Polymerblends publiziert werden [102]. In diesem wurde es noch als fraglich dargestellt, ob Partikel mit sehr hohem Aspektverhältnis wie Carbon-Nanotubes während des Schmelzemischens zwischen den Phasen eines Polymerblends transferiert werden können.

4.1. Einleitung

Zur Realisierung sehr niedriger elektrischer Perkolationsschwellen in thermoplastischen Polymeren ist die Einstellung definierter Anordnungszustände von leitfähigen Füllstoffen mit sehr hohen Aspektverhältnissen wie Carbon-Nanotubes in cokontinuierlichen Polymerblends sehr gut geeignet (Abbildung 1a,b; Abbildung 8; Kapitel 2.4.3). Allerdings sind die Bedingungen und Mechanismen, die während des Schmelzemischens zu derartigen Anordnungszuständen führen, bis heute nur unzureichend verstanden. Daher, sowie aufgrund der großen kommerziellen Bedeutung von cokontinuierlichen PC/Styrolcopolymerblends, soll im Folgenden anhand eines solchen Blendsystems das Lokalisierungsverhalten verschiedener kommerzieller MWCNTs (Baytubes® C150HP, Nanocyl™ NC3150 und NC3152) grundlegend untersucht werden. Um die dabei maßgeblichen Zusammenhänge aufklären zu können, sollen die Untersuchungen an einem im Vergleich zu kommerziellen PC/ABS-Blends deutlich weniger komplexem PC/SAN-Blend durchgeführt werden (Kapitel 2.9 und 3.1.1). In einem zweiten Schritt sollen die gewonnenen Erkenntnisse dann genutzt werden, um antistatische PC/ABS-Blends mit möglichst geringen elektrischen Perkolationsschwellen herzustellen.

4.2. Eigenschaftscharakterisierung der verwendeten PC/SAN- und PC/ABS-Blends

4.2.1. Blendmorphologie

Die zusammensetzungsabhängige Blendmorphologie ungefüllter PC/SAN-Blends ist in Kapitel 12.6.1 dargestellt (Appendix, Abbildung-A 8).

4.2.2. Rheologische Eigenschaften

Die Bedeutung der schmelzerheologischen Eigenschaften der Phasen eines unmischbaren Polymerblends für die Ausbildung der Blendmorphologie beim Schmelzemischen wurde in Kapitel 2.3.2 beschrieben. In Nanokompositen bestimmen diese zudem die für den Dispergierprozess maßgeblichen Mechanismen [19-21, 53]. Darüber hinaus ist die Schmelzeviskosität der Blendpolymere einer der entscheidenden Parameter für den CNT-Transfer zwischen den Blendphasen (Kapitel 7). Daher wurden die Blendpolymere der PC/SAN- und PC/ABS-Modellblends bei verschiedenen verarbeitungsrelevanten Temperaturen durch oszillatorische Messungen im Platte-Platte-Rheometer charakterisiert.

Die Temperaturabhängigkeit der Nullscherviskositäten von PC, SAN und ABS kann Abbildung 24a entnommen werden. Abbildung 24b zeigt deren frequenzabhängiges Verhalten bei der Verarbeitungstemperatur von ca. 260°C im Microcompounder.

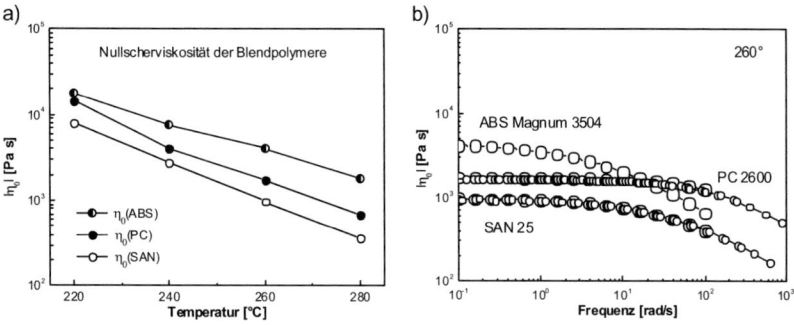

Abbildung 24: a) Durch oszillatorische Messung ermittelte Nullscherviskositäten von PC, SAN und ABS für verschiedene verarbeitungsrelevante Temperaturen; b) Betrag der komplexen Schmelzeviskosität von PC, SAN und ABS bei 260°C. Zusätzlich zu den Messkurven (große Symbole) sind für PC und SAN die aus Messung bei 5 verschiedenen Temperaturen erstellten Masterkurven dargestellt (Referenztemperatur 260°C).

Bei Gültigkeit der Cox-Merz-Beziehung (Gleichung 37, [241]) können die Beträge der durch oszillatorische Beanspruchung im Platte-Platte-Rheometer ermittelten komplexen Schmelzeviskositäten (Abbildung 24b) mit den stationären, dynamischen Viskositäten aus stetiger Scherung (im Extruder) verglichen werden:

$$\omega = \dot{\gamma}: \quad |\eta^*(\omega)| = \eta(\dot{\gamma}) \qquad \text{Gleichung 37}$$

Diese empirische Gleichung gilt für nahezu alle Homopolymere in sehr guter Näherung. Für phasenseparierte Polymere wie ABS muss mit einem gewissen Fehler bei der Beschreibung von Prozessen mit stetiger Scherung gerechnet werden. Gleiches gilt für alle gefüllten Poly-Polymere. Der frequenzabhängige Verlauf der Schmelzeviskositäten (Abbildung 24b) zeigt, dass PC in PC/SAN-Blends im gesamten untersuchten Bereich das Polymer mit der höheren Schmelzeviskosität ist.

4.2.3. Oberflächenspannung der Blendpolymere

Die Oberflächeneigenschaften der eingesetzten Blendpolymere sind sowohl für die Eigenschaften des Blends als auch für das Lokalisierungsverhalten von Nanopartikeln in der Blendmorphologie von entscheidender Bedeutung. Für die Polymere des Modellblends konnte auf Messungen von Pionteck und Kressler [242] sowie von Uzman u.a. [243] zurückgegriffen werden. Diese bestimmten mit der Methode des hängenden Tropfens die Oberflächenspannungen von Polycarbonat aus Bisphenol-A und Luran 358N (SAN25) durch Grenzflächenspannungsmessungen gegen Polyethylen. Dabei wurden die polaren (γ_p) und dispersiven (γ_d) Anteile der Oberflächenspannung nach dem Konzept von Fowkes [163] bzw. basierend auf dessen Weiterentwicklung durch Owens und Wendt differenziert [164] (Kapitel 2.5.1). Die Messungen zeigen die große Ähnlichkeit der Oberflächenspannung von Polycarbonat und SAN25 (Abbildung 25, siehe auch Kapitel 2.9 und Tabelle 6 in Kapitel 9.3.2).

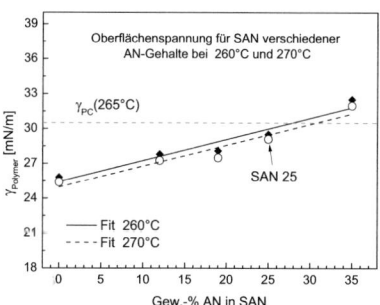

Abbildung 25: Oberflächenspannung statistischer SAN-Polymere für verschiedene AN-Gehalte bei 260°C und 270°C; Darstellung basierend auf den Werten aus [242, 243].

Dies führt rechnerisch zu äußerst geringen Grenzflächenspannungen zwischen den beiden Blendphasen PC und SAN. Mit dem geometrischen Mittel (Gleichung 29) erhält man eine Grenzflächenspannung von 0,02 mN/m, bei Verwendung des harmonischen Mittels (Gleichung 30) 0,05 mN/m. Derartig niedrige Grenzflächenspannungen zwischen den beiden Blendpolymeren ergeben sich auch bei Anwendung der Flory-Huggins- und der Sanchez-Lacombe-Equation of State Theorie [222] (Kapitel 2.9).

4.3. Lokalisierungsverhalten typischer kommerzieller MWCNTs in schmelzegemischten PC/SAN-Blends

Für alle im Folgenden beschriebenen Versuche zur Aufklärung des Lokalisierungsverhaltens verschiedener MWCNT-Typen in der Phasenstruktur der schmelzegemischten cokontinuierlichen PC/SAN-Blends wurde ein Verhältnis der Blendphasen von 60 Gew.-% PC und 40 Gew.-% SAN verwendet. Diese nahe der Phaseninversionskonzentration (2.3.2) und damit nahe der Mitte des cokontinuierlichen Intervalls eingestellte Zusammensetzung (Abbildung-A 9) wird im Folgenden als „Modellblend" bezeichnet.

4.3.1. Baytubes® C150 HP in cokontinuierlichen PC_{60}/SAN_{40}-Blends

4.3.1.1. Lokalisierungsverhalten

Um Informationen über mögliche Transferprozesse und thermodynamische Präferenzen der MWCNTs des Typs Baytubes® C150HP innerhalb des Modellblends zu erhalten, wurden diese zunächst in eines der beiden Blendpolymere vorcompoundiert und anschließend mit dem jeweils anderen ungefüllten Polymer geblendet (Appendix 12.2, Tabelle-A 1, C- 4, C- 5, C- 8, C- 10). Alternativ wurden die Nanotubes in einem Schritt mit den Blendpolymeren verarbeitet (Tabelle-A 1, C- 9). Die TEM-Untersuchung der gebildeten Strukturen (Abbildung 26) zeigt den cokontinuierlichen Charakter der gebildeten Blendstrukturen, der trotz der nur flächigen Darstellung der dreidimensionalen Geometrie klar zu erkennen ist. Die bei der Blendkontinuität zu erkennenden Unterschiede erweisen sich bei Betrachtung größerer Flächen im Lichtmikroskop als nicht signifikante und ortsabhängige Kontinuitätsschwankungen innerhalb des Strangquerschnitts.

Interessanterweise zeigt sich, dass dabei die Anordnung der MWCNTs in der morphologischen Struktur unabhängig vom verwendeten Mischkonzept ist. Stets kann die hochselektive Anreicherung der MWCNTs innerhalb einer Blendphase beobachtet werden. Dies gilt für eine Vielzahl verschiedener, im TEM untersuchter Stellen der Blendmorphologie, an denen nahezu keine CNTs in der nicht gefüllten Phase gefunden werden konnte. Durch Auswertung der Phasenanteile der selektiv CNT-gefüllten Blendphase können die Phasenstrukturen den Blendpolymeren zugeordnet werden (Appendix, 12.4.1). Die Auswertung indiziert dabei unabhängig von Mischkonzept, der Stelle innerhalb des Querschnitts oder der verwendeten mikroskopischen Methode die selektive Lokalisierung der CNTs innerhalb der PC-Phase des PC/SAN-Blends. Diese Annahme wird durch morphologische Details innerhalb der Blends gestützt.

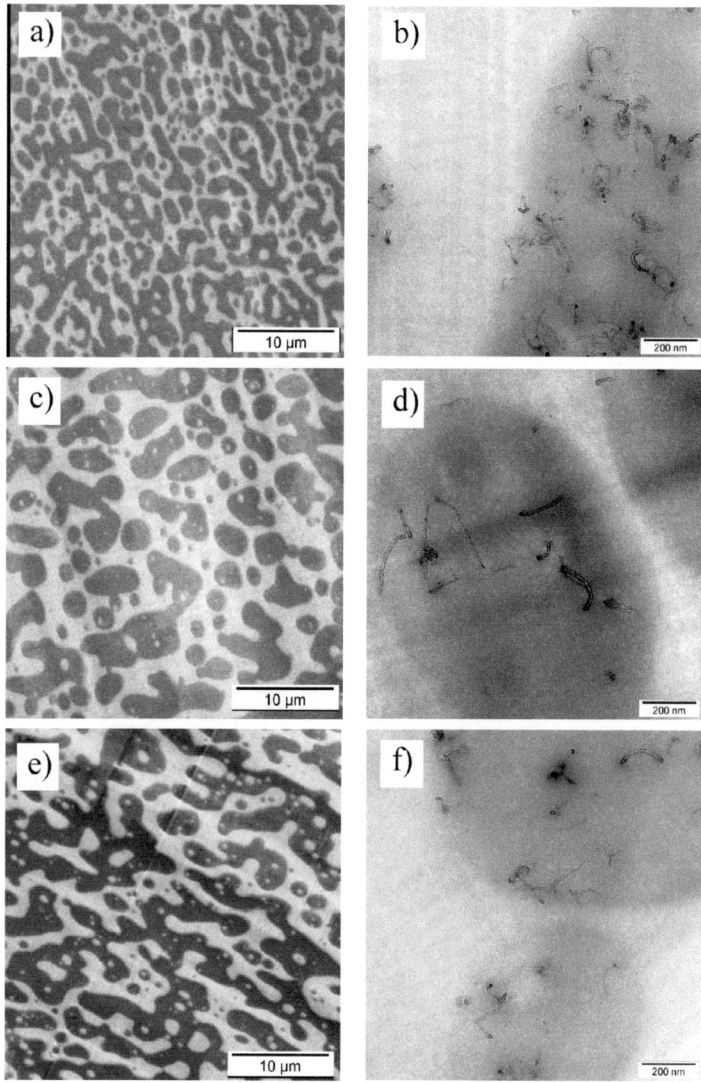

Abbildung 26 TEM-Untersuchung von PC_{60}/SAN_{40} Blends mit verschiedenen Verfahren zur Einarbeitung der MWCNTs (Baytubes® C150HP, siehe auch: Tabelle-A 1, C- 4-C- 10). a,b) Vorcompoundierung der CNTs in PC; c,d) PC/SAN-Blend aus Vorcompoundierung der CNTs in SAN; e,f) simultanes Mischen von Blendpolymeren und CNTs

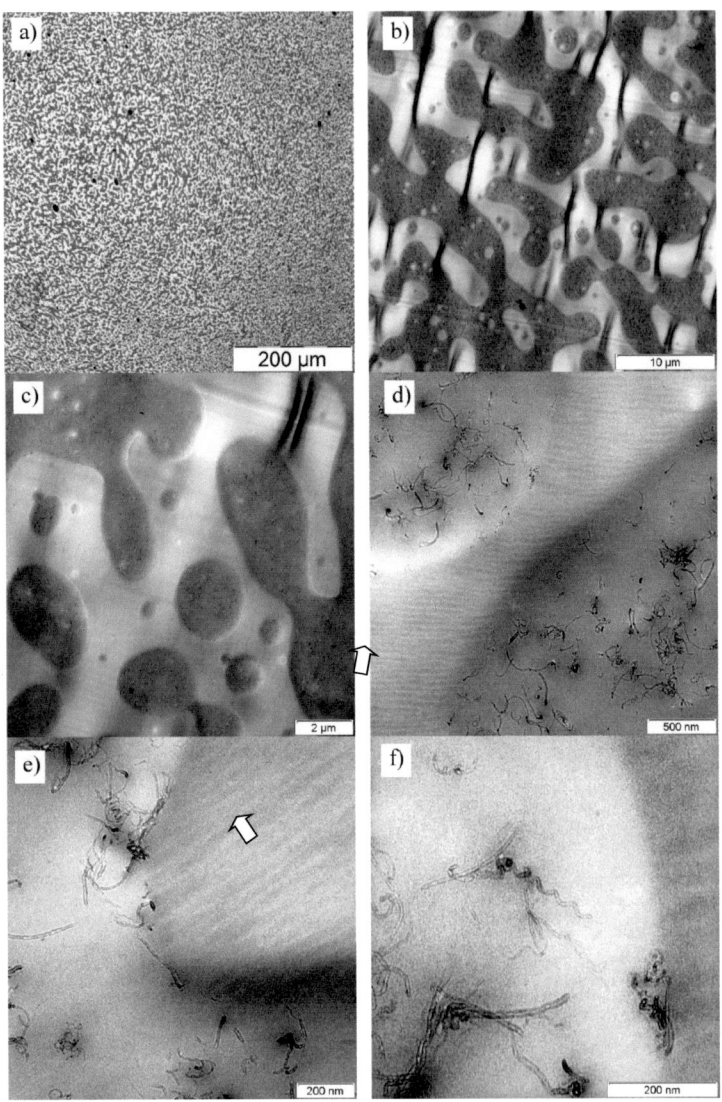

Abbildung 27: Morphologische Strukturen eines durch Vorcompoundierung von 2 Gew.-% Baytubes® C150HP in PC und anschließendem Schmelzeblenden mit reinem SAN hergestellten PC$_{60}$/SAN$_{40}$-Blends; a) LiMi-Übersichtsaufnahme; b-f) TEM- Aufnahmen; Abbildungen c- f) verdeutlichen die hochselektive Lokalisierung von Baytubes® C150HP in der bevorzugten Blendphase (Polycarbonat); Pfeile: Rüttelmarken in SAN

Abbildung 27 zeigt exemplarisch die morphologische Struktur, die sich bei Vorcompoundierung von 2 Gew.-% Baytubes® C150HP in PC und anschließendem Schmelzeblenden mit reinem SAN ergibt. Bei der Untersuchung im TEM konnten innerhalb der hellen, ungefüllten Phase häufig nanoskalige, senkrecht zur Schnittrichtung verlaufende „Rüttelmarken" gefunden werden, die typischerweise in Ultradünnschnitten von spröden Polymeren auftreten (siehe Abbildung 27 d,e).

Die selektive Anordnung der MWCNTs in der PC-Phase des Blends konnte durch REM-EDX-Untersuchungen[XXXII] an der durch Vorcompoundierung der CNTs in SAN hergestellten Blendprobe verifiziert werden (Appendix 12.4.2). Somit weisen alle experimentellen Befunde darauf hin, dass 5 Minuten Schmelzemischen im Microcompounder ausreichen, um den vollständigen Transfer der CNTs von SAN nach PC zu gewährleisten [102]. Die Richtigkeit dieser Annahme konnte im Rahmen der in Kapitel 6 dargestellten Untersuchungen mittels EFTEM[XXXIII] bestätigt werden (Appendix 12.4.5).

4.3.1.1. Elektrische Eigenschaften doppelperkolierter PC/SAN-Blends

Die erzeugten Morphologien sind den in Abbildung 8 f,g skizzierten idealisierten doppelperkolierten Blendstrukturen morphologisch sehr ähnlich.

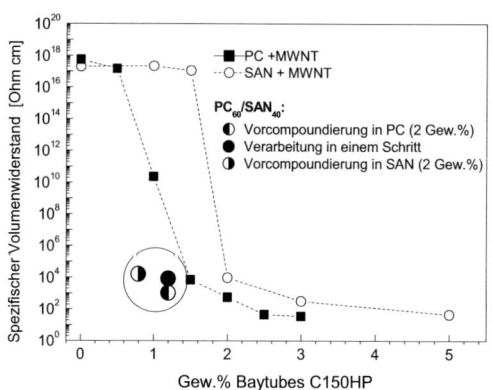

Abbildung 28: Spezifischer Volumenwiderstand der doppelperkolierten PC_{60}/SAN_{40}-Blends mit Baytubes® C150 HP (Abbildung 26, Abbildung 27; Tabelle-A 1, C- 8, C- 9, C- 10); Referenz: Perkolationskurven der Blendpolymere (PC-CNT: Tabelle-A 1, C- 1; SAN-CNT: C- 2)

[XXXII] Ortsaufgelöste energiedispersive Röntgenspektroskopie (<u>e</u>nergy <u>d</u>ispersive <u>X</u>-ray spectroscopy, EDX) im Rasterelektronenmikroskop (REM-EDX)
[XXXIII] EFTEM= TEM-Untersuchung, bei der zur Bilderzeugung nur Elektronen spezifischer Energie zugelassen werden

Daher ist zu erwarten, dass die elektrische Perkolation bei deutlich niedrigeren, auf das gesamte Blendvolumen bezogenen, CNT-Konzentrationen stattfinden sollte, als in den entsprechenden Compounds aus den Blendpolymeren. Tatsächlich liegt der spezifische Volumenwiderstand der Blends aus Abbildung 26 und Abbildung 27 bei gleicher CNT-Konzentration um mehrere Zehnerpotenzen unter dem der Blendpolymere (Abbildung 28).

4.3.2. Nanocyl^{TM} NC3150 und NC3152 in cokontinuierlichen PC$_{60}$/SAN$_{40}$-Blends

4.3.2.1. *Lokalisierungsverhalten*

Mit dem Ziel, den Einfluss funktioneller Gruppen auf der CNT-Oberfläche auf das Lokalisierungsverhalten der Nanotubes in PC/SAN zu evaluieren, wurden im Rahmen dieser Arbeit zwei weitere CNT-Typen untersucht [18]. Während der Typ Nanocyl^{TM}3152 (NC 3152) eine nominal^{XXXIV} NH$_2$-modifizierte Oberfläche aufweist, sollte jene von Nanocyl^{TM}3150 (NC 3150) laut Herstellerangaben rein graphitischer Natur sein. Im Folgenden soll das Lokalisierungsverhalten dieser CNTs innerhalb des PC/SAN-Modellblends und darauf aufbauend in reaktiv modifizierten PC/SAN-Blends (Kapitel 8) beschrieben werden. Dazu wurden die CNTs zunächst analog zu den in 4.3.1 beschriebenen Verfahren durch Vorcompoundierung in eine der Blendphasen bzw. durch simultanes Mischen aller Komponenten in den cokontinuierlichen PC$_{60}$/SAN$_{40}$-Modellblend eingebracht (Tabelle-A 1, C- 11-C- 20).

Durch morphologische Untersuchungen kann gezeigt werden, dass sich auch diese MWCNT-Typen stets unabhängig von der Art ihrer Einbringung selektiv in der PC-Phase der Blends anordnen (Appendix, 12.4.4, Abbildung-A 3). Weitere Nachweise für dieses Verhalten der genannten CNT-Typen wurden im Rahmen weiterführender Untersuchungen u.a. durch EFTEM-Untersuchungen erbracht [17].

Somit konnte gezeigt werden, dass sich alle untersuchten MWCNT-Typen während des fünfminütigen Schmelzemischens im Microcompounder selbst dann hochselektiv in der PC-Phase des PC/SAN-Modellblends anreichern, wenn diese mittels eines SAN-MWCNT-Compounds in den Blend eingebracht wurden.

4.3.2.2. *Elektrische Eigenschaften*

Abbildung 29 zeigt die spezifischen Volumenwiderstände der Blends im Vergleich zum Perkolationsverhalten der jeweils eingesetzten MWCNTs. Sieht man von den trotz gleicher Verarbeitungsbedingungen im Vergleich zu Baytubes® C150HP deutlich niedrigeren Perkolati-

---

[XXXIV] Laut Herstellerangaben von Nanocyl, siehe Kapitel 3.1.2

onsschwellen ab, ist die Relation der Volumenwiderstände zu den Perkolationskurven der Blendpolymere für alle untersuchten MWCNT-Typen analog. Somit ergibt sich eine sehr gute Übereinstimmung zwischen den elektrischen Eigenschaften der Blends und den für doppelperkolierte Blendstrukturen erwarteten Eigenschaften.

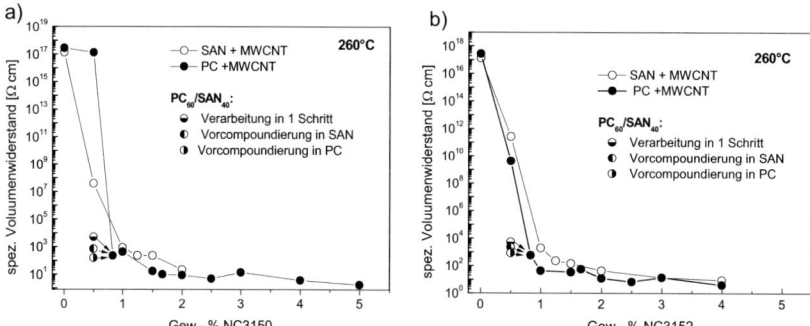

Abbildung 29 Spezifischer Volumenwiderstand der PC_{60}/SAN_{40}-Nanokompositblends mit MWCNTs der Typen Nanocyl^{TM} NC3150 und NC3152 und Perkolationskurven der Blendpolymere; a) NC3150; b) NC3152; Die Gesamtkonzentration von 0,5 Gew.-% im Blend entspricht bei selektiver Lokalisierung in einer der Blendphasen einer Konzentration von 1,25 Gew.-% MWCNTs in SAN und 0,83 Gew.-% in PC [18].

4.4. Technische Nutzung des Lokalisierungsverhaltens - Doppelperkolierte PC/ABS-Blends mit Baytubes® C150HP

4.4.1. Morphologische Struktur

Die untersuchten kompatiblen PC/SAN-Blends können als vereinfachte Modellsysteme für die kommerziell bedeutsameren, aber auch deutlich komplexeren PC/ABS-Blends betrachtet werden. Charakteristisch für den verwendeten ABS-Typ ist ein Umfließen der hochviskosen Polybutadien-Einschlüsse durch die mobileren Moleküle der angebundenen SAN-Phase, die dann die Grenzfläche zur PC-Phase ausbilden (Abbildung 15). Es kann daher angenommen werden, dass die für den CNT-Transfer maßgebliche Grenzfläche zwischen PC und der SAN-Phase von ABS sehr ähnliche Eigenschaften aufweist wie die des PC/SAN-Modellblends (Kapitel 2.9). Somit kann für die untersuchten Nanotubes in einem derartigen PC/ABS-Modellblend ebenfalls die thermodynamische Bevorzugung der PC-Phase erwartet werden. Zur Herstellung doppelperkolierter PC/ABS-Blends, die im Hinblick auf die Zielgrößen spezifischer Volumenwiderstand und Dispergierung der CNT-Primäragglomerate optimiert sind, erscheint daher die Vordispergierung der CNTs in PC als ideal.

Die zur Optimierung des Dispergierzustands von Baytubes® C150HP in Polycarbonat ververwendeten Verfahren und Anlagen [239] sind ebenso wie die dabei maßgeblichen Mechanismen [19-21, 53] an anderer Stelle detailliert beschrieben. Abbildung 30 zeigt die Morphologie eines im Kleinstmengenmischversuch hergestellten PC/ABS-Modellblends mit Baytubes® C150HP. Die Nanotubes wurden mittels eines extrudierten Polycarbonat-Komposits, der mit reinem ABS geblendet wurde, in den Blend eingebracht. Mit dem Ziel einer ungestörten Beobachtung der thermodynamischen Präferenz der Nanotubes wurden diese Modellblends ohne die in kommerziellen Produkten üblichen Kompatibilisatoren hergestellt.

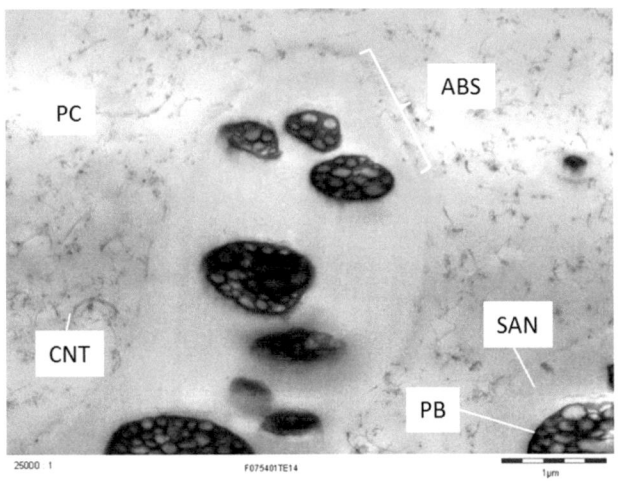

Abbildung 30 PC_{60}/ABS_{40}-Blends mit selektiv in PC lokalisierten Baytubes® C150HP (TEM) [16]. Kontrastierung der Polybutadienphase (schwarz) in ABS durch Osmiumtetroxid (OsO_4); SAN (hell); (Herstellung: Tabelle-A 1, C- 21; Aufnahme: Bayer MaterialScience).

Deutlich zeigt sich die aufgrund der oben beschriebenen Ähnlichkeit der Oberflächenspannungsverhältnisse erwartete selektive Lokalisierung der MWCNTs in der PC-Phase des Blends. Im Folgenden sollen diese Strukturen genutzt werden, um PC/ABS-Blends mit möglichst geringen elektrischen Perkolationsschwellen herzustellen. Da PC/ABS-Blends innerhalb eines breiten Zusammensetzungsbereichs vermarktet werden, erscheint die Absenkung des Volumenanteils der selektiv gefüllten PC-Phase bis knapp oberhalb von deren Perkolationskonzentration Φ_{cr} (Abbildung 6) bei gleichzeitigem Erhalt des elektrisch perkolierten CNT-Netzwerks in dieser Phase als vielversprechender Optimierungsansatz.

4.4.2. Elektrische Eigenschaften

Erreicht eine elektrisch leitfähige Blendphase innerhalb einer isolierenden Matrixphase ihre Perkolationskonzentration Φ_{cr}, so kommt es zu einem sprunghaften Anstieg der elektrischen Leitfähigkeit [13]. Die Phase bildet bei Φ_{cr} erstmals eine theoretisch unendlich ausgedehnte Struktur innerhalb der Matrix (Kapitel 2.3.2). Die Darstellung des spezifischen Volumenwiderstands des PC/ABS-Modellblends für verschiedene Blendzusammensetzungen zeigt, dass die Perkolation einer mit 2 Gew.-% Baytubes® C150HP gefüllten PC-Phase in ABS bei etwa 30 Gew.-% einsetzt (Abbildung 31a).

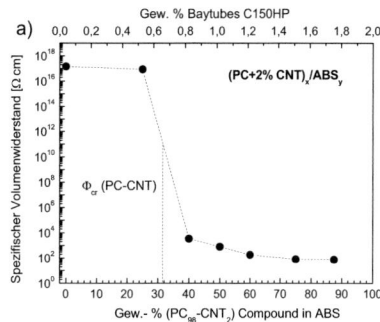 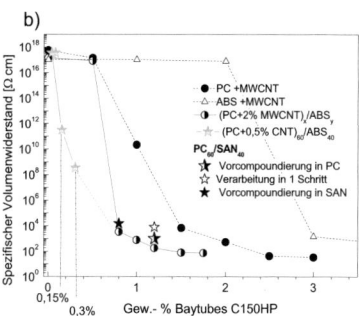

Abbildung 31: Spezifischer Volumenwiderstand von PC/ABS-Blends mit selektiv CNT-gefüllter PC-Phase; a) (Doppel-)Perkolation der elektrisch perkolierten PC-MWCNT-Phase mit 2 Gew.-% Baytubes®C150HP in PC/ABS (Tabelle-A 1, C- 21); b) Spezifischer Volumenwiderstand des PC/ABS-Blends (Herstellung: Tabelle-A 1, C- 21; Morphologie: Abbildung-A 6, Abbildung-A 7) im Vergleich zum Perkolationsverhalten der CNTs in den Blendphasen Polycarbonat (C- 1) und ABS (C- 3) sowie den doppelperkolierten PC/SAN-Modellsystemen aus Abbildung 28. Zusätzlich dargestellt (Stern+Linie): PC_{60}/ABS_{40}-Blends aus PC-MWCNT-Kompositen mit 0,5 bzw. 0,25 Gew.-% MWCNTs in PC und reinem ABS (Tabelle-A 1, C- 22, C- 23)

Damit entspricht das Phasenperkolationsverhalten des PC/ABS-Blends ungefähr dem von Sun u.a. [110] für PC/SAN-Blends beschriebenen [XXXV].

Reduziert man den CNT-Gehalt innerhalb der PC-Phase auf 0,5 bzw. 0,25 Gew.-%, können PC/ABS-Blends hergestellt werden, die schon bei einer auf den gesamten Blend bezogenen CNT-Konzentration von weniger als 0,3 Gew.-% Baytubes® C150HP elektrisch perkoliert sind (Abbildung 31b). Dies entspricht einer Absenkung auf ein Drittel der Perkolationskonzentration in reinem Polycarbonat. Im Vergleich zu reinem ABS kann der zur Perkolation benötigte CNT-Gehalt sogar um den Faktor 8 reduziert werden.

[XXXV] Zur Auffindung eines exakten Werts von Φ_{cr} müsste der Zusammensetzungsbereich im Bereich um 30 Gew.-% engmaschiger untersucht werden.

Dies zeigt das große Potential derartiger Blendstrukturen für die kommerzielle Anwendung. Schon die Halbierung des zur Einstellung antistatischer Eigenschaften benötigten CNT-Gehalts ermöglicht derzeit für Massenkunststoffe und technische Thermoplaste eine auf die gesamte Wertschöpfungskette bezogene erhebliche Reduzierung der Werkstoffkosten.

Zudem kann gezeigt werden, dass die Übertragung des Konzepts auf die zur kommerziellen Herstellung von Kunststoffen verwendeten kontinuierlichen Extrusionsprozesse möglich ist. Abbildung 32a zeigt den spezifischen Volumenwiderstand von in einem gleichlaufenden Doppelschneckenextruder hergestellten PC_{60}/ABS_{40}- und PC_{50}/ABS_{50}- Blends mit Baytubes® C150HP.

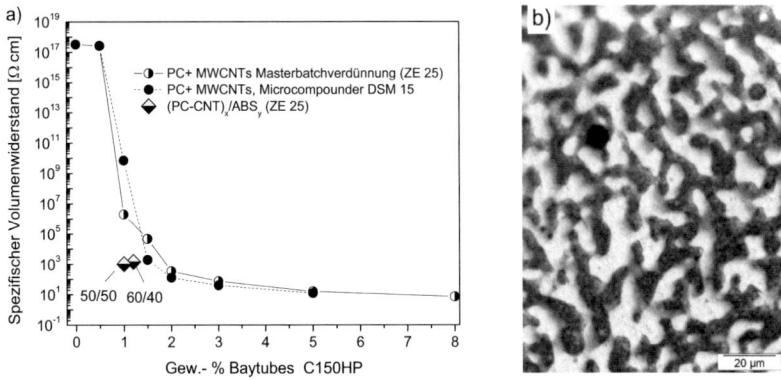

Abbildung 32: PC/ABS-Blends aus einem kontinuierlichen Extrusionsprozess im gleichlaufenden Doppelschneckenextruder (Berstorff ZE 25); Einbringung der MWCNTs mittels eines Polycarbonatcompounds mit 2 Gew.% Baytubes® C150HP; a) Vergleich des spezifischen Volumenwiderstands doppelperkolierter PC/ABS-MWCNT-Blends (Tabelle-A 1, C- 25, C- 26) mit PC-MWCNT-Homopolymerkompositen aus Masterbatchverdünnung (C- 27, C- 28) sowie der Perkolationsreihe des Kleinstmengenmischversuchs (siehe auch Abbildung 28); b): LiMi-Aufnahme der doppelperkolierten Struktur des $PC_{60}ABS_{40}$-Blends (Tabelle-A 1, C- 25).

Die Blends wurden aus dispersionsoptimierten PC-MWCNT-Kompositen und reinem ABS hergestellt (Tabelle-A 1, C- 24-C- 26). Dabei zeigt sich, dass sowohl im Vergleich zu den im Kleinstmengenmischversuch hergestellten PC-Kompositen als auch zu jenen aus Masterbatchverdünnung ein deutlich reduziertes Niveau spezifischer Volumenwiderstände erreicht werden kann. Zudem wird deutlich, dass auch mit großtechnischen Verfahren sehr gut entwickelte doppelperkolierte Blendstrukturen hergestellt werden können (Abbildung 32b).

4.5. Interpretation

Der noch in einem Review-Artikel aus dem Jahr 2009 [12] in Frage gestellte CNT-Transfer zwischen zwei Phasen eines Polymerblends während des Schmelzemischens konnte für PC/SAN-Blends mit verschiedenen kommerziellen MWCNTs eindeutig nachgewiesen werden. Der Umstand, dass es nach 5 Minuten Mischen im Microcompounder (fast) nicht mehr möglich ist, in TEM-Untersuchungen CNTs in demjenigen Blendpolymer zu finden, über das die CNTs in den Blend eingebracht wurden (SAN), indiziert eine sehr hohe Effizienz des Transfervorgangs, deren Ursache bisher ungeklärt ist (Kapitel 6).

Das beobachtete Lokalisierungsverhalten im Modellblend konnte genutzt werden, um PC/ABS-Blends mit doppelperkolierten Strukturen herzustellen. Durch an anderer Stelle beschriebene Optimierung der CNT-Dispergierung in Polycarbonat [19-21, 53, 239] konnten dabei elektrische Perkolationsschwellen erreicht werden, die deutlich unter den parallel zu diesen Arbeiten publizierten [121] lagen. Bei Verwendung von MWCNTs der Typen NC3150 oder NC3152 anstelle von Baytubes® C150HP kann eine weitere Halbierung des zur Einstellung antistatischer Eigenschaften in PC/ABS-Blends benötigten Füllstoffgehalts erwartet werden[XXXVI].

Da der CNT-Transfer nach den in diesem Kapitel beschriebenen Mischprozessen bereits abgeschlossen war, erscheint es wünschenswert, die Kinetik des Transfers in weiterführenden Untersuchungen aufzuklären (Kapitel 7). Aufgrund der beobachteten selektiven Anreicherung der CNTs in der Polycarbonatphase des PC/SAN-Modellblends während des Schmelzemischens ist zudem eine Veränderung der rheologischen Eigenschaften der Polycarbonatphase zu erwarten. Die daraus resultierende Änderung der für die Blendmorphologieentwicklung maßgeblichen Kenngrößen (Kapitel 2.8) soll im Folgenden beschrieben werden.

[XXXVI] Perkolationsschwellen der CNT-Typen in Polycarbonat: Abbildung 28 und Abbildung 29

5. EINFLUSS PHASENSELEKTIV LOKALISIERTER MWCNTS AUF DIE KONTINUITÄT DER BLENDPHASEN IN PC/SAN- UND PC/ABS-BLENDS

Dass die Präsenz von Carbon-Nanotubes die Blendmorphologieentwicklung beim Schmelzemischen signifikant beeinflussen kann, wurde in der Literatur bereits qualitativ beschrieben. Im Folgenden soll gezeigt werden, wie die im vorausgehenden Kapitel nachgewiesene Tendenz der CNTs zur hochselektiven Anreicherung innerhalb der thermodynamisch bevorzugten Blendphase das Viskositätsverhältnis beeinflusst, das eine der wichtigsten Kenngrößen der Morphologieentwicklung darstellt. Dessen direkte Korrelation mit dem Kontinuitätsgrad binärer Polymerblends konnte u.a. im Rahmen einer vorausgegangenen Arbeit [15] nachgewiesen werden. Auf der Grundlage eines auf dem Viskositätsverhältnis basierenden rheologischen Modells wurde der Einfluss von CNTs und Verarbeitungsbedingungen auf die Phaseninversionskonzentration (Kapitel 2.3.2) quantifiziert und mit den tatsächlich beobachteten Morphologien der Blends korreliert. Die im Folgenden dargestellten Ergebnisse wurden 2011 in einem Fachbuchkapitel publiziert [16].

5.1. Einleitung

Die Beeinflussung der Morphologie schmelzegemischter Polymerblends durch die Präsenz nanoskaliger Füllstoffe ist in der Fachliteratur vielfach beschrieben worden. Wie bereits erwähnt, wurde dabei häufig eine Reduzierung der Blenddomänengröße beobachtet, die meist auf die sterische Behinderung von Koaleszenzprozessen oder auf die Reduzierung der effektiv zwischen den Blendphasen wirksamen Grenzflächenspannung zurückgeführt wurde (Kapitel 2.8). In Kapitel 2.3.2 und 2.3.3 wurde gezeigt, dass die sich während des Schmelzemischens ausbildende Morphologie zudem entscheidend von den rheologischen Eigenschaften der Blendpolymere beeinflusst wird. Dabei werden sowohl die Bedingungen für die Tröpfchenzerteilung (Abbildung 7) als auch die Phaseninversionskonzentration Φ_{PI} und damit die Mitte des Bereichs kokontinuierlicher Blendmorphologie (Abbildung 6) entscheidend vom Viskositätsverhältnis p_{eff} beeinflusst [70].

Bei selektiver Lokalisierung der CNTs in einer der Blendphasen bleibt eines der Polymere unbeeinflusst von der Präsenz der Nanotubes, während die Schmelzeviskosität des anderen selektiv verändert wird. Dabei führt die sehr hohe spezifische Oberfläche von Carbon-Nanotubes zu einem hohen Anteil unmittelbar durch die CNTs beeinflusster Moleküle der selektiv gefüllten Blendphase und damit zu einer schon bei geringen Füllstoffgehalten großen Veränderung von deren rheologischen Eigenschaften [244, 245].

5.2. Rheologische Eigenschaften der selektiv gefüllten Blendphase

In Kapitel 4.3. wurde beschrieben, dass sich MWCNTs verschiedener Typen bei der Herstellung von Blends aus PC und SAN mit MWCNTs stets und unabhängig von der Mischreihenfolge selektiv in der PC-Phase des Blends anordnen. Für diese Blends kann das Viskositätsverhältnis p_{eff} gegen Ende des Mischvorgangs somit aus der Schmelzeviskosität von ungefülltem SAN und von PC-MWCNT-Kompositen der entsprechenden Nanotube-Konzentrationen ermittelt werden.

Für eine korrekte Interpretation der Blendmorphologiebeeinflussung durch p_{eff} muss dabei beachtet werden, dass die Schmelzeviskositäten der Blendphasen und damit das Viskositätsverhältnis eine Funktion der Scherrate des Mischprozesses sind. Den starken Einfluss der CNT-Beladung auf die scherratenabhängige Schmelzeviskosität von Polycarbonat zeigt Abbildung 33. Bei Messfrequenzen von 0,1 rad/s führt schon 1 Gew.-% Baytubes® C150HP in PC zu einer Vervierfachung der Viskosität gegenüber dem ungefüllten Polymer. Für die selektiv mit 2 Gew.-% MWCNTs gefüllte PC-Phase des PC/SAN-Modellblends aus Abbildung 27 ergibt sich bei gleicher Frequenz eine Viskositätserhöhung um den Faktor 30.

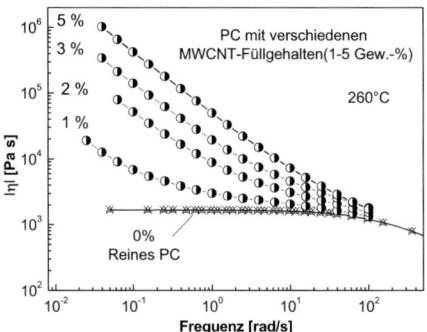

Abbildung 33: Frequenzabhängigkeit des durch oszillatorische Messung im Platte-Platte Rheometer ermittelten Betrags der komplexen Viskosität von Polycarbonat für verschiedene MWCNT-Füllgehalte bei 260°C

Sollen die durch oszillatorische Messung ermittelten Kenngrößen zu einer Beschreibung der rheologischen Verhältnisse im Microcompounder oder Extruder benutzt werden, so wird meist die Cox-Merz-Beziehung (Gleichung 37) eingesetzt. Die Zuverlässigkeit dieser für Homopolymere gültigen empirischen Beziehung nimmt allerdings mit dem Füllgrad ab. Daher sind gewisse Abweichungen zwischen den Viskositäten bei stetiger Scherung im Extruder und den komplexen Viskositäten aus oszillatorischer Messung möglich. Im Hinblick auf den starken Einfluss von CNT-Gehalt und Messfrequenz kann aber davon ausgegangen werden, dass die Tendenzen trotzdem mit ausreichender Genauigkeit abgeschätzt werden können.

Es zeigt sich, dass der Einfluss der CNT-Beladung auf die Schmelzeviskosität bei Erhöhung der Messfrequenz stark zurückgeht. Es ist anzunehmen, dass das mittlere Scherratenniveau der für die zur Blendherstellung verwendeten Mischprozesse mit dem Bereich der maximalen Messfrequenz von 100 rad/s zu vergleichen ist oder sogar darüber liegt[XXXVII]. Aufgrund der Zerstörung der Füllstoffnetzwerke in Folge der hohen Messfrequenzen wird hier der Einfluss der CNTs auf die Schmelzeviskosität im Vergleich zu dem Effekt bei niedrigen Messfrequenzen marginal. So führt die Präsenz von 2 Gew.-% MWCNTs in PC bei 100 rad/s lediglich zu einem Viskositätsanstieg von 29% im Vergleich zum reinen Polymer.

5.3. Verschiebung des Viskositätsverhältnisses

Bei Anwendung der Cox-Merz-Beziehung (Gleichung 37) kann das Viskositätsverhältnis p_{eff} (Gleichung 7) von PC/SAN- oder PC/ABS-Blends mit selektiv MWCNT-gefüllten PC-Phasen aus den in Abbildung 24b und in Abbildung 33 dargestellten Messungen berechnet werden:

$$p_{eff}(\dot{\gamma}_S) \approx p_{eff}(\omega) \approx p_{(PC-MWCNT)/SAN}(\omega) = \frac{|\eta_{PC-MWCNT}(\omega)|}{|\eta_{SAN}(\omega)|} \qquad \text{Gleichung 38}$$

$$p_{(PC-MWCNT)/ABS}(\omega) = \frac{|\eta_{PC-MWCNT}(\omega)|}{|\eta_{ABS}(\omega)|} \qquad \text{Gleichung 39}$$

Die Darstellung des aus Gleichung 38 berechneten Viskositätsverhältnisses zeigt, dass dieses für den PC/SAN-Modellblend unabhängig von Scherrate oder CNT-Gehalt stets größer ist als eins (Abbildung 34a).

Somit müssen die CNTs bei ihrem in Kapitel 4.3 und 7 beschriebenen Transfer von SAN nach PC unabhängig vom Füllgrad einzelner Domänen einen Gradienten ansteigender Viskosität überwinden. Dagegen nimmt das Viskositätsverhältnis des PC/ABS-Modellblends unterhalb von Füllgehalten von 2 Gew.-% MWCNTs innerhalb der untersuchten Messfrequenzen auch Werte kleiner oder gleich eins an (Gleichung 39, Abbildung 34b). Im zu erwartenden verarbeitungsrelevanten Bereich um und über 100 rad/s ist die Schmelzeviskosität der PC-Phase aber auch bei diesem Blend stets höher als die der SAN-Phase.

Die Darstellung zeigt weiterhin, dass bei sehr niedrigen Frequenzen (0,1 rad/s) schon geringe CNT-Konzentrationen ausreichen, um das Viskositätsverhältnis stark zu verändern.

[XXXVII] Abschätzung der maximalen Scherraten: Kapitel 2.2.2.2 und Appendix 12.8, Scherraten wichtiger Verarbeitungsprozesse: Abbildung-A 12

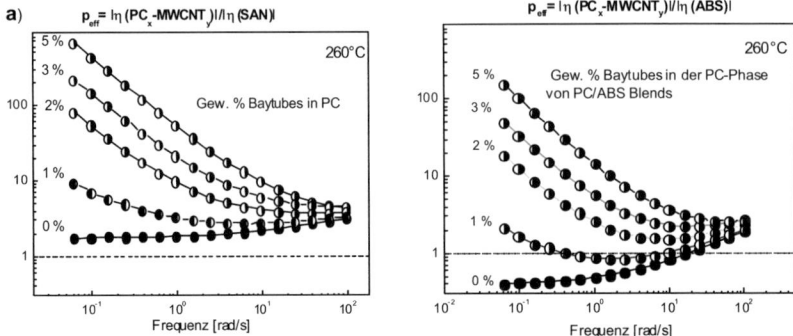

Abbildung 34: Frequenzabhängiger Verlauf des Viskositätsverhältnisses p_{eff} (Gleichung 38) von a) PC/SAN- und b) PC/ABS-Blends mit selektiv in der PC-Phase lokalisierten MWCNTs des Typs Baytubes® C150HP

So führt die Präsenz von 1 Gew.-% Baytubes® C150HP in der PC-Phase des PC/SAN-Modellblends zu einer Verdreifachung von p_{eff}, für 2 Gew.-% steigt dieses um den Faktor 30. Die Verhältnisse im PC/ABS-Blend sind analog. Dagegen ist der Einfluss der CNTs auf p_{eff} im Bereich hoher Messfrequenzen eher gering. So führen 2 Gew.-% MWCNTs in PC gegenüber dem reinen PC/SAN-Blend lediglich zu einer Erhöhung des Viskositätsverhältnisses um den Faktor 1,2.

5.4. Berechnung der Phaseninversionskonzentration

Für die auf dem Viskositätsverhältnis basierende Vorhersage der Phaseninversionskonzentration Φ_{PI} mit Hilfe der Utracki-Gleichung (Gleichung 8) ergibt sich aus der selektiven Lokalisierung der CNTs in der PC-Phase für beide Blends ein bei niedrigen Frequenzen sehr starker und bei hohen Frequenzen sehr geringer Effekt (Abbildung 35).

Wäre die niedrige Messfrequenz von 0,1 rad/s repräsentativ für die Verhältnisse während des Schmelzemischens, so würde sich der zur Phaseninversion benötigte Volumenanteil der selektiv CNT-gefüllten PC-Phase ($\Phi_{PI\text{-}CNT}$) für den PC/SAN-Modellblend durch 2 Gew.-% Baytubes® C150HP in PC nach Utracki [73] von 56 auf 78 Vol.-% erhöhen. Für den PC/ABS-Modellblend würde sich $\Phi_{PI\text{-}CNT}$ bei gleicher Frequenz sogar von 40 auf 72 Vol.-% verschieben. Käme es durch die Präsenz der CNTs in kommerziellen PC/ABS-Blends tatsächlich zu einem Kontinuitätsverlust der PC-Phase, wäre dies mit großen Einbußen bei den Hochtemperatureigenschaften sowie einer Verschlechterung des Niveaus mechanischer Eigenschaften verbunden.

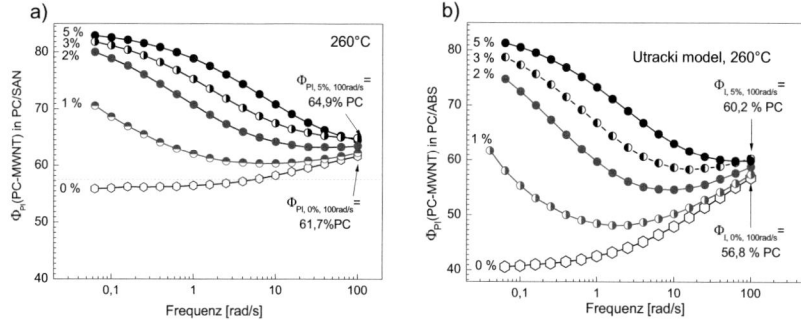

Abbildung 35: Berechnete frequenzabhängige Phaseninversionskonzentration Φ_{PI} der selektiv CNT-gefüllten PC-Phase nach Utracki [73] (Gleichung 8, [η] =1,9) für verschiedene MWCNT-Konzentrationen; a) Φ_{PI}(PC-MWCNT) im PC/SAN-Modellblend; b) Φ_{PI}(PC-MWCNT) im PC/ABS-Modellblend

Dies ist aber trotz des Umstands, dass das Niveau der tatsächlichen Scherraten während des Schmelzemischens in der Literatur kontrovers diskutiert wird, nicht zu erwarten, da selbst die als untere mögliche Grenze solcher Prozesse angegebene Scherrate Frequenzen von mindestens 10 rad/Sekunde entspricht (Abbildung-A 12). Diese sollte zudem nur bei sehr niedrigen Schneckendrehzahlen sowie für die scherberuhigten Volumenelemente der Schmelze im Extruder angesetzt werden. Im Bereich der als repräsentativ betrachteten Messfrequenzen wird die Vorhersage der Phaseninversionskonzentration durch die phasenselektive Lokalisierung der CNTs im Blend nur noch geringfügig beeinflusst. So führen 2 Gew.-% Baytubes® C150HP in PC bei 100 rad/s in den PC/SAN-Modellblends zu einer Erhöhung von Φ_{PI} um 1 Vol.-%, in PC/ABS steigt Φ_{PI} um knapp 2 Vol.-%. Daher sollte der Einfluss kleiner bis mittlerer CNT-Konzentrationen auf die Blendmorphologie bei den gewählten Verarbeitungsbedingungen im Microcompounder oder Extruder nicht signifikant sein.

Aufgrund der in der Literatur belegten hohen Zuverlässigkeit der Utracki-Gleichung [15, 70, 74-76] kann auf Basis der tatsächlich beobachteten Morphologien die Richtigkeit der getroffenen Annahmen überprüft werden. Tatsächlich weisen die Blendmorphologien ungefüllter und gefüllter PC/SAN-Blends keinen erkennbaren Kontinuitätsunterschied auf (Abbildung-A 9). Für den PC/ABS-Blend ist ein Vergleich der Kontinuitäten der in Abbildung-A 10 dargestellten selektiv hydrolysierten Blendmorphologien durch den abweichenden Betrachtungswinkel aber nur begrenzt möglich. Zumindest große Veränderungen des Kontinuitätsgrades können jedoch auch für diesen Blend ausgeschlossen werden.

Theoretisch sollte es die starke Frequenzabhängigkeit der Phaseninversionskonzentration Φ_{PI} in Blends mit selektiv CNT-gefüllten Phasen erlauben, diese durch Absenkung der Scherrate des Mischprozesses gezielt zu beeinflussen und so den Bereich cokontinuierlicher Morphologie innerhalb bestimmter Grenzen zu verschieben.

6. KORRELATION VON LOKALISIERUNGS-VERHALTEN UND PARTIKELGEOMETRIE

Obwohl Füllstoffe wie Carbon-Black oder Schichtsilikate schon seit vielen Jahrzehnten in mehrphasigen Kunststoffmischungen eingesetzt werden, wurde die Partikelgeometrie bisher vermutlich noch nie als ein für das Lokalisierungsverhalten der Partikel relevanter Parameter in Betracht gezogen. Die im Folgenden dargestellten Ergebnisse basieren auf grundlegenden theoretischen Arbeiten einer Arbeitsgruppe um Prof. Dr. Abraham Marmur am Technion-Israel Institute of Technology, die sich seit vielen Jahren mit der Aufklärung von Grenzflächen- und Benetzungsphänomen befasst. In enger Abstimmung mit Prof. Dr. Marmur konnte aus dessen Berechnungsergebnissen ein entscheidender Einfluss des Partikelaspektverhältnisses auf das Lokalisierungsverhalten von Partikeln während des Schmelzemischens abgeleitet und publiziert werden [246].

6.1. Einleitung

Der Literatur können Hinweise darauf entnommen werden, dass sich das Lokalisierungsverhalten von CNTs in schmelzegemischten Polymerblends grundsätzlich von dem von Silika, Carbon-Black oder Schichtsilikaten unterscheiden könnte (Kapitel 2.4). Während die hochselektive Lokalisierung von CNTs in der thermodynamisch bevorzugten Blendphase ein typisches Merkmal der Nanotubes zu sein scheint, ergeben sich für die anderen genannten Füllstoffe häufig Mischlokalisierungsszenarien. Bei diesen ist oft auch nach langen Mischzeiten ein signifikanter Teil der Füllstoffpartikel an der Grenzfläche des Blends angeordnet. Dagegen scheint die Stabilität von CNTs an der Phasengrenze von Polymerblends gering zu sein. In den Kapiteln 4.3 und 7 wird zudem die Fähigkeit der CNTs beschrieben, auch während kurzer Mischzeiten vollständig von einer Phase mit hoher Schmelzeviskosität in eine andere auszuwandern. Dies indiziert einen sehr effizienten Transfermechanismus. Die Ursachen der sich abzeichnenden Unterschiede wurden in der Literatur bisher weder thematisiert noch beschrieben.

6.2. Thermodynamische Stabilität von Feststoffpartikeln an einer Phasengrenze

Es erscheint möglich, die beschriebenen Differenzen im Lokalisierungsverhalten verschiedener Nanopartikel auf Grundlage einer theoretischen Arbeit zur Stabilität von ellipsoidalen Feststoffpartikeln an einer Flüssig-Flüssig-Grenzfläche zu erklären (Abbildung 36). Die Autoren dieser Studie konnten zeigen, dass die thermodynamisch stabilste Position der Partikel an der Grenzfläche nicht nur vom sich einstellenden Kontaktwinkel θ_2 (siehe auch 2.6.1), sondern auch in starkem Maße vom Aspektverhältnis der Partikel ($2\overline{a}/2\overline{b}$) abhängig ist [247].

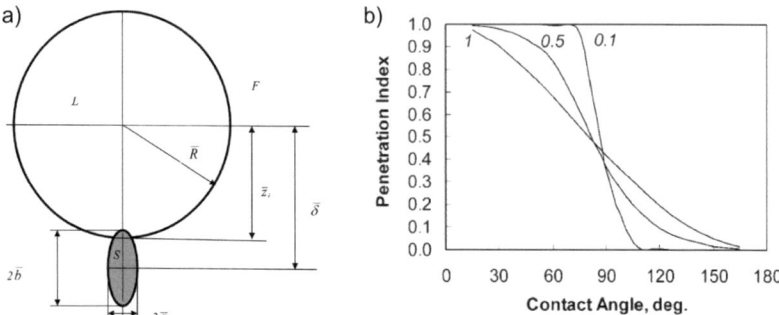

Abbildung 36: Feststoffpartikel an der Grenzfläche eines flüssigen Tropfens und einer umgebenden Flüssigkeit; a) geometrische Anordnung; b) Korrelation von Kontaktwinkel und "Penetration Index" für verschiedene Aspektverhältnisse des ellipsoidalen Partikels ($2\overline{a}/2\overline{b}$ = 1, 0,5 und 0,1) bei Annahme vernachlässigbarer Linienspannung. Der „Penetration Index" beschreibt den Anteil des Partikels, der in den Tropfen eindringt und durch dessen Flüssigkeit benetzt wird. Nachdruck aus [247].

Die Berechnungen zeigen, dass ein kugelförmiges Partikel auch bei sehr viel besserer Benetzung durch die Flüssigkeit des Tropfens (sehr kleine Kontaktwinkel) seine thermodynamisch stabilste Position dann erreicht, wenn es immer noch zum Teil durch die umgebende Flüssigkeit benetzt wird.

Im Gegensatz dazu ergibt sich bereits für Partikel mit moderat hohen Aspektverhältnissen (Quotient der Achsenlängen 10 bzw. 0,1) ein stark abweichendes Verhalten. Den Berechnungen zufolge sind diese Partikel schon bei sehr kleinen Abweichungen des Gleichgewichtskontaktwinkels von 90°[XXXVIII] nur dann stabil, wenn sie vollständig in die besser benetzende Phase eindringen. Für diese wird der Penetration Index zu einer Stufenfunktion.

6.3. Korrelation von Lokalisierungsverhalten und Partikelgeometrie: Der „Slim-Fast-Mechanismus (SFM)"

Setzt man die Gültigkeit der Berechnungen für den Gleichgewichtszustand voraus, so sollte auch das Lokalisierungsverhalten von Nanopartikeln in Polymerblends bei dynamischen

---

[XXXVIII] Ein Gleichgewichtskontaktwinkel von 90° ergibt sich bei äquivalenter Benetzbarkeit der Partikel durch beide Blendphasen

Mischprozessen signifikant von deren Geometrie beeinflusst werden. Beim Schmelzemischen findet eine Vielzahl von Kollisionen zwischen den Füllstoffpartikeln und der Grenzfläche des Blends statt (Kapitel 7). Dies gewährleistet für ein individuelles Partikel eine im statistischen Mittel hohe Anzahl scherinduzierter Kollisionen mit der bevorzugten Blendphase. Bei hergestelltem Kontakt ist das System bestrebt, an der ternären Grenzfläche einen Benetzungswinkel θ_2 auszubilden (Abbildung 37a, vergleiche 2.6.1). Dies führt zu einer Verkrümmung der Grenzfläche zwischen den beiden Blendphasen. Diese ist umso größer, je stärker der Kontaktwinkel von 90° abweicht. Die Verkrümmung ist dabei zu Beginn des Transfers noch unabhängig vom Aspektverhältnis des Füllstoffs (Abbildung 37a,c). Die Grenzfläche ist im Folgenden bestrebt, die mit der Verkrümmung verbundene thermodynamische Instabilität abzubauen. Eine infinitesimale Entspannung der Grenzfläche transportiert dabei das benetzte Partikel ein infinitesimal kleines Stück in Richtung der besser benetzenden Blendphase. Dies führt zu einer Vergrößerung des Kontaktwinkels. Die Abweichung vom Gleichgewichtswinkel θ_2 führt dabei zu erneuter thermodynamischer Instabilität. Durch Vorschub der Moleküle der besser benetzenden Phase auf der Oberfläche des Partikels kann anschließend der Gleichgewichtskontaktwinkel wieder hergestellt werden und der Zyklus beginnt von neuem.

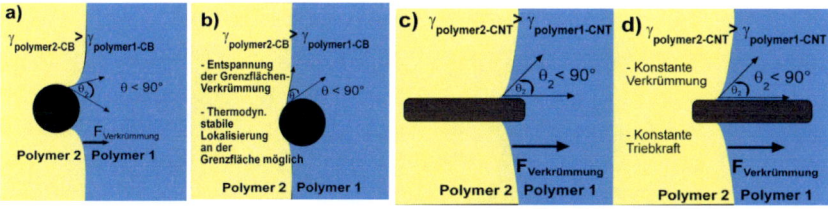

Abbildung 37 a,b) Während des Schmelzemischens stattfindende Kollision eines Partikels mit ideal niedrigem Aspektverhältnis mit der Grenzfläche der beiden Blendphasen [246]. Die Verkrümmung der Blendgrenzfläche kann sich bei konstantem Benetzungswinkel θ_2 durch Verlagerung der Position des Partikels entspannen. Somit nimmt auch die Triebkraft des Transfers $F_{curvature}$ während der Verschiebung des Partikels in Richtung der besser benetzenden Phase ab; c, d) Füllstoff mit hohem Aspektverhältnis an der Blendgrenzfläche; Die Verkrümmung der Grenzfläche kann sich bei konstantem Benetzungswinkel θ_2 während des gesamten Transfers nicht entspannen. Somit bleibt die Triebkraft $F_{curvature}$ unabhängig von der Verschiebung des Partikels in Richtung der besser benetzenden Phase unvermindert hoch [246].

Der real stattfindende Prozess kann als eine unendlich große Zahl infinitesimal kleiner Entspannungs- und Vorschubprozesse veranschaulicht werden, die in der Summe das Festkörperpartikel vollständig in die thermodynamisch begünstigte Phase transferieren können.

Die sich aus dem Aspektverhältnis ergebenden Unterschiede bei Grenzflächenstabilität und Transfermechanismus können durch Betrachtungen der Grenzflächenverkrümmung während des Partikeltransfers erklärt werden. Die Verkrümmung verursacht die Triebkraft des Transfers ($F_{curvature}$). Somit sind starke Verkrümmungen gleichbedeutend mit hohen Triebkräften. Abbildung 37 zeigt, dass ein ellipsoidales Partikel in der Lage ist, die Verkrümmung der Grenzfläche bei konstantem Benetzungswinkel zu reduzieren, indem es sich in Richtung der besser benetzenden Phase verlagert. Ihre spezielle Geometrie erlaubt es somit Partikeln mit niedrigen Aspektverhältnissen oder Partikeln mit ähnlich gekrümmten Oberflächen, sich durch Positionsverlagerung an der Grenzfläche thermodynamisch zu stabilisieren. Die Breite des Kontaktwinkelintervalls thermodynamisch bevorzugter Anordnung an der Grenzfläche nimmt dabei mit abnehmendem Aspektverhältnis zu und ist für kugelförmige Partikel maximal. Dies kann dazu führen, dass der thermodynamisch bevorzugte Anordnungszustand innerhalb einer mehrphasigen Mischung auch für ellipsoidale Füllstoffpartikel mit identischen Oberflächeneigenschaften in starkem Maße von deren Aspektverhältnis abhängt. Aufgrund des dispersionsabhängigen Nebeneinanders einer Vielzahl verschiedener Partikelformen und Aspektverhältnisse kann es dadurch beim Schmelzemischen realer Füllstoffe mit mehrphasigen Polymerblends zu einer Selektierung der Partikel zwischen der Grenzfläche und der besser benetzenden Phase kommen (Abbildung 38a).

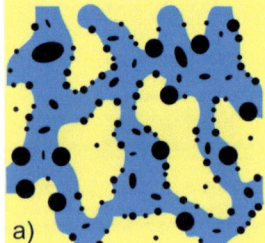
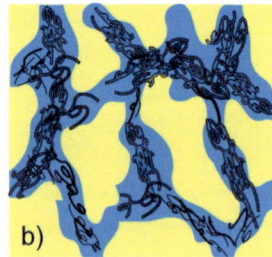

Abbildung 38: Typische Lokalisierungsszenarien für Füllstoffe mit niedrigen und hohen Aspektverhältnissen, die in ein schlecht benetzendes Polymer (hell) vorcompoundiert und anschließend in der Schmelze mit einem gut benetzenden Polymer (dunkelgrau) gemischt wurden [246]; a) Kugelförmige und ellipsoidale Partikel sind entsprechend ihrer Grenzflächenstabilität an der Grenzfläche (Kugeln) und in der dunkelgrauen Blendphase (Ellipsen) angeordnet; b) Für Füllstoffe mit hohem Aspektverhältnis (hier: CNTs) ist die vollständige Auswanderung in die besser benetzende Phase bei ausreichend niedrigen Schmelzeviskositäten der Blendpolymere sehr wahrscheinlich (siehe auch Kapitel 7).

Im Gegensatz zu ellipsoidalen Partikeln kann sich die Verkrümmung der Grenzfläche für stäbchenartige Partikel mit sehr hohem Aspektverhältnis während des Transfervorgangs nicht entspannen (Abbildung 37c,d). Bei konstantem Kontaktwinkel nimmt somit auch die Triebkraft $F_{curvature}$ während des Transfers nicht ab. Daher sollte die thermodynamische Stabilität einer senkrechten Anordnung von Partikellängsachse und Blendgrenzfläche sehr gering sein (Abbildung 38b). Auf Grundlage dieser Überlegungen können sowohl der schnelle und vollständige CNT-Transfer zwischen den Phasen des PC/SAN-Modellblends (Kapitel 4.3), als auch die in Kapitel 2.4 beschriebenen Unterschiede im Lokalisierungsverhalten verschiedener Füllstoffpartikel erklärt werden. Im Rahmen dieser Arbeit wurde vorgeschlagen, diese Geometrieabhängigkeit des Lokalisierungsverhaltens als „Slim-Fast-Mechanismus" (SFM) [246] zu bezeichnen, da der Transfer schlanker Füllstoffe durch die Grenzfläche schneller sein sollte als der rundlicher. Der SFM sollte prinzipiell für alle Arten von festen Füllstoffen gültig sein, solange diese klein genug sind, um sich frei zwischen den unmischbaren Blendphasen zu bewegen.

6.4. Neuinterpretation des Benetzungskoeffizienten

Der Einfluss des Partikelaspektverhältnisses auf die thermodynamische Stabilität von Partikeln an einer Flüssig-Flüssig-Phasengrenze muss auch bei der Interpretation des Benetzungskoeffizienten ω_a berücksichtigt werden. Dieser wird stets so interpretiert, dass die Lokalisierung der Füllstoffe an der Grenzfläche genau dann dem Zustand höchstmöglicher Stabilität des Dreiphasensystems entspricht, wenn ω_a zwischen 1 und -1 liegt (Kapitel 2.6.1, Gleichung 31). Diese Interpretation wurde stets bei der Diskussion des thermodynamisch motivierten Lokalisierungsverhaltens von MWCNTs in mehrphasigen Mischungen verwendet [8, 102, 103, 116, 117, 121, 122, 124]. Aus den Berechnungen von Krasovitski und Marmur [247] kann aber für zunehmende Aspektverhältnisse eine Einengung dieses Intervalls abgeleitet werden [248]. Somit besteht die Möglichkeit, den Einfluss der Partikelgeometrie auf die Grenzflächenstabilität mathematisch zu beschreiben.

6.5. Stabilisierung von Füllstoffen an der Blendgrenzfläche

Werden Füllstoffen mit niedrigen Aspektverhältnissen von einer der beiden Blendphasen deutlich besser benetzt als durch die andere, kann deren Lokalisierung an der Grenzfläche des Blends dennoch thermodynamisch stabil sein. Die energetisch bevorzugte Anordnung der Partikel an der Grenzfläche wird durch den Penetration Index (Abbildung 36) beschrieben und ergibt sich u.a. aus dem Benetzungswinkels θ_2 und dem Partikelaspektverhältnis. Im dargestellten Beispiel positionieren sich die kugelförmigen Partikel (Abbildung 39a) an der Grenzfläche, dringen dabei aber zu einem deutlich größeren Teil in die besser benetzende (dunklere) Blendphase ein (Abbildung 39b). Betrachtet man ein einzelnes stäbchenartiges Partikel, nimmt dessen Stabilität an der Grenzfläche mit abnehmenden Winkel zwischen dessen Längsachse und der Blendgrenzfläche zu (Abbildung 39d). Die parallele Anordnung von Längsachse und Blendgrenzfläche entspricht dabei dem Zustand, bei dem die höchstmögliche Stabilität an der Grenzfläche erreicht werden kann (Abbildung 39 c,d). In diesem Zustand ist das effektiv wirksame Aspektverhältnis klein.

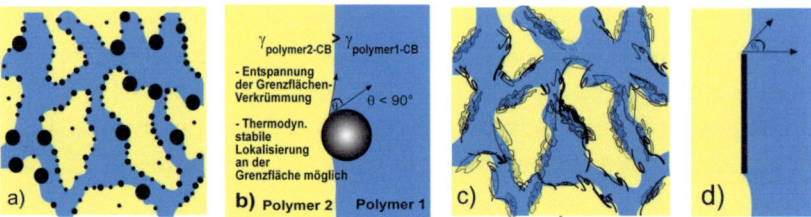

Abbildung 39: Stabilisierung von Füllstoffpartikeln an der Grenzfläche eines Blends mit einer deutlich schlechter (hell) und einer deutlich besser benetzenden Blendphase (dunkelgrau) [246]; a,b) thermodynamisch stabile Anordnung kugelförmiger Partikel; c,d) thermodynamische Stabilisierung stäbchenförmiger Partikel; für diese ergibt sich bei paralleler Anordnung von Längsachse und Blendgrenzfläche die im Verhältnis zur Gesamtgeometrie geringste Auswirkung der Verkrümmung und damit die höchstmögliche Grenzflächenstabilität.

Die Wahrscheinlichkeit einer selektiven Anlagerung der Füllstoffpartikel an der Blendgrenzfläche steigt generell mit zunehmenden Grenzflächenspannungen zwischen den Polymeren an. Dieser Anordnungszustand kann somit unter bestimmten Bedingungen die freie Energie des ternären Systems durch Reduzierung der effektiven Grenzflächenspannung zwischen den Blendphasen minimieren (Kapitel 2.8).

6.6. Bedingungen für die Entwicklung eines Benetzungswinkels auf nanostrukturierten Oberflächen

Neben der Reduzierung der thermodynamischen Triebkräfte durch parallele Anordnung von Füllstoffpartikeln und Grenzfläche gibt es noch andere Phänomene, die den Transfer von Füllstoffen mit hohen Aspektverhältnissen wie CNTs in eine besser benetzende Phase hemmen oder sogar verhindern können. Die thermodynamischen Triebkräfte und damit die Wirksamkeit des SFM basieren auf der Verkrümmung der Blendgrenzfläche als Folge der Entstehung eines Benetzungswinkels an der ternären Grenzfläche zwischen den Blendphasen und dem Füllstoffpartikel. Bei Kontakt von Flüssigkeiten mit Festkörperoberflächen ist die Ausbildung eines Kontaktwinkels seit den Pionierarbeiten von Young [160] (Kapitel 2.5) durch ungezählte Arbeiten beschrieben worden und unumstrittener Stand der Wissenschaft. Dennoch ist die Relevanz eines derartigen makroskopischen Phänomens, das die

Grundvoraussetzung für die Wirksamkeit des in 6.3 beschriebenen SFM bildet, für nanoskali-nanoskalige Füllstoffe in makromolekularen Matrizes während des Schmelzemischens nicht geklärt.

Die Entstehung eines Benetzungswinkels kann beispielsweise durch die irreversible Adsorption [117, 118] oder die kovalente Anbindung von Makromolekülen auf der Nanopartikeloberfläche verhindert werden (siehe auch Kapitel 2.4.3 und 8). Es ist darüber hinaus aber auch denkbar, dass die Flexibilität der Makromoleküle nicht ausreicht, um die Nanopartikeloberfläche zu benetzten, da der thermodynamisch bevorzugte räumliche Anordnungszustand von Makromolekül und CNT nicht erreicht werden kann [249, 250]. Zudem ist es denkbar, dass während des Schmelzblendens kinetische Faktoren die Entwicklung des Benetzungswinkels innerhalb der zur Verfügung stehenden Zeitskalen sehr unwahrscheinlich machen oder verhindern (Kapitel 7). Das prinzipielle Vermögen von Polymeren, auf der Oberfläche von Carbon-Nanotubes einen nanoskaligen Benetzungswinkel auszubilden, wurde aber bereits beschrieben und zur Gewinnung von Informationen über die Eigenschaften der CNT- Oberfläche genutzt [129, 171].

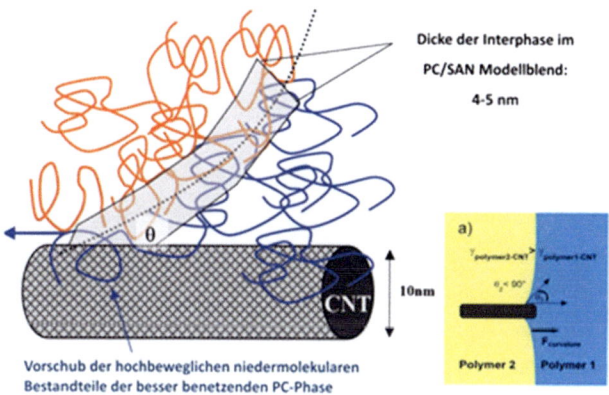

Abbildung 40: Entwicklung eines nanoskaligen Benetzungswinkels an der ternären Grenzfläche von CNT-Oberfläche und den beiden Blendphasen (hier PC/SAN) sowie daraus resultierender Transfer in die besser benetzende Blendphase (PC) [251]. Orange: SAN; blau: PC

Abbildung 40 zeigt die Vorgänge, die beim Kontakt einer MWCNT mit der Grenzfläche des PC/SAN-Modellblends zur Ausbildung des Benetzungswinkels führen können. Nach dieser Vorstellung führt der Vorschub von Molekülen der besser benetzenden PC-Phase zu einer Verdrängung der dort zuvor angeordneten SAN-Moleküle. Dieser Vorgang sollte dabei von den sehr beweglichen niedermolekularen Bestandteilen der verwendeten kommerziellen Po-Polymere dominiert werden, deren entropisch motivierte Anreicherung an der Grenzfläche von PC/SAN-Blends in der Literatur belegt ist (Kapitel 2.9). Die sich in Folge dieses Vorgangs ergebende Verkrümmung der Blendgrenzfläche kann dann den Transfermechanismus (SFM) initiieren.

6.7. Korrelation von Dispersionszustand und Partikeltransfer - Das effektive Aspektverhältnis

In den vorausgehenden Kapiteln wurden stark idealisierte Partikel betrachtet. Bei der Diskussion der Transfergeschwindigkeiten realer Füllstoffe muss aber prinzipiell für jeden einzelnen der unzähligen Transfervorgänge das jeweils relevante „effektive Aspektverhältnis" betrachtet werden. Insbesondere für Füllstoffe, deren Primärpartikel sehr hohe Aspektverhältnisse aufweisen, ist sowohl die Betrachtung der real vorliegenden Formen als auch die der verschiedenen Dispersionszustände von großer Bedeutung. So weicht die Gestalt vieler kommerziell erhältlicher MWCNTs aus CVD-Prozessen bereits in Folge des Herstellungsprozesses stark von jener idealisierter Stäbchen ab. Die CNTs sind vielmehr häufig stark verkrümmt, was zu Verschlaufungen mit benachbarten Nanotubes führt (Abbildung 18, Abbildung 19). Das für den SFM relevante effektive Aspektverhältnis solcher Formen liegt deutlich unter jenem der auf den Durchmesser bezogener Gesamtlänge (L/D). Es erscheint sinnvoll, auch innerhalb einer CNT Abschnitte mit hohen und mit niedrigen effektiven Aspektverhältnissen zu unterscheiden (Abbildung 41). Während des Schmelzemischens sollte der Transfer zwischen den Phasen dann am schnellsten sein, wenn die Nanotube entweder keine oder nur sehr kleine verlangsamende Abschnitte enthält und somit von Abschnitt 1 dominiert wird. Daher sollten bei üblichen thermoplastischen Verarbeitungsverfahren (z.B. Extrusion) im Regelfall keine gestreckten CNTs senkrecht zur Grenzfläche angeordnet sein, da diese Anordnung den höchstmöglichen Triebkräften und damit sehr niedriger Stabilität an der Grenzfläche entspricht.

Diese sich aus dem SFM ergebende Vorhersage ist aus Perspektive möglicher Anwendungen insbesondere im Hinblick auf die mechanischen Eigenschaften ungünstig. Es ist demnach unwahrscheinlich, dass durch Überbrückung der Blendphasen mit CNTs eine Kompatibilisierung bei gleichzeitiger Verstärkung der Blendgrenzfläche erreicht werden kann, was den Verzicht auf teure Blendkompatibilisatoren wie z.B. Blockcopolymere [252, 253] ermöglichen würde. Derartige Anordnungszustände könnten durch den Kontakt verschlaufter Teilbereiche der überbrückenden CNTs an der Phasengrenze die Herstellung von elektrisch perkolierten Kunststoffen mit extrem niedrigen CNT-Gehalten ermöglichen.

Hinweise darauf, dass die Wahrscheinlichkeit von durch die CNTs überbrückten Blendphasen nach hinreichender Mischzeit tatsächlich äußerst gering ist, liefert prinzipiell jede TEM-Untersuchung an unmischbaren Blends mit CNTs (siehe z.B. 4.3 oder 9.5).

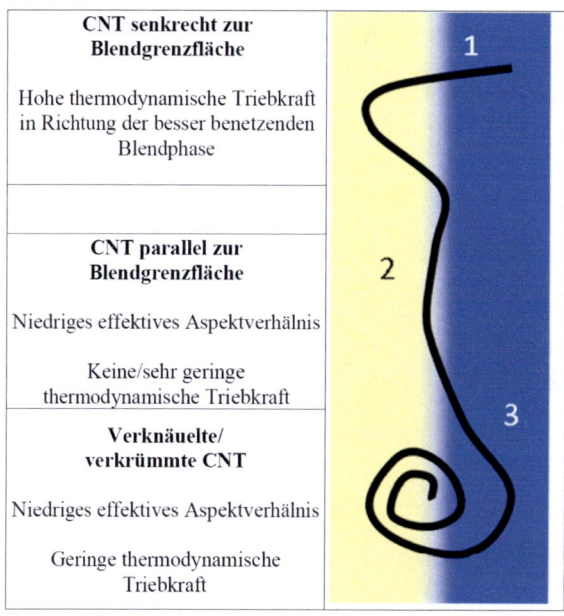

Abbildung 41: Form und Gestalt typischer kommerzieller MWCNTs aus CVD-Prozessen[XXXIX]. Innerhalb der Schemazeichnung wurden die den Transfer beschleunigenden Abschnitte (1) von den verlangsamenden Abschnitten (2 und 3) unterschieden [246].

Neben verschiedenen Erscheinungsformen einzelner CNTs führt die von Primäragglomeraten ausgehende Schmelzeverarbeitung von CNTs zu einem breiten Spektrum verschiedener Partikelformen, Größen und Aspektverhältnisse [21, 53, 65]. Somit liegen parallel zu den CNTs auch Füllstoffformen mit sehr niedrigen Aspektverhältnissen vor. Die Durchmesser der kleinsten Agglomerate liegen dabei unter einem Mikrometer, so dass sich auch diese frei in der Blendmorphologie anordnen können. Ihre Stabilität an einer Phasengrenze sollte nach den Prinzipien des SFM deutlich höher sein, als die der einzelnen CNTs.

Einen Hinweis auf die prinzipielle Richtigkeit dieser Annahme liefert beispielsweise die von Ozkoc u.a. [136] beobachtete Dispersionsgradabhängigkeit des Lokalisierungsverhaltens organischer Schichtsilikate in PA6/ABS-Blends. In diesen Blends ordneten sich die nicht

---

[XXXIX] Repräsentativ für die im Rahmen die Arbeit untersuchten MWCNTs der Typen Baytubes® C150HP sowie Nanocyl™ NC3150 und NC3152

exfolierten Silikatstapel mit geringem Aspektverhältnis selektiv an der Grenzfläche zwischen Polyamid und ABS an. Dagegen wurden die exfolierten Einzelschichten ausschließlich innerhalb der besser benetzenden PA 6-Phase nachgewiesen (Abbildung 9d,e).

6.8. Verifizierung des SFM

6.8.1. Lokalisierung ausgerichteter Carbon-Nanotubes in PC/SAN-Blends

Aufgrund der nicht ideal hohen Aspektverhältnisse der in Kapitel 4.3 beschriebenen MWCNTs erscheint es sinnvoll, die Wirksamkeit und Bedeutung des SFM (Abbildung 38) anhand des Lokalisierungsverhaltens von steiferen Nanotubes mit geringerem Verkrümmungsgrad zu verifizieren.

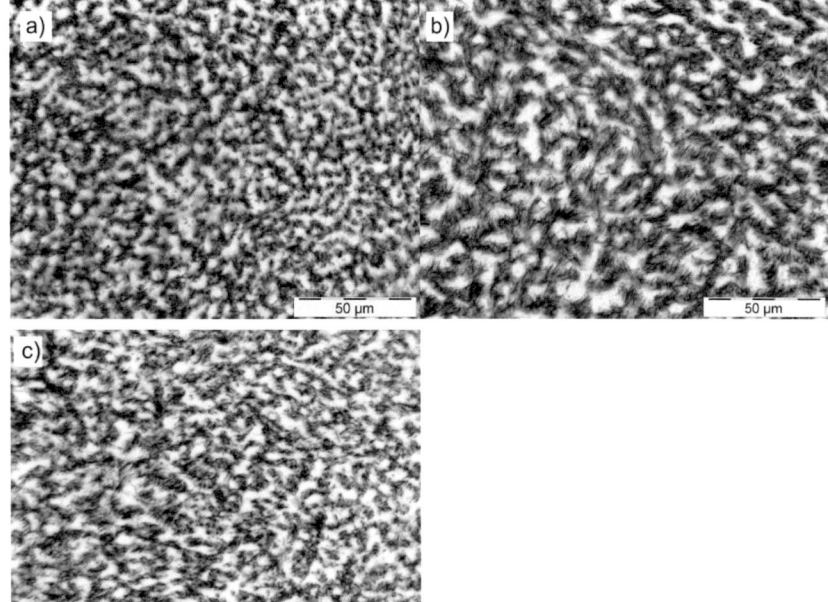

Abbildung 42: LiMi-Nachweis der hochselektiven Anordnung von 2 Gew.-% ausgerichteter Carbon-Nanotubes (A-MWCNTs) mit hohen effektiven Aspektverhältnissen im PC_{60}/SAN_{40}-Modellblend; a) Vorcompoundierung der A-MWCNTs in PC (Tabelle-A 1, C- 36) und anschließendes Schmelzemischen mit SAN (C- 38); b) Blend aus Vorcompoundierung der A-MWCNTs mit SAN (C- 37) und anschließendem Schmelzemischen mit PC (C- 39); c) Simultanes Mischen der Komponenten (C- 40); unabhängig von der Mischreihenfolge sind die Nanotubes hochselektiv in der PC-Phase des Blends angeordnet.

Dazu wurden ausgerichtete CNTs mit höherem Durchmesser und damit höherer Biegesteifig-Biegesteifigkeit eingesetzt. Durch das unidirektionale Wachstum weist dieser CNT-Typ im Vergleicht zu vielen kommerziellen MWCNTs aus CVD-Prozessen (Kapitel 4.3) sehr große effektive Aspektverhältnisse auf (Appendix Abbildung-A 1)^{XL}.

Wie bei den in Kapitel 4.3 dargestellten Versuchen wurden PC/SAN-Blends durch Vorcompoundierung der ausgerichteten CNTs (A-MWCNTs) in einer der Blendphasen (Abbildung 42a,b) und durch simultanes Mischen der Komponenten (Abbildung 42c) hergestellt. Analog zum Lokalisierungsverhalten von Baytubes® C150 HP und Nanocyl™ NC3150 und NC3152 erhält man cokontinuierliche Blendstrukturen mit hochselektiver Lokalisierung der Nanotubes in einer der Blendphasen. Die Selektivität ist im Hinblick auf die gegenüber den Domänengrößen häufig großen Längen der Nanotubes bemerkenswert. Sie indiziert die für derartige Füllstoffgeometrien aus dem SFM ableitbare Präsenz starker ordnender thermodynamischer Triebkräfte.

Durch EFTEM-Untersuchungen kann nachgewiesen werden, dass die CNTs auch in diesem System während einer Mischzeit von fünf Minuten vollständig aus der SAN-Phase in die PC-Phase transferiert werden (Abbildung-A 4). Somit bestätigt das beobachtete Lokalisierungsverhalten die in den Kapiteln 6.2 und 6.3 entwickelten Modellvorstellungen.

6.8.2. Untersuchung des Simultantransfers von Carbon-Black und Carbon-Nanotubes zwischen den Blendphasen

Zur abschließenden Überprüfung der Korrelation von Partikelgeometrie und Grenzflächenstabilität erscheint ein Blendsystems ideal, in dem zwei Füllstoffe mit extrem verschiedenen Aspektverhältnissen während des Schmelzemischens zwischen den Blendphasen und somit durch die Grenzfläche transferiert werden. Aufgrund der unabhängig vom Dispersionszustand niedrigen Aspektverhältnisse kann in diesem Zusammenhang ein Carbon-Black-Typ mit geringer Überstrukturierung als ideale Referenz zu den CNTs betrachtet werden. Während bei derartiger Versuchsführung eine weitgehend von der Präsenz von CB unbeeinflusste Auswanderung der MWCNTs aus der SAN-Phase in die PC-Phase erwartet werden konnte (Kapitel 4.3), war das Transferverhalten des verwendeten CB-Typs unbekannt. Mit dem Ziel der Beobachtung eines simultanen Transfers beider Füllstoffe wurden CB und MWCNTs in SAN vordispergiert (Tabelle-A 1, C- 32) und fünf Minuten mit reinem Polycarbonat gemischt (C- 33). Die resultierende Füllstoffanordnung in den Blendphasen zeigt Abbildung 43.

---

^{XL} Herstellung und Charakterisierung: Dr. Sven Pegel, siehe Danksagung

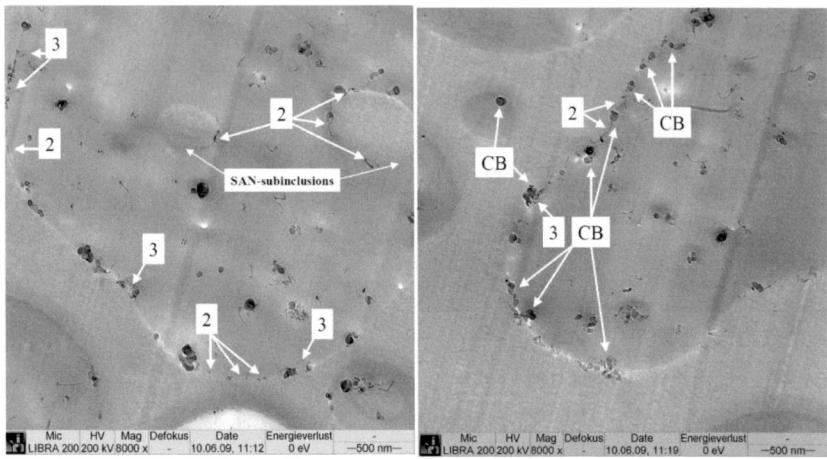

Abbildung 43: Lokalisierungsverhalten von MWCNTs und CB in kokontinuierlichen PC/SAN-Blends nach 5 Minuten Schmelzemischen im Microcompounder [246]. Die Blends wurden durch Vordispergierung von CB und MWCNTs in SAN und anschließendes Blenden mit PC hergestellt (Tabelle-A 1, C- 32, C- 33). Die SAN-Phase erscheint etwas heller als die PC-Phase und zeigt die für sie charakteristische geriffelte Struktur, die senkrecht zu den gut erkennbaren Schnittriefen orientiert ist. Übereinstimmend mit [102] sind die meisten CNTs aus der SAN-Phase in die PC-Phase ausgewandert. Alle noch an der Grenzfläche befindlichen CNTs können den in 0 beschriebenen Ausnahmen des SFM zugeordnet werden (Zone 2 und Zone 3 in Abbildung 41, hier mit "2" und "3" bezeichnet). CB ist überwiegend an der Phasengrenze angeordnet.

Durch Zuordnung der Blendphasen mit Hilfe von EFTEM-Untersuchungen (Abbildung-A 5) kann gezeigt werden, dass der zur Evaluierung des SFM angestrebte Simultantransfer von MWCNTs und CB von SAN durch die Grenzfläche des PC/SAN-Blends und von dort in die PC-Phase tatsächlich stattfindet. Der Transfer der MWCNTs scheint dabei nach dem in Kapitel 4.3 und 6.3 beschriebenem Schema und weitgehend ungestört von der Anwesenheit von CB im Blend schnell und effizient abzulaufen.

Zur Überprüfung der theoretischen Vorhersagen zur Abhängigkeit der Grenzflächenstabilität der Partikel muss im Folgenden für jede der wenigen in Abbildung 43 erkennbar an der Phasengrenze angeordneten MWCNTs entschieden werden, welcher der in (Abbildung 41, 1-3) beschriebenen Geometrie diese zugeordnet werden können. Dabei zeigt sich, dass die Anordnungszustände gut mit den Vorhersagen des SFM übereinstimmen. Sowohl in den dargestellten als auch in anderen TEM-Aufnahmen wurden an der Grenzfläche keine MWCNTs gefunden, die Zone 1 in Abbildung 41 zugeordnet werden können. Tatsächlich sind die MWCNTs entweder parallel zur Grenzfläche orientiert (Abbildung 41, Abschnitt 2) oder bilden Knäuels aus einer oder mehr Nanotubes (Abbildung 41, Abschnitt 3). Dies kann im Hinblick auf das Lokalisierungsverhalten der MWCNTs als Bestätigung der Vorhersagen interpretiert werden. Dagegen ist ein weitaus größerer Anteil der sehr gut dispergierten CB-Partikel trotz der offensichtlich im Vergleich zu SAN deutlich besseren Benetzbarkeit durch die PC-Phase an der Blendgrenzfläche des PC/SAN-Modellblends lokalisiert. Dies kann durch den in 6.3 beschriebenen Stabilisierungsmechanismus erklärt werden, bei dem die aus dem Benetzungswinkel resultierenden thermodynamischen Triebkräfte durch die Verlagerung der Partikelposition in Richtung der besser benetzenden Phase reduziert werden können (Abbildung 37 und Abbildung 39).

Die thermodynamische Bevorzugung der PC-Phase durch die CB-Partikel kann auch durch die bei simultaner Zugabe von Polymeren und Nanofüllstoffen zu beobachtende sehr viel geringere Konzentration von CB-Partikeln an der Blendgrenzfläche dokumentiert werden (Abbildung 44). Bei dieser Mischreihenfolge ist ein Transfer der Füllstoffe durch die Grenzfläche des Blends keine zwingende Voraussetzung für deren Anordnung in Polycarbonat.

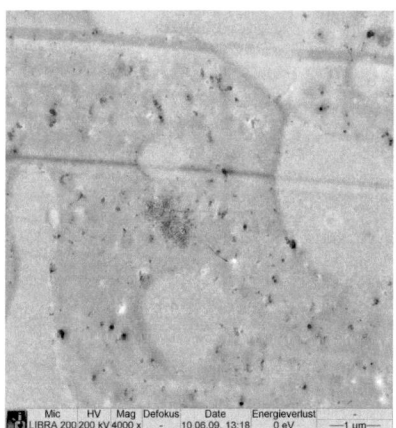
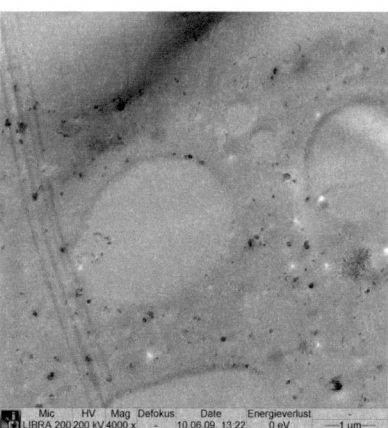

Abbildung 44: Lokalisierungsverhalten von MWCNTs und CB in dem durch simultanes Mischen aller Komponenten hergestellten PC_{60}/SAN_{40}-Modellblend [246] (Tabelle-A 1, C- 34). SAN-Phase: hellgrau, PC-Phase: dunkelgrau

6.9. Die Bedeutung des Partikelaspektverhältnisses für das Lokalisierungsverhalten verschiedener Nanopartikel in Polymerblends

Im vorangehenden Kapitel wurde gezeigt, dass das Lokalisierungsverhalten der untersuchten kohlenstoffbasierten Füllstoffformen sehr gut mit den Prinzipien des SFM korreliert. Der Mechanismus scheint zudem geeignet, wichtige Aspekte vergangener Studien zum Lokalisierungsverhalten verschiedener Nanofüllstoffe in schmelzegemischten Polymerblends zu erklären (Kapitel 2.4.4). Das Partikelaspektverhältnis kann somit als generell wichtiger Parameter bei der Beurteilung der Grenzflächenstabilität und des Transferverhaltens von Nanofüllstoffen in schmelzegemischten Polymerblends betrachtet werden. Ausgehend von der Gültigkeit des SFM können nanoskalige Füllstoffe nach ihrer zu erwartenden Grenzflächenstabilität klassifiziert werden (Tabelle 4).

Der "Slim-Fast-Mechanismus" (SFM)						
Gruppe I: Objekte mit geringen Aspektverhältnissen- Langsamer Transfer/hohe Grenzflächenstabilität						
Klasse	CNT	CNT	CB	CB	CB	Clay/ Graphene
Skala	Makro- Mikro	Mikro	Meso-Mikro	Mikro-Nano	Nano	Mikro
Beschrei- bung	Primär- agglomerat	Verknäuelte CNT	Agglomerat	Aggregat	Nano- Aggregat	Stapel
Form						
Mittlere Transfergeschwindigkeiten/ Grenzflächenstabilitäten		Gruppe II: Objekte mit hohem Aspektverhältnis Schneller Transfer/geringe Grenzflächenstabilität				
Klasse	Schichtsilikate	CNT	CNF	Halloysite		Andere Nano- fasern
Skala	Nano in 1 Dimension	Nano in 2 Dimensionen	Nano in 2 Dimensionen	Nano in 2 Dimensionen		Nano in 2 Dimensionen
Beschrei- bung	Exfolierte Schichten, L/D: mittel	Vereinzelte lineare CNT L/D: hoch	Vereinzelte lineare CNF L/D: hoch	Vereinzelte lineare Röhren L/D: hoch		Vereinzelte lineare Röhren L/D: hoch
Form						

Tabelle 4: Klassifizierung der verschiedener Füllstoffe und Dispersionszustände in Polymerblends [246]; Einfluss der Partikelgeometrie auf Transfergeschwindigkeit und Stabilität der Partikel an der Blendgrenzfläche während des Schmelzemischens

Dabei muss stets die Dispersionsabhängigkeit des effektiven Aspektverhältnisses berücksichtigt werden. Während Agglomerate unabhängig vom eingesetzten Füllstoff geringe

Aspektverhältnisse aufweisen, gibt es große Unterschiede bei der Geometrie der dispergierten Nanopartikel. Besonders geringe Grenzflächenstabilität kann nach den Prinzipien des SFM für stäbchenartige, steife Partikel wie Carbon Nanofasern, ausgerichtete CNTs oder Halloysite erwartet werden. Für die genannten Füllstoffe erhält man während des Schmelzemischens Partikelformen mit über sehr weite Bereiche streuenden effektiven Aspektverhältnissen. Die Dispersionsabhängigkeit der Partikelgeometrie nimmt mit dem Aspektverhältnis der einzelnen Nanoteilchen stark zu und ist für Füllstoffe wie Carbon-Black generell gering. Dennoch kann die thermodynamisch stabilste Position in der Blendmorphologie auch für solche Füllstoffe, wie in Abbildung 38a skizziert, stark von der Geometrie der einzelnen Agglomerate und Aggregate abhängen.

Schichtsilikate, oder auch die neuerdings intensiver untersuchten Graphen-Platelets bzw. Expandierten Graphite müssen trotz der hohen Aspektverhältnisse ihrer exfolierten Schichten gesondert betrachtet werden. Zum einen kann durch Schmelzeverarbeitung kaum die vollständige Exfolierung der Schichten erreicht werden. Somit liegt häufig noch ein Großteil des Füllstoffs in Form von Stapeln aus mehreren Schichten vor, deren Aspektverhältnis sehr viel geringer ist als das einzelner Carbon-Nanotubes. Aber auch für exfolierte Schichten ist das effektive Aspektverhältnis bei zufälliger Orientierung der Plättchen zur Blendgrenzfläche deutlich geringer als für Carbon-Nanotubes. Dies führt zu geringeren, auf die Partikelgröße bezogenen thermodynamischen Triebkräften in Richtung der besser benetzenden Phase. Daher sollten sich für diese mittlere Wahrscheinlichkeiten einer thermodynamisch stabilen Lokalisierung an der Grenzfläche ergeben.

7. DIE KINETIK DES NANOTUBE-TRANSFERS ZWISCHEN ZWEI BLENDPHASEN WÄHREND DES SCHMELZEMISCHENS

Die im Folgenden dargestellten Ergebnisse beinhalten die wahrscheinlich erstmalige Untersuchung der Zeitskala und Kinetik des Transfers von Nanotubes zwischen zwei Blendphasen während des Schmelzemischens. Dies umfasst sowohl die Korrelation der Transferrate mit der Blendmorphologieentwicklung als auch die Untersuchung der Vollständigkeit des CNT-Transfers während der Extrusion. Zudem wird versucht, die Bedeutung verschiedener, in der Literatur vorgeschlagener und bis heute nur lückenhaft beschriebener Transfermechanismen abzuschätzen sowie ein tieferes Verständnis von deren Wirkungsweise zu erlangen. Die Ergebnisse fanden Eingang in eine aktuell erschienene Veröffentlichung [251].

7.1. Einleitung

In Kapitel 4.3 wurde gezeigt, dass beim Schmelzemischen eines SAN-MWCNT-Komposits mit reinem PC in einem Microcompounder eine Mischdauer von 5 Minuten ausreicht, um nahezu alle MWCNTs in die thermodynamisch bevorzugte PC-Phase zu transferieren [102]. Die Untersuchungen lieferten aber keine Informationen über die Zeitskala und die Rate des beobachteten Transfers. Diese sind aber insbesondere im Hinblick auf die kurzen Verweilzeiten typischer Extrusionsprozesse, die zum Einfrieren thermodynamisch instabiler Füllstofflokalisierungen im Granulat führen können, von entscheidender Bedeutung für die Herstellung von Blendnanokompositen mit CNTs.

Prinzipiell ist es zwar möglich, durch Einbringung der Füllstoffe in das thermodynamisch bevorzugte Polymer die mit einem während der Extrusion stattfindenden Transfer verbundenen Schwierigkeiten zu vermeiden. Allerdings erfordert dieses Vorgehen einen zusätzlichen Verarbeitungsschritt, der im Hinblick auf Kosten und mögliche Schädigungen der Polymere nach Möglichkeit vermieden wird. Auch bei der Verarbeitung in einem Schritt können thermodynamisch motivierte Transferprozesse von Bedeutung sein. Die Nanofüllstoffe werden in diesem Fall zunächst von dem Polymer mit der niedrigeren Erweichungs-/Schmelztemperatur benetzt. Ist die Lokalisierung innerhalb der später erweichenden Phase thermodynamisch begünstigt, so findet auch hier Transfer statt.

Die größte Bedeutung kommt dem Transfer bei der Herstellung von Blends aus CNT-Masterbatches zu. Diese Methode wird häufig für die kommerzielle Herstellung von Nanokompositen genutzt, da damit die potentiell gesundheitsgefährdende Freisetzung von

Stäuben der nanoskaligen Füllstoffe während der Extrusion vermieden werden kann. Werden solche Masterbatches mit einem Polymer mit höherer Affinität zu den verwendeten CNTs geblendet, bestimmt die von vielen Parametern abhängige Rate des CNT-Transfers die Verteilung des Nanofüllstoffs nach der Extrusion.

7.2. CNT-Transfer im Extruder

Zur Aufklärung der technischen Relevanz des im Microcompounder beobachteten CNT-Transfers zwischen den Blendphasen wurde analog zu den in Kapitel 4.3 beschriebenen Versuchen ein SAN-MWCNT-Komposit mittels eines gleichläufigen Doppelschneckenextruders mit reinem Polycarbonat geblendet. Dabei sollte aufgeklärt werden, ob die Effizienz der Transfermechanismen ausreicht, um den CNT-Transfer von SAN in die PC-Phase innerhalb der prozessbedingt nur kurzen mittleren Verweilzeiten (60 bis 90 Sekunden) abzuschließen. Aus den Morphologien der so hergestellten Blends (Abbildung 45) kann aufgrund verschiedener bereits verifizierter Zusammenhänge auf die Lokalisierung der MWCNTs im Blend geschlossen werden.

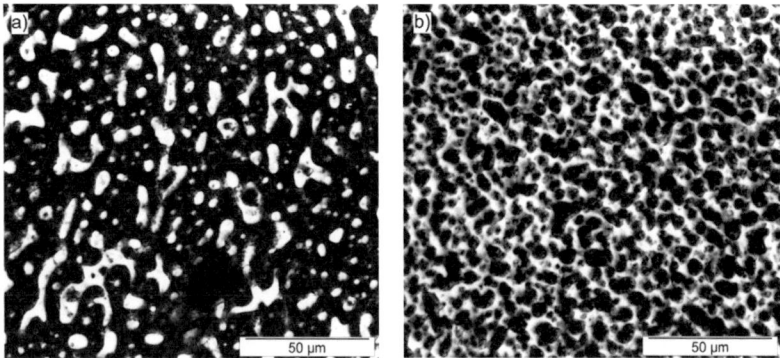

Abbildung 45: MWCNT-Transfer von einem SAN-Komposit mit 2 Gew.-% Baytubes® C150HP (Appendix, Tabelle-A 1, C- 5) in die PC-Phase des PC/SAN-Modellblends bei der Verarbeitung im Doppelschneckenextruder (LiMi-Aufnahmen). Morphologie nach dem Blenden von a) 40 Gew.-% (C- 64) und b) 50 Gew.-% des SAN-MWCNT- Komposits (C- 65) mit reinem PC. Die transparente SAN Phase erscheint hell [251].

Wie bereits erwähnt, wurde die Vollständigkeit des CNT-Transfers von SAN in die PC-Phase nach 5 Minuten Schmelzemischen im Microcompounder bereits eindeutig nachgewiesen (Kapitel 4.3). Somit ist mit großer Wahrscheinlichkeit anzunehmen, dass auch während der Extrusion Nanotubes in die PC-Phase des Blends transferiert werden[XLI]. Im Falle einer für

---

[XLI] Bei den verwendeten Verarbeitungsbedingungen kann von der prinzipiellen Vergleichbarkeit der Mischversuche im Microcompounder und im Extruder ausgegangen werden

den vollständigen Transfer nicht ausreichenden Effizienz der Extrusion wären die CNTs nach dem Mischen auf beide Phasen des Blends verteilt. Im Lichtmikroskop wäre dann kein klarer Phasenkontrast sichtbar. Tatsächlich ist dieser aber für beide Blendzusammensetzungen lich zu erkennen (Abbildung 45). Somit kann es sich bei der dabei transparent erscheinenden Blendphase nicht um Polycarbonat handeln, da dies jeglichen Transfer ausschließen würde. Vielmehr indiziert die Morphologie eine weitgehend vollständige Auswanderung der CNTs aus SAN und damit die Transparenz dieser ursprünglich schwarzen Phase. Diese Annahme kann durch Betrachtung der Kontinuität der Blendphasen gestützt werden. In Kapitel 5 wurde gezeigt, dass die Phaseninversionskonzentration in schmelzeverarbeiteten PC/SAN-Blends nur geringfügig von der Präsenz der Carbon-Nanotubes beeinflusst wird. Somit kann aus den in Abbildung-A 8 dargestellten Kontinuitätsgraden der ungefüllten PC/SAN-Blends auf die Phasenkontinuitäten der extrudierten Blends geschlossen werden. Bei Anteilen von 50 Gew.-% oder weniger ist der Kontinuitätsgrad der PC-Phase aufgrund ihrer höheren Viskosität (Kapitel 2.3.2 und 5) deutlich geringer als jener der SAN-Phase (Abbildung-A 8), während sich bei 60 Gew.-% PC eine cokontinuierliche Blendstruktur nahe der Phaseninversionskonzentration einstellt[XLII]. Somit kann sowohl die kontinuierliche schwarze Majoritätsphase aus Abbildung 45a) als auch die selektiv MWCNT-gefüllte disperse Phase aus Abbildung 45b) Polycarbonat zugeordnet werden. Daraus ergibt sich, dass zumindest der überwiegende Anteil der MWCNTs während der kurzen Verweilzeiten der kontinuierlichen Extrusion im Doppelschneckenextruder zwischen den Phasen transferiert wurde und nach dem Austritt aus der Düse selektiv in der PC-Phase des Blends lokalisiert ist.

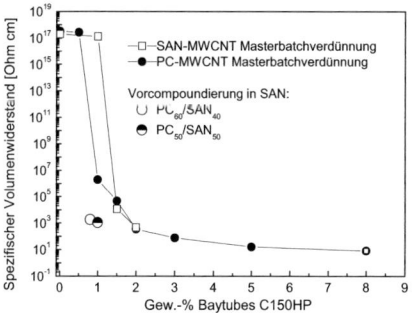

Abbildung 46 Spezifische Volumenwiderstände von PC/SAN-MWCNT-Blendnanokompositen (Tabelle-A 1, C- 64, C- 65), die durch Schmelzemischen von Granulat eines SAN-MWCNT Komposits mit 2 Gew.-% Baytubes® C150HP (Appendix, Tabelle-A 1, C- 5) mit reinem Polycarbonat in einem gleichlaufenden Doppelschne-

---

[XLII] Kapitel 4.3, Abbildung 26 und Appendix, Abbildung-A 8 und Abbildung-A 9 ckenextruder hergestellt wurden [251].

Diese Annahme kann zudem durch Vergleich der spezifischen Widerstände der Blends mit den Perkolationskurven der Blendpolymere PC und SAN bestätigt werden (Abbildung 46). Die Relation der Widerstände der extrudierten Blends ist analog zu jener der in Kapitel 4.4.2 beschriebenen und im Microcompounder hergestellten doppelperkolierten Blends mit selektiv CNT-gefüllter Polycarbonatphase.

Die Ergebnisse zeigen die große Bedeutung derartiger Transferprozesse für die großtechnische Herstellung von Blendnanokompositen. Die Herstellung von PC/SAN-Blends mit doppelperkolierter PC-Phase ist demnach sogar bei Einsatz von SAN-Masterbatches möglich.

7.3. Kinetik des CNT-Transfers

Zur Aufklärung der Kinetik des CNT-Transfers zwischen den Blendphasen ist die exakte Kontrolle des Mischprozesses, insbesondere aber der Mischzeit erforderlich. Dies kann weder in gewöhnlichen Extrudern noch im Microcompounder gewährleistet werden. Im Extruder durchläuft der Blend stets die gesamte Mischstrecke und die Mischzeit ergibt sich aus Bauart, Massendurchsatz und der Schneckendrehzahl. Wie in Kapitel 7.2 gezeigt wurde, ist nach der kontinuierlichen Extrusion im gleichlaufenden Doppelschneckenextruder der überwiegende Teil der CNTs von SAN nach PC transferiert worden. Im Microcompounder erfordert dagegen die Einspeisung der Granulate und Füllstoffe die Rotation der Schnecken, so dass bis zum Starten des Mischvorgangs bei gefülltem Volumen bereits in erheblichem Maße Mischenergie eingetragen wurde. Dagegen kann mit einer Knetkammer die exakte Kontrolle der Mischzeit mit einer Genauigkeit von einer Sekunde erreicht werden. Der Mischvorgang kann genau in dem Moment gestartet werden, in dem das bereits vorbefüllte Kammervolumen die gewünschte Mischtemperatur erreicht hat. Analog zu den im vorhergehenden Kapitel dargestellten Untersuchungen wurde daher der CNT-Transfer von der SAN- in die PC-Phase in einer Knetkammer untersucht. Dazu wurden Granulate des SAN-CNT-Komposits (Tabelle-A 1, C-5) 10, 30 und 60 Sekunden mit Granulaten reinen Polycarbonats bei 100 U/min geknetet (C-29, C- 30, C- 31) und anschließend im Transmissionslichtmikroskop untersucht (Abbildung 47).

Die Mischungen weisen schon nach sehr kurzen Knetzeiten (10 Sekunden) sowohl makroskopische als auch mikroskopische Phasenstrukturen auf (Abbildung 47a,b). Diese Beobachtung kann mit dem von Scott und Macosko [68] vorgeschlagenen Mechanismus der Morphologieentwicklung erklärt werden (Kapitel 2.3.2, Abbildung 5).

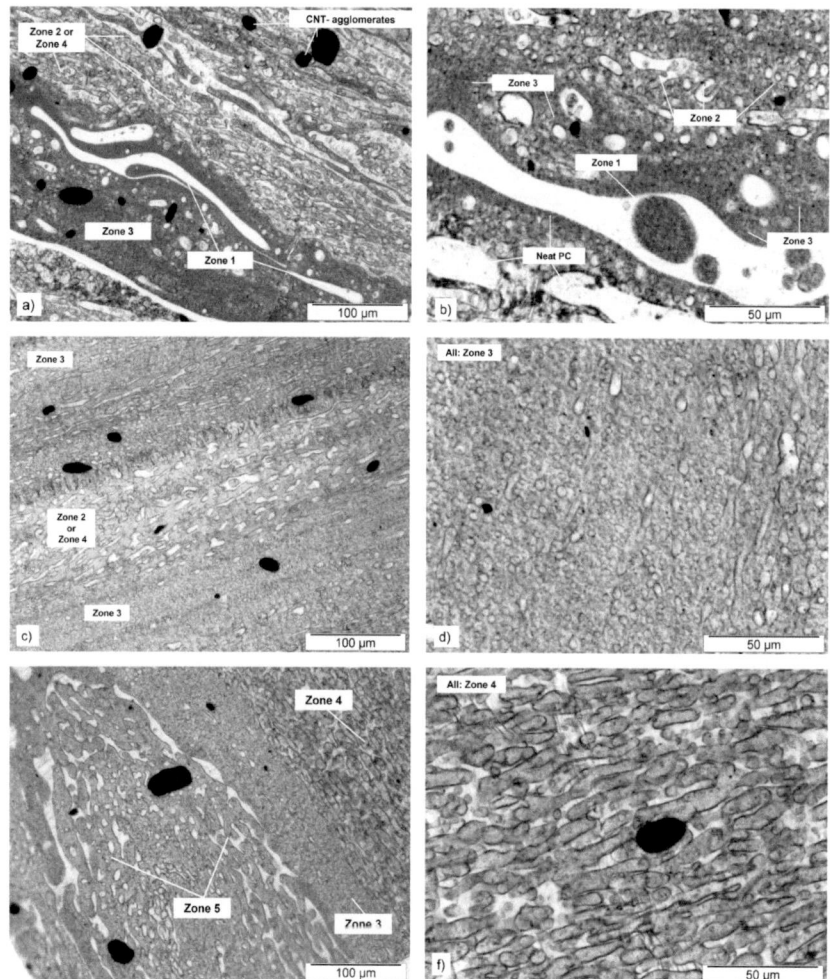

Abbildung 47: LiMi-Aufnahmen von Dünnschnitten der durch Kneten eines SAN-MWCNT-Komposits mit 2 Gew.-% Baytubes® C150HP mit reinem PC hergestellten PC_{60}/SAN_{40}-Blends [251] (100 U/min , 260°C). a,b) 10 Sekunden (Tabelle-A 1, C- 29); c,d) 30 Sekunden (C- 30); e,f): 60 Sekunden (C- 31)

Die Interpretation des Fortschritts des CNT-Transfers erforderte die Unterscheidung der beiden im ungefüllten Zustand transparenten Blendphasen. Dieses Identifikationsproblem konnte für viele Bereiche der Blendmorphologie durch die Betrachtung des Deformationsverhaltens der Blendphasen gelöst werden (Appendix 12.11, Abbildung-A 14). Die makroskopischen, vollständig transparenten und damit CNT-freien Domänen in Abbildung 47a,b konnten so der PC-Phase zugeordnet werden (Tabelle 5, Zone 1). Dagegen ist der Phasenkontrast in den Bereichen mit feinen Blendmorphologien sehr viel weniger ausgeprägt. Dort ist der CNT-Transfer in die PC-Phase teilweise schon erheblich fortgeschritten (Abbildung 47a,b, Zone 2, Zone 3, möglicherweise Zone 4, vgl. mit Tabelle 5). Diese Beobachtung zeigt, dass die Rate des CNT-Transfers in starkem Maße von der Verfügbarkeit freier Grenzfläche des Blends abhängt.

Morphologie	Zone	Beschreibung	Phasenkontrast
	Zone 1:	SAN-CNT- Matrixphase (dunkel) mit groben Einschlüssen von reinem PC	Sehr ausgeprägt
	Zone 2:	PC-Phase ist nicht mehr ganz transparent- SAN-Phase enthält die meisten CNTs	Sichtbar, schwach
	Zone 3:	Hochdynamische CNT- Transferzone	Nicht sichtbar
	Zone 4:	Zone fortgeschrittenen CNT-Transfers SAN-Phase noch nicht ganz transparent PC-Phase enthält die meisten CNTs	Sichtbar, schwach
	Zone 5:	Beruhigte Zone: CNT-Transfer in die PC-Phase ist abgeschlossen	Klar sichtbar

Tabelle 5: Unmittelbar nach dem Starten des Mischvorgangs führt die auf verschiedenen Längenskalen strukturierte Blendmorphologie zu einer starken Ortsabhängigkeit der CNT-Konzentration in den einzelnen Blenddomänen [251].

Nach 30 Sekunden Kneten (Abbildung 47 c,d) sind die makroskopischen, CNT-freien Domänen der PC-Phase verschwunden und der Phasenkontrast ist in der gesamten Probenfläche sehr gering. In diesem Mischstadium sollte die Rate des CNT-Transfers von SAN nach PC sehr hoch und die CNT-Konzentration in beiden Phasen sehr ähnlich sein (Zone 3). Die exakte Konzentration individueller Domänen der Blendphasen ergibt sich dann aus der „Mischhistorie" einzelner Volumenelemente. Innerhalb dieser Morphologien konnten die Phasen PC und SAN nicht zugeordnet werden. Auch gab es keine Hinweise auf eine generell höhere CNT-Konzentration in einer der Blendphasen.

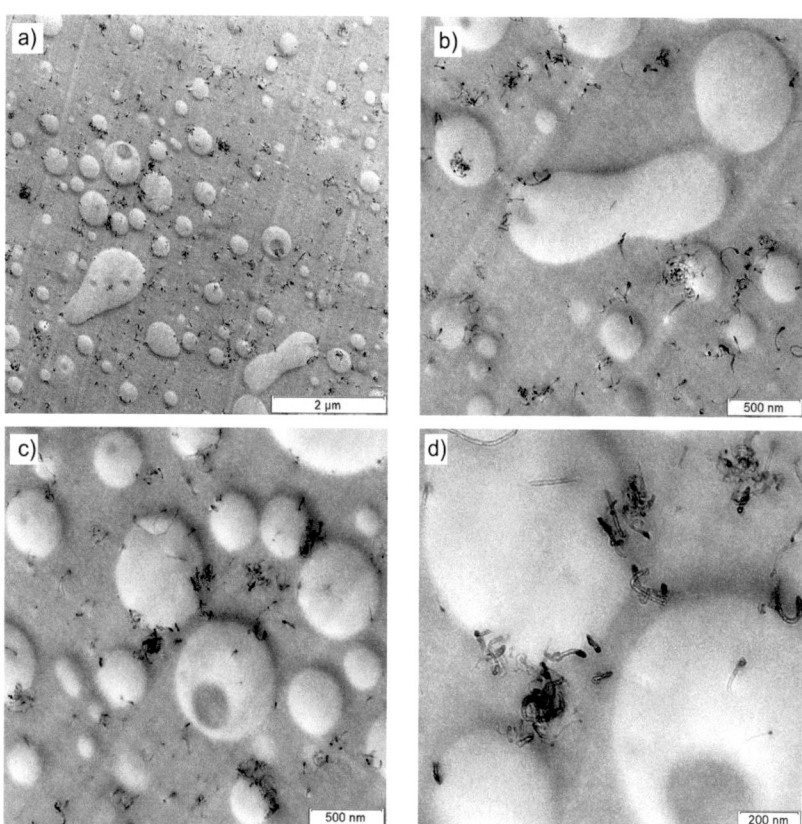

Abbildung 48: TEM Untersuchung des Mischzustands nach 30 Sekunden Kneten bei 100 U/min und 260°C innerhalb einer Zone 3-Morphologie (Vergleiche auch Abbildung 47c,d und Tabelle 5). Aus Grund der morphologischen Besonderheiten der Probe kann die helle Phase mit hoher Wahrscheinlichkeit Polycarbonat zugeordnet werden [251].

Derartige Morphologien treten auch nach 60 Sekunden Kneten noch auf, nehmen aber im Vergleich zum Mischstadium nach 30 Sekunden weitaus geringere Teile des Probenvolumens ein. Aus dem Deformationsverhalten an der Anschnittkante (Abbildung-A 14, b) kann abgeleitet werden, dass die Beladung der Blendphasen mit deutlich sichtbarem Phasenkontrast (Zone 5) in den Bereichen e und f der Abbildung 49 nun invers zu der Beladung in Abbildung 47a,b ist. In Zone 5 erscheint die ursprünglich transparente PC-Phase als dunkel, während die ursprüngliche CNT-Trägerphase nun vollkommen transparent ist. Andere Bereiche weisen schon relativ hohe CNT-Konzentrationen innerhalb der PC-Phase auf, während die SAN-Phase immer noch eine geringe Restmenge an CNTs enthält (Zone 4).

Bei Richtigkeit der in Kapitel 2.7 diskutierten Annahmen zu möglichen Mechanismen des Nanopartikeltransports zwischen zwei flüssigen Phasen sollte die Blendgrenzfläche insbesondere für frühe Mischstadien mit einer hohen Zahl gerade im Transferprozess eingefrorener CNTs belegt sein. Aus dem morphologischen Erscheinungsbild der 30 Sekunden gekneteten Probe kann abgeleitet werden, dass in diesem Mischstadium die höchste Transferaktivität der untersuchten Proben zu verzeichnen ist (Abbildung 47 c,d). Diese Proben wurden daher im TEM untersucht (Abbildung 48). Die im Gegensatz zu den fertig entwickelten Blendmorphologien (Kapitel 4.3, Abbildung 26c,d) sehr hohe Zahl von CNTs an der Blendgrenzfläche bestätigt die aus den lichtmikroskopischen Untersuchungen abgeleitete Annahmen.

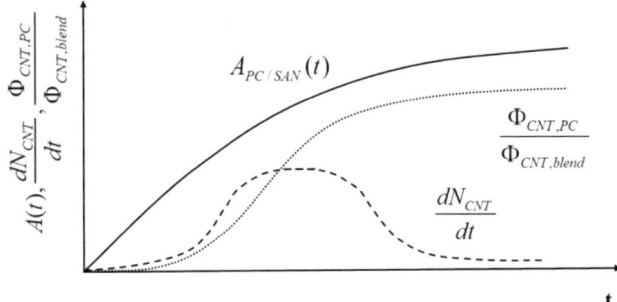

Abbildung 49: Qualitative Darstellung des aus den Untersuchungsergebnissen abgeleiteten zeitlichen Verlaufs von während des Mischens wachsender Blendgrenzfläche ($A_{PC/SAN}(t)$), der Rate des CNT-Transfers (dN_{CNT}/dt) und des bereits in die zunächst ungefüllte Blendphase transferierten Anteils der CNTs ($\Phi_{CNT,PC}(t)/\Phi_{CNT,blend}(t)$) am Beispiel des PC/SAN-Modellblends [251].

Generell kann erwartet werden, dass die höchste Rate des Transfers fester Nanofüllstoffe in einer sich entwickelnden Blendmorphologie dann erreicht wird, wenn die Domänengröße des Blends die Mikroskala erreicht, während die durchschnittliche Füllstoffkonzentration innerhalb der Domänen der schlechter benetzenden Phase immer noch relativ hoch ist. Danach sollte die Transferrate rückläufig sein, da trotz der immer noch wachsenden Grenzfläche zwischen den Blendphasen immer größere Teile der schlechter benetzenden Phase keine oder nur noch geringe Mengen CNTs enthalten.

7.4. Interaktion von Blendphasen und Primäragglomeraten

Werden Carbon-Nanotubes durch Schmelzemischprozesse in thermoplastische Kunststoffe eingearbeitet, so sind in der Schmelze stets auch CNT-Primäragglomerate verschiedener Größen und Formen vorhanden [20, 21]. Die Mechanismen, die deren Lokalisierung in der Blendmorphologie bestimmen, unterscheiden sich grundlegend von denjenigen, die für einzelne CNTs gelten. Ihr Transfer zwischen den Blendphasen ist beispielsweise nur dann möglich, wenn sie kleiner als die benachbarten Blenddomänen sind. Eine mögliche thermodynamisch motivierte Interaktion zwischen im Vergleich zu den Blenddomänen großen Agglomeraten und den Blendpolymeren zeigt Abbildung 50.

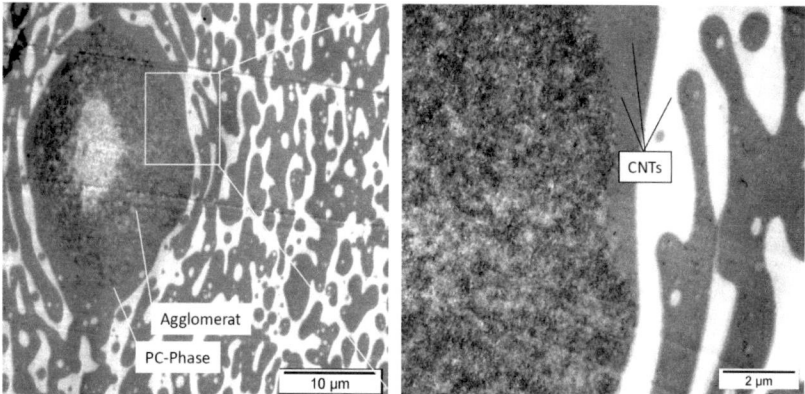

Abbildung 50: Integration eines Baytubes® C150HP-Agglomerats in die cokontinuierliche Struktur des PC/SAN-Modellblends durch Spreitung der PC-Phase auf der Agglomeratoberfläche.

Die Benetzung eines Agglomerats durch die bevorzugte Blendphase während des Schmelzemischens kann zu dessen Integration in die cokontinuierliche Struktur eines Blends führen. In diesem Zustand wird das Agglomerat von Molekülen der besser benetzenden Phase umhüllt und infiltriert. Durch Erosionsmechanismen abgelöste CNTs werden direkt von der bedeckenden Phase aufgenommen, wo sie während des gesamten Mischvorgangs verbleiben (Abbildung 50 rechts).

7.5. Mechanismen des CNT-Transfers

In parallel zur Anfertigung dieser Arbeit erschienenen Untersuchungen zum Lokalisierungsverhalten von Silikapartikeln in Blends aus Polypropylen (PP) und Ethylenvinylacetat (EVA) wurde vorgeschlagen, dass Nanopartikel während des Schmelzemischens durch (i) Diffusion, (ii) scherinduzierte Kollisionen oder (iii) durch Einschluss von Partikeln während der Koaleszenz zweier Tröpfchen der zunächst ungefüllten Phase zwischen zwei Blendphasen transferiert werden können [12, 111] (Kapitel 2.7.). Es ist offensichtlich, dass dabei insbesondere die Wirksamkeit der Kollisions- und Koaleszenzmechanismen von der vorherrschenden Kombination von Blendmorphologie und Füllstofflokalisierung zu Beginn des Mischens bestimmt wird. Für Tröpfchen-Matrix-Systeme tragen die genannten Vorgänge nur dann zum Transfer bei, wenn der Füllstoff anfangs in der Matrixphase angeordnet ist, nicht aber bei dessen Lokalisierung in einer dispersen Phase sphärischer Tröpfchen. Auf die dann maßgeblichen Transfermechanismen gibt es in der Literatur nahezu keine Hinweise [12]. Denkbar wäre, dass die Nanopartikel in dem Moment transferiert werden, wenn die in Folge des Strömungsfelds zu Fäden verstreckten Tröpfchen in Folge von Kapillarinstabilitäten [70] aufbrechen. Der Kontakt zwischen Partikeln und Grenzfläche könnte dabei in Folge der starken Einengung der Fäden zwischen den sich entwickelten Tröpfchen entstehen. Allerdings ist zu erwarten, dass die Effizienz eines solchen Prozesses deutlich geringer ist als die der Kollisions- und Koaleszenzvorgänge.

In cokontinuierlichen Blends wie dem hier untersuchten PC/SAN-Modellsystem können alle genannten Mechanismen, unabhängig von der räumlichen Verteilung des Füllstoffs, am Transfer der Nanopartikel beteiligt sein. Wenn kovalente Kopplungsreaktionen ausgeschlossen werden können, kommt es nach derzeitigem Erkenntnisstand aber nur dann zur selektiven Anreicherung von Füllstoffen in einer der Blendphasen, wenn sich bei Kontakt der Partikel mit der Blendgrenzfläche ein Benetzungswinkel auf ihrer Oberfläche ausbildet (Kapitel 2.6.1 und 6.3). Somit können die zuvor genannten Mechanismen als Voraussetzungen, nicht aber als Ursache eines vollständigen Transfers in die thermodynamisch bevorzugte Phase betrachtet werden.

7.5.1. Transport von MWCNTs zur Phasengrenze zwischen PC und SAN

7.5.1.1. Diffusionsabschätzung für Baytubes® C150HP in PC/SAN

Im Folgenden soll die Bedeutung von Diffusionsprozessen für den Transport von Baytubes® C150HP zur Grenzfläche des Blends während des Schmelzemischens grob abgeschätzt werden. Um dabei die Verwendung numerischer Methoden zu vermeiden, sind einige vereinfachende Annahmen notwendig. Dies betrifft einerseits die Vernachlässigung des Einflusses der komplexen Strömungsfelder im Extruder. Zum anderen wird die Abwesenheit langreichweitiger, auf die Nanotubes einwirkender Kraftfelder vorausgesetzt. Darüber hinaus sind weitere Vereinfachungen bezüglich der komplexen Geometrie des eingesetzten MWCNT-Typs nötig. Baytubes® C150HP weisen ebenso wie viele andere kommerzielle MWCNTs nicht ideal zylindrische, sondern vielmehr verkrümmte und verknäuelte Geometrien auf, die sich aus dem Herstellungsprozess ergeben (Kapitel 3.1.2 und 0). Häufig wird das Diffusionsverhalten von asymmetrischen, komplex geformten Partikeln durch Definition eines kugeläquivalenten Durchmessers beschrieben [21]. Es wird dann angenommen, dass sich eine so definierte Stokessche Kugel mit derselben Geschwindigkeit bewegt wie das Partikel. Allerdings ist es häufig sehr schwierig, den kugeläquivalenten Durchmesser ohne unterstützende Experimente festzulegen. Dies kann zu Berechnungsergebnissen führen, die vom realen Verhalten der Partikel stark abweichen.

Es erscheint günstiger, das Diffusionsverhalten von CNTs näherungsweise durch das von steifen Zylindern zu beschreiben. Das hohe Aspektverhältnis der Zylinder führt dabei im Vergleich zu sphärischen Körpern zu deutlich komplexeren Bewegungsabläufen. Zu deren Berechnung sind die von Doi und Edwards [254] zur Beschreibung des Diffusionsverhaltens der steifen Segmente flüssigkristalliner Polymere entwickelten mathematischen Konzepte sehr gut geeignet. Um die mathematische Handhabbarkeit zu erleichtern, werden dabei die Rotations- und Translationsbewegungen der Zylinder getrennt betrachtet.

Rotationsbewegungen sind für CNTs in Polymerblends insbesondere dann von Bedeutung, wenn die Domänengrößen der Blendmorphologie nicht deutlich größer sind als die Längen der CNTs. Nanotubes, die zunächst parallel zur Grenzfläche orientiert waren, können ausschließlich durch Rotationsbewegungen in Kontakt mit der zunächst ungefüllten Blendphase kommen. Die Wahrscheinlichkeit so ermöglichter Kontakte nimmt mit abnehmender Blenddomänengröße und zunehmender Länge der CNTs zu. Allerdings wird deren mathematische Beschreibung komplex, wenn die Bedingung $D_r \cdot t \ll 1$ nicht erfüllt ist, in der D_r die Diffusionskonstante der Rotation bezeichnet [254]. Daher und aufgrund des für den hier untersuchten PC/SAN-Modellblend großen Verhältnisses zwischen Blenddomänengröße und Länge der CNTs soll die Diskussion im Folgenden auf die Translationsbewegungen des Massenschwerpunkts der Zylinder beschränkt werden. Die Diffusionskoeffizienten der Translationsbewegungen ergeben sich wiederum aus der Orientierung der Zylinder zu ihrem Geschwindigkeitsvektor. Die Strömungswiderstände parallel ($\zeta_\parallel$) und senkrecht ($\zeta_\perp$) zur Zylinderachse können mit Gleichung 40 und Gleichung 41 beschrieben werden [254].

$$\zeta_{II} = \frac{2\pi\eta \cdot L}{\ln(L/b)} \qquad \text{Gleichung 40}$$

$$\zeta_\perp = 2 \cdot \zeta_{II} \qquad \text{Gleichung 41}$$

Darin bezeichnen L und b Länge und Durchmesser der Zylinder. Die mittlere Dislokation $R(t)$ eines parallel zu einer virtuellen z-Achse orientierten Zylinders kann dann für kleine Zeitintervalle Δt mit Gleichung 42 und Gleichung 43 beschrieben werden [254].

$$R(t)^2 = \left\langle (R_z(\Delta t) - R_z(0))^2 \right\rangle = 2D_{II} \cdot \Delta t = \frac{2k_B T}{\zeta_{II}} \Delta t \qquad \text{Gleichung 42}$$

$$R(t)^2 = \langle (R_x(\Delta t) - R_x(0))^2 \rangle = \langle (R_y(\Delta t) - R_y(0))^2 \rangle = 2D_\perp \Delta t = \frac{2k_B T}{\zeta_\perp} \Delta t \qquad \text{Gleichung 43}$$

Dabei wird der geringere Strömungswiderstand bei Bewegungen parallel zur Zylinderachse durch einen im Vergleich zu senkrechten Bewegungen doppelt so großen $R(t)$-Wert reflektiert. Nach Doi und Edwards kann die Summe kleiner Verschiebungen des Zylinderschwerpunkts durch partielle Integration berechnet werden [254]. Daraus kann eine kombinierte Diffusionskonstante D_{komb} mit unbegrenztem Diffusionszeitintervall abgeleitet werden [254]:

$$D_{komb} = 2 \cdot (2D_\perp + D_{II})t = \frac{k_B T \ln(L/b)}{3\pi\eta L}; \qquad \text{Gleichung 44}$$

Die kombinierte Translationsdislokation der Zylinder $R(t)$ ergibt sich dann durch Kombination mit Gleichung 34. Somit können die Translationsbewegungen von MWCNTs in der Polymerschmelze mit jenen idealer Zylinder beschrieben werden, die die Durchmesser und Längen der CNTs haben.

Im Folgenden soll die diffusionsinduzierte Bewegung von MWCNTs in einer hochviskosen Polymerschmelze am Beispiel von Baytubes® C150 HP in SAN auf Grundlage der beschriebenen Konzepte abgeschätzt werden. Die Relevanz der Diffusion für den CNT-Transport während des Schmelzemischens wird maßgeblich von der Diffusionskonstante D und der Distanz beeinflusst, die eine individuelle CNT bis zum Erreichen der Blendgrenzfläche zurücklegen muss. Letztere hängt zum einen von der Domänengröße der CNT-Trägerphase (hier: SAN) und zum anderen von der individuellen Position der CNT innerhalb der morphologischen Struktur des Blends ab. Während des Schmelzeblendens nimmt die durchschnittliche Domänengröße beider Phasen ab. Die SAN-Phase des PC/SAN-Modellblends weist aber auch nach weitgehend abgeschlossener Morphologieentwicklung typische Domänengrößen von deutlich über 1 µm auf (Kapitel 4.3, Abbildung 27).

Die mit dem kombinierten Translationsdiffusionskoeffizienten D_{komb} berechnete Korrelation von Diffusionsweg $R(t)$ und Diffusionszeit (t_D) von Modellzylindern, die zur Beschreibung des Diffusionsverhaltens von MWCNTs des Typs Baytubes® C150 HP in der SAN-Phase des PC-SAN Modellblends geeignet sind, ist in Abbildung 51 dargestellt. Die Berechnung basiert auf den in Abbildung 24 dargestellten rheologischen Messungen. Um die größtmöglichen Diffusionswege abzuschätzen, wurde die Abmessung des Modellzylinders am unteren Ende der Größenverteilung der verwendeten MWCNTs angesetzt. Für die in SAN vorcompoundierten CNTs wurde dabei davon ausgegangen, dass der überwiegende Anteil der Nanotubes länger ist als der von Krause u.a. [33] gemessene x_{10}-Wert[XLIII] von 208 nm, der anhand von

---

[XLIII] x_{10}-Wert: 10% der vermessenen Nanotubes sind kürzer als der angegebene Wert

durch Schmelzemischen in Polycarbonat eingebrachte Baytubes® C150 HP ermittelt wurde. Entsprechend wurde für den Zylinderdurchmesser die untere Begrenzung des vom Hersteller angegebenen Intervalls typischer Durchmesser verwendet (d = 13 nm [65]).

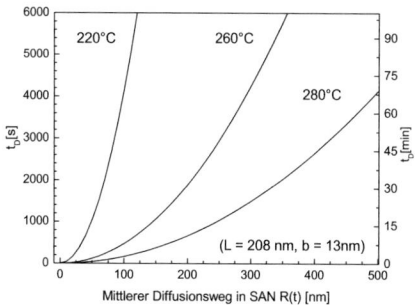

Abbildung 51: Abschätzung der Zeit (t_D), die eine schmale und kurze MWCNT des Typs Baytubes® C150HP benötigt, um sich durch Diffusion innerhalb der SAN-Phase des PC/SAN-Modellblends zu bewegen [251]. Berechnung mit Gleichung 44 für einen ideal steifen Modellzylinder mit einer Länge von 208 nm und einem Durchmesser von 13 nm bei verschiedenen Verarbeitungstemperaturen.

Die Berechnungen zeigen, dass ein solcher Zylinder acht Minuten bräuchte, um sich durch Translationsdiffusion beim Schmelzeblenden bei 260°C im Microcompounder, der Knetkammer oder dem Extruder um 100 nm zu bewegen (Abbildung 51). Interessanterweise würde schon ein Diffusionsweg von nur 500 nm eine Diffusionszeit von nahezu 3,5 Stunden erfordern. Die Bewegung kann zudem durch auf der CNT-Oberfläche adsorbiertes Polymer signifikant verlangsamt werden. Dies zeigt, dass Diffusionsbewegungen der CNTs für den während des Schmelzemischens stattfindenden vollständigen Transfer von Baytubes® C150HP zwischen den Phasen des PC/SAN-Modellblends irrelevant sind.

Da aktuelle Forschungsergebnisse zeigen, dass das Diffusionsverhaltens von Nanopartikeln stark von dem durch die klassische Diffusionstheorie vorhergesagten Verhalten abweichen kann, erscheint es sinnvoll, das Berechnungsergebnis in dieser Hinsicht zu überprüfen. Beispielsweise beobachteten Tuteja u.a. [255], dass sehr kleine Cadmiumselenid-Partikel mit hydrodynamischen Radien von weniger als 4,7 nm ca. 200 mal schneller durch eine Polymerschmelze diffundieren konnten, als dies nach der Stokes-Einstein-Gleichung (Gleichung 32) zu erwarten gewesen wäre. Die Autoren mutmaßten, dass die klassischen Gesetzmäßigkeiten dann außer Kraft gesetzt werden können, wenn die Nanopartikel kleiner sind als die Maschenweite des Verschlaufungsnetzes der Polymermatrix. Da die verwendeten MWCNTs des Modellsystems im Vergleich zu den Maschenweiten polymerer Verschlaufungsnetze sehr groß sind, können derartige Effekte aber im vorliegenden Fall mit hoher Wahrscheinlichkeit ausgeschlossen werden.

7.5.1.2. Scherinduzierte Kollisionen zwischen CNTs und Blendgrenzfläche

Während des Schmelzemischens können Kollisionen zwischen den Partikeln und den Domänen des Blends den für einen Transfer benötigten Kontakt zwischen Nanopartikeln und der Blendgrenzfläche herstellen. Allerdings gibt es bisher vermutlich keine Konzepte, mit denen die Kollisionswahrscheinlichkeit zwischen dispersen Blendphasen und Partikeln berechnet werden kann. Dennoch kann die für Zusammenstöße zwischen dispersen Tröpfchen entwickelte Kollisionswahrscheinlichkeit genutzt werden, um in einem ersten Schritt die Größenordnung der Wahrscheinlichkeit für die Kollision zweier Nanotubes abzuschätzen. Damit kann dann mit einem von Elias u.a. vorgeschlagenen Verfahren [12, 111] die Bedeutung von Kollisionen zwischen den CNTs und der Blendgrenzfläche eingeordnet werden.

Um die Kollisionswahrscheinlichkeit zwischen zwei CNTs im PC/SAN-Modellblend mit Gleichung 11 zu berechnen, muss zunächst die Scherrate des verwendeten Mischprozesses bekannt sein. Diese kann mit Gleichung 1 abgeschätzt werden. Bei 100 U/min im Microcompounder ergibt sich eine maximale Scherrate von $3{,}8 \cdot 10^2 \, s^{-1}$, bei 500 U/min im Extruder $2{,}1 \cdot 10^3 \, s^{-1}$ (Appendix 12.8). Der Volumenanteil der MWCNTs im Blend (Φ_{CNT}) kann mit Daten zur Bestimmung der Dichte von Baytubes in der Schmelze [256] und der Dichte der Polymere berechnet werden. Bei 2 Gew.-% MWCNTs in der SAN-Phase ergibt sich ein Wert von ca. 0,5 Vol.-% MWCNTs im Blend (Appendix 12.7). Bei Verwendung dieser Werte liegt die mit Gleichung 11 berechnete Wahrscheinlichkeit, dass eine einzelne CNT während der Mischdauer von fünf Minuten im Microcompounder oder innerhalb der 60 Sekunden Verweilzeit im Extruder nicht mit einer anderen CNT kollidiert, unter 0,1%. Aufgrund des hohen Formfaktors der CNTs ist die Abschätzung der Kollisionswahrscheinlichkeit zwischen zwei CNTs auf Grundlage von für die Kollisionen zwischen sphärischen Tröpfchen entwickelten Gleichungen allerdings mit einem hohen Fehler behaftet. Nach den Grundsätzen der Perkolationstheorie kann aber vorausgesetzt werden, dass bei gleichem absolutem Volumengehalt Kollisionen zwischen CNTs im Vergleich zu jenen von Tröpfchen oder kugelförmigen Partikeln noch weitaus häufiger stattfinden. Obwohl die Gleichung ebenfalls nicht zur Beschreibung cokontinuierlicher Blends entwickelt wurde, erscheint es dennoch naheliegend, dass die Wahrscheinlichkeit einer Kollision zwischen einer in SAN lokalisierten CNT und der Blendgrenzfläche aufgrund des im Vergleich zum CNT-Volumen hundertfach höheren Volumenanteils der PC-Phase nahe 100% liegen sollte.

7.5.2. Benetzungswinkelinduzierter CNT-Transfer durch die Grenzfläche

Es erscheint sinnvoll, die Wahrscheinlichkeit eines durch den Benetzungswinkel verursachten CNT-Transfers ähnlich zu definieren wie die Koaleszenzwahrscheinlichkeit P_{Koal} (Kapitel 2.3.5, Gleichung 14). Für Füllstoffe mit hohem Aspektverhältnis wie CNTs ist die für einen vollständigen Transfer benötigte Zeit ($t_{transfer}$) signifikant länger als die charakteristische Zeit zur Ausbildung eines Benetzungswinkels[XLIV]. Bis der Transfervorgang abgeschlossen ist, kann auch eine CNT, die bereits teilweise in die besser benetzende Phase eingedrungen ist, durch das Scherfeld wieder herausgezogen werden. Mit hoher Wahrscheinlichkeit gibt es für diesen Prozess eine kritische Eindringtiefe (l_{krit}). Wird diese erreicht, kann die CNT unter den gewählten Verarbeitungsbedingungen nicht mehr aus der besser benetzenden Phase entfernt werden. Die kritische Eindringtiefe sollte maßgeblich durch die lokal herrschenden Scherraten des verwendeten Schmelzemischprozesses und durch das Verhältnis der adhäsiven Kräfte zwischen der CNT und der jeweiligen Blendphase bestimmt werden.

Als untere Grenze von l_{krit} kann die Eindringtiefe im Moment der Ausbildung des Benetzungswinkels ($l_{wetting}$) definiert werden. Der theoretisch höchstmögliche Wert für l_{krit} ergibt sich beim Eindringen der ganzen CNT (l_{CNT}) in die besser benetzende Phase. Damit kann ein Intervall für die kritische Eindringzeit t_{krit} definiert werden (Gleichung 45).

$$t_{wetting} \leq t_{krit} \leq t_{CNT} \text{ für } t_{krit} = t(l_{krit});\qquad \text{Gleichung 45}$$

Durch Zusammenführung mit Gleichung 14 kann die Wahrscheinlichkeit für erfolgreichen Transfer der CNT durch die Grenzfläche des Blends berechnet werden:

$$P_{transfer} = \exp(-\frac{t_{koll-CNT}}{t_{pro}} - \frac{t_{krit}}{t_{koll}});\qquad \text{Gleichung 46}$$

Dabei bezeichnet $t_{koll-CNT}$ die Dauer einer zufälligen, durch die Scherströmung verursachten Kollision zwischen CNT und Blendgrenzfläche. Basierend auf dem in Gleichung 45 definierten Zeitintervall kann somit $P_{transfer}$ eingegrenzt werden (Gleichung 47).

$$\exp(-\frac{t_{koll-CNT}}{t_{pro}} - \frac{t_{tube}}{t_{koll}}) \leq P_{transfer} \leq \exp(-\frac{t_{koll-CNT}}{t_{pro}} - \frac{t_{wetting}}{t_{koll}});\qquad \text{Gleichung 47}$$

Setzt man die Richtigkeit des in Gleichung 47 beschriebenen Zusammenhangs voraus, so führen zunehmenden Scherraten während des Schmelzemischens zwar zu einer höheren Zahl scherinduzierter Kontakte zwischen den CNTs und der Blendgrenzfläche. Dennoch kann die Wahrscheinlichkeit tatsächlich stattfindender Transfers nach einem Kollisionsvorgang in Folge der indirekten Proportionalität von Kollisionszeit und Scherrate (Gleichung 11) für Mischprozesse mit sehr hohen Scherraten sehr gering werden. Da der Literatur derzeit keine

---

[XLIV] Kapitel 2.6.1, Abbildung 14 und Kapitel 6.3, Abbildung 37, Abbildung 40)

Hinweise auf die Größenordnung der kritischen Eindringzeit t_{krit} entnommen werden können, kann $P_{transfer}$ nicht quantifiziert werden.

7.5.3. CNT-Transfer durch Einschluss während der Tröpfchenkoaleszenz

Die hohe Komplexität des Koaleszenzprozesses und dessen nur sehr schwer zugänglichen charakteristischen Kenngrößen führen dazu, dass bereits die Abschätzung der Koaleszenzwahrscheinlichkeit zweier Tröpfchen (P_{koal}) ohne die experimentelle Ermittlung maßgeblicher Kenngrößen sehr schwierig ist [12, 83, 86] (Kapitel 2.3.5). Die Beschreibung der Wahrscheinlichkeit von CNT-Präsenz im Volumen des ablaufenden Matrixfilms und die des bei diesem Prozess stattfindenden Kontakts zwischen Nanotube und Blendgrenzfläche stellt eine weitere große Herausforderung dar. Dabei erscheint es plausibel, dass die Wahrscheinlichkeit des CNT-Einschlusses während der Tröpfchenkoaleszenz in starkem Maße vom Benetzungswinkel abhängig ist. Diese Korrelation kann aus dem Transferverhalten von MWCNTs innerhalb des PC/SAN-Modellblends (Kapitel 4 und 7.2) abgeleitet werden und wurde wahrscheinlich bisher generell noch nicht beschrieben. Bei ausschließlicher Betrachtung der kinetischen Vorgänge wäre die Transferwahrscheinlichkeit bei gleichen Volumenanteilen der beiden Blendphasen unabhängig von den Grenzflächenspannungen zwischen den CNTs und den beiden Blendphasen. Dann wäre aber beispielsweise die in Kapitel 4.3 beschriebene hochselektive Anordnung der CNTs in einer der Blendphasen nicht möglich, da immer auch Transfer in Gegenrichtung der thermodynamischen Präferenz stattfinden würde. Somit muss der Einschluss von CNTs in koaleszierenden Tröpfchen der schlechter benetzenden Blendphase sehr viel unwahrscheinlicher sein als in Gegenrichtung. Dies erscheint bei Betrachtung der einzelnen Phasen des Ablaufs der Tröpfchenkoaleszenz plausibel. Nach einer verbreiteten Modellvorstellung müssen sich dabei zwei Tröpfchen zunächst so weit annähern, dass die attraktiven van-der-Waals-Wechselwirkungen zwischen den Tröpfchen stark genug sind, um den verbleibenden Matrixfilm zu verdrängen (Kapitel 2.3.5). Wie bereits erwähnt, erfordert dies nach derzeitigem Stand der Wissenschaft Abstände unter 60 nm [83]. Ein Vergleich mit den geometrischen Formen der in dieser Arbeit untersuchten MWCNTs zeigt, dass eine innerhalb des Matrixfilms zwischen den Tröpfchen positionierte Nanotube dann zwangsweise und zum Teil sogar an verschiedenen Stellen in Kontakt mit der Grenzfläche zwischen den Tropfen kommen würde (vgl. auch Abbildung 41). Im Falle einer in die Tröpfchen gerichteten thermodynamischen Triebkraft wird dann der Einschluss der CNT innerhalb der koaleszierenden Tröpfchen sehr wahrscheinlich. Verhindert aber der Benetzungswinkel das Eindringen der Nanotubes in die Tröpfchen, so ist die Wahrscheinlichkeit hoch, dass diese noch vor der Ausbildung des Tröpfchenhalses mit dem Matrixfilm abfließen.

Dennoch könnten CNTs auch in Tröpfchen der sie schlechter benetzenden Phase eingeschlossen werden, falls es während der Koaleszenz zu dem von Eggers u.a. [257] vorgeschlagenen Einschluss geringer Mengen des Matrixpolymers innerhalb des Tröpfchenhalses kommt. Bei diesem Vorgang könnten die eingeschlossenen Polymermoleküle u.U. durch Diffusion wieder in die Matrixphase gelangen [83], während die Nanotubes aufgrund ihrer sehr langsamen Diffusionsbewegungen zunächst in der koaleszierenden Struktur verbleiben würden.

Eine über diese sehr allgemeine Interpretation hinausgehende Quantifizierung des Beitrags der Koaleszenz zum hier beschriebenen Transfer der CNTs innerhalb des PC/SAN-Modellblends erscheint schwierig und war im Rahmen dieser Arbeit nicht möglich. Rein qualitativ kann aufgrund des hohen Kontinuitätsgrads beider Blendphasen des PC/SAN-Modellblends nach dem Schmelzemischen (Kapitel 4.3) von einer hohen Zahl von Koaleszenzprozessen und einer, trotz der hohen Schmelzeviskositäten der Blendpolymere PC und SAN, signifikanten Bedeutung dieses Prozesses für den beobachteten Transfer ausgegangen werden.

7.5.4. Bedeutung der Transfermechanismen

Obwohl eine Quantifizierung der Mechanismen des CNT-Transfers durch die Grenzfläche zum gegenwärtigen Zeitpunkt als nicht möglich erscheint, konnten dennoch wesentliche Abhängigkeiten definiert werden. So sollten die Wahrscheinlichkeit der Tröpfchenkoaleszenz (P_{koal}) und die des Nanotubetransfers bei Ausbildung eines Benetzungswinkels ($P_{transfer}$) von den gleichen wesentlichen Einflussgrößen bestimmt werden. Beide Mechanismen werden durch die hohen Schmelzeviskositäten typischer thermoplastischer Polymere behindert. Für sehr ungünstige Verarbeitungsbedingungen und sehr hohe Schmelzeviskositäten kann das Verhältnis zwischen der Zeit, die zum Abfließen des Matrixfilms bzw. für den CNT-Transfer durch den entstehenden Benetzungswinkel benötigt wird, und der Kollisionszeit sehr hohe Werte annehmen. Dann kann die Transferwahrscheinlichkeit $P_{transfer}$ auch bei sehr vielen scherinduzierten Kollisionen auf nahezu null reduziert werden. Aufgrund der mit der Scherrate abnehmenden Kollisionszeit erscheint es plausibel anzunehmen, dass die höchstmögliche CNT-Transferrate bei Blends mit hohen Schmelzeviskositäten nicht bei maximalen Schneckendrehzahlen im Extruder erreicht wird.

Die beobachtete Vollständigkeit des CNT-Transfers im PC/SAN-Modellblend deutet darauf hin, dass die durchschnittlichen Kollisionszeiten bei den gewählten Verarbeitungsbedingungen ausreichend lang sind, um bei einer genügend hohen Zahl der zufälligen Zusammenstöße zwischen den CNTs und der Blendgrenzfläche den CNT-Transfer in Folge des sich ausbildenden Benetzungswinkels zu ermöglichen. Dennoch sollte der Transfer der CNTs während einer zufälligen Kollision für sehr hohe Schmelzeviskositäten auch in diesem Blendsystem so unwahrscheinlich werden, dass die thermodynamische Bevorzugung der PC-Phase durch die CNTs nicht länger signifikant ist. Falls in diesem Fall Koaleszenzprozesse immer noch stattfinden würden, könnten die Nanopartikel unabhängig von den thermodynamischen Triebkräften immer noch durch den Einschluss des Matrixpolymers innerhalb des Tröpfchenhalses zwischen den Blendphasen transferiert werden. Dies sollte bei ausreichend langen Mischzeiten und bei Blends nahe der Phaseninversionskonzentration zu einer weitgehend statistischen Verteilung der Nanopartikel in den Blendphasen führen.

7.6. Viskositätsabhängiger Transfer von CNTs in PC/SAN-Blends

Um den Einfluss der Schmelzeviskosität auf den CNT-Transfer im PC/SAN-Modellblend zu untersuchen, wurde die Gehäusetemperatur des Microcompounders gegenüber den bisher beschriebenen Versuchen um 45 K, 70 K, 95 K und 120 K reduziert[XLV]. Im Gegensatz zu den in Kapitel 4.3 dargestellten Morphologien ist im Lichtmikroskop in keinem der so hergestellten Blendnanokomposite der sich sonst aus der selektiven Lokalisierung der CNTs ergebende Kontrast zu erkennen (Appendix, Abbildung-A 13). Exemplarisch wurde die Morphologie des bei 210°C Gehäusetemperatur[XLVI] hergestellten Blends im TEM untersucht und der lichtmikroskopischen Aufnahme gegenüber gestellt (Abbildung 52). Es zeigt sich, dass die Nanotubes tatsächlich auf beide Phasen des Blends verteilt sind.

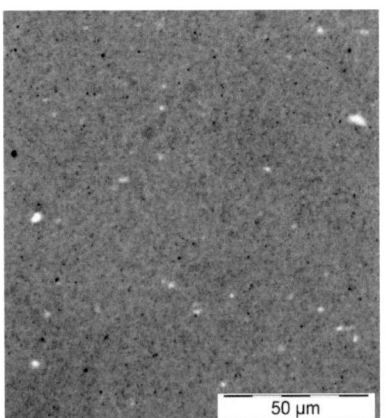
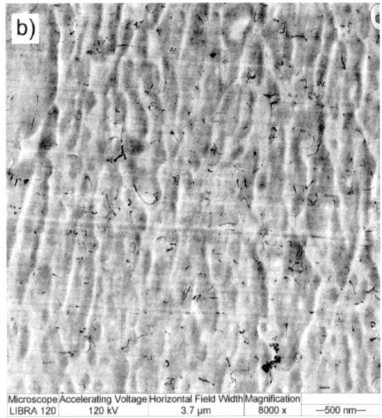

Abbildung 52: Lokalisierung von in SAN vordispergierten MWCNTs des Typs Baytubes® C150HP (2 Gew.%) innerhalb des PC_{60}/SAN_{40} Modellblends nach 5 Minuten Mischen im Microcompounder bei 210°C Gehäusetemperatur (Tabelle-A 1, C- 61); a) LiMi b) TEM;

[XLV] Tabelle-A 1, C- 60- C- 63
[XLVI] Gegenüber den in Kapitel 4.3 dargestellten Versuchen entspricht das einer Absenkung um 70 K

Es könnte das Ziel künftiger Untersuchungen sein, den CNT-Gehalt in den Blendphasen für verschiedene Mischtemperaturen zu quantifizieren. Kann durch Verwendung sehr langer Mischzeiten für jeden der untersuchten Blends ein dynamisches Gleichgewicht bei der Lokalisierung der CNTs erreicht werden, sollte dies die direkte Beurteilung der viskositätsabhängigen Wahrscheinlichkeit eines benetzungswinkelinduzierten Transfervorgangs ermöglichen.

8. STEUERUNG DES LOKALISIERUNGSVERHALTENS VON MWCNTS DURCH REAKTIVMODIFIZIERUNG DES PC/SAN-MODELLBLENDS

Im Hinblick auf das in Kapitel 2.4.1 beschriebene Potential definierter Anordnungszustände von CNTs innerhalb der Phasenstruktur eines Polymerblends erscheint es in hohem Maße wünschenswert, das ansonsten meist durch die Grenzflächenspannungen bestimmte Lokalisierungsverhalten der CNTs gezielt zu beeinflussen.

Im Folgenden wird gezeigt, wie die Lokalisierung von CNT-Typen mit unterschiedlichen Oberflächenfunktionalitäten in der Phasenstruktur eines kokontinuierlichen PC/SAN-Blends durch Einbringung einer Reaktivkomponente in die SAN-Phase beeinflusst werden kann. Die in diesem Kapitel dargestellten Ergebnisse basieren auf einer im Rahmen der vorliegenden Arbeit angefertigten Diplomarbeit [18] und fanden zudem in Auszügen Eingang in eine kürzlich erschienene Veröffentlichung [17].

8.1. Das Konzept der konkurrierende Blendphasen

In Kapitel 4.3 wurde gezeigt, dass MWCNTs verschiedener kommerzieller Anbieter und aus unterschiedlichen Herstellungsprozessen beim Schmelzemischen kompatibler PC/SAN-Blends eine in die Polycarbonat-Phase gerichtete Triebkraft erfahren. Der Transfermechanismus ist bei geeigneten Verarbeitungsbedingungen so effizient, dass auch innerhalb kurzer Mischzeiten ein vollständiger Transfer aus einer durch Vorcompoundierung gefüllten SAN-Phase in eine zunächst ungefüllte PC-Phase stattfindet. In Kapitel 6 wurde beschrieben, dass die Effektivität dieses Transfers auf das hohe Aspektverhältnis der Tubes zurückgeführt werden kann. Die selektive Anreicherung innerhalb der PC-Phase kann beispielsweise zur Herstellung doppelperkolierter Blendstrukturen (Kapitel 4.4) genutzt werden.

Im Hinblick auf zukünftige Anwendungen erscheint es wünschenswert, auf das Lokalisierungsverhalten der Tubes Einfluss zu nehmen. Fernziel ist die simultane Maßschneiderung von Blendmorphologie und Füllstofflokalisierung. Dies würde die Herstellung neuartiger funktioneller Werkstoffe mit bisher nicht erreichten Eigenschaften ermöglichen. Um dies unabhängig von den nicht beeinflussbaren thermodynamischen Triebkräften beim Schmelzemischen zu gewährleisten, können Kopplungsreaktionen eingesetzt werden, die die CNTs irreversibel an das gewünschte Polymer anbinden. Handelt es sich dabei um die Blendphase mit der höheren Grenzflächenspannung zur CNT-Oberfläche, so können die thermodynamisch bevorzugte Phase und die reaktiven Gruppen der anderen Blendphase um die Belegung der CNT-Oberfläche konkurrieren.

8.2. Steuerung des Lokalisierungsverhaltens im PC/SAN-Modellblend

8.2.1. Reaktivmodifizierung der SAN-Phase

Am Modellsystem PC/SAN soll untersucht werden, ob es möglich ist, das Lokalisierungsverhalten der sich unabhängig vom verwendeten Mischverfahren stets in der PC-Phase des Blends anordnenden MWCNTs durch Einbringung einer reaktiven Komponente in die SAN-Phase zu beeinflussen. Dazu wurde ein mit SAN mischbares statistisches Copolymer eingesetzt, das im Folgenden mit seinem Handelsnamen (Denka IP) oder als Reaktivkomponente (RK) bezeichnet wird (Abbildung 17). Das verwendete Poly(N-Phenylmaleimid-Styren-Maleinsäureanhydrid) wird beispielsweise zur Erhöhung der Wärmeformbeständigkeit kommerzieller SAN-Produkte und deren Blends mit Polycarbonat oder zur Kompatibilisierung von PA6/ABS-Blends [196] eingesetzt. Die Mischbarkeit von SAN und Denka IP kann mittels des Glasübergangsverhaltens verschiedener Blendzusammensetzungen bei kalorimetrischer Messung nachgewiesen werden. Die Konsistenz des Glasübergangsverhaltens der Blends mit der allgemeinen Form der Couchman- Gleichung [67] (Kapitel 2.3.1, Gleichung 5) ist in Kapitel 12.12.1 dokumentiert. Somit kann in den ternären Blends aus SAN, Denka IP und PC von einer zweiphasigen Struktur ausgegangen werden, die durch die Mischphase SAN/RK und PC gebildet wird.

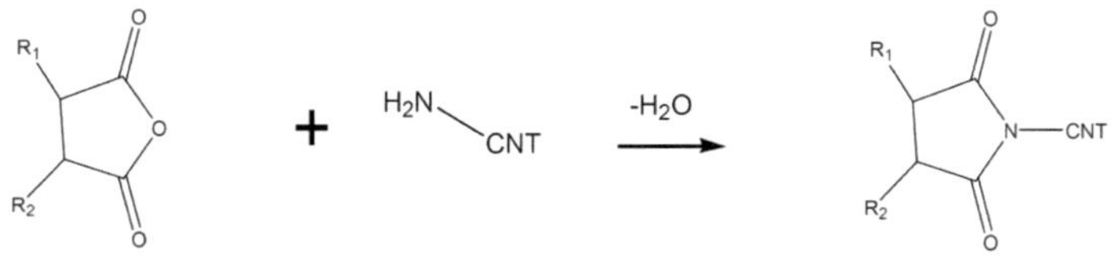

Abbildung 53: Mögliche Kopplungsreaktion zwischen der Maleinsäureanhydridgruppe in Denka IP und den Amingruppen auf der Oberfläche einer aminmodifizierter Carbon-Nanotube [18].

Sind auf der Nanotube entsprechende Kopplungsstellen wie im Beispiel Amingruppen vorhanden, so kann das Copolymer nach dem in Abbildung 53 dargestelltem Schema kovalent an die CNT-Oberfläche anbinden. Fehlen Ankopplungsmöglichkeiten, so sollten die Nanotubes unbeeinflusst von der Präsenz der Reaktivkomponente im Blend ihren thermodynamischen Präferenzen folgen und sich wie in Kapitel 4.3 beschrieben selektiv in der PC-Phase anreichern.

Mit dem Ziel, den Zusammenhang zwischen der Funktionalität der CNT-Oberfläche und dem Lokalisierungsverhalten der Nanotubes bei Präsenz des reaktiven Copolymers Denka IP aufzuklären, wurden die zwei MWCNT-Typen Nanocyl™ NC3150 und NC3152 mit nach Herstellerangaben graphitischer bzw. aminmodifizierter Oberfläche (Kapitel 3.1.2) eingesetzt.

8.2.2. Lokalisierungsverhalten in reaktivmodifizierten Blends

In Kapitel 4.3 wurde gezeigt, dass sich die MWCNT-Typen NC3150 und NC3152 beim Schmelzemischen des PC_{60}/SAN_{40} Modellblends ebenso wie Baytubes® C150HP stets und unabhängig vom Mischverfahren selektiv in der PC-Phase des Blends anordnen. Um den Einfluss der Reaktivkomponente auf das Lokalisierungsverhalten zu untersuchen, wurden diese analog zu den in Kapitel 4.3 beschriebenen Versuchen in cokontinuierliche PC/SAN-Blends mit reaktiv modifizierter SAN-Phase eingearbeitet. Dies beinhaltete sowohl die Vorcompoundierung in eine der Blendphasen als auch die Verarbeitung in einem Schritt. Zur Gewährleitung bestmöglicher Vergleichbarkeit mit dem unmodifizierten PC_{60}/SAN_{40}-Modellblend wurde dabei ein analoges Verhältnis der Gewichtsanteile der Polycarbonat- und der Styrolcopolymerphase gewählt $PC_{60}/(SAN/RK)_{40}$. Von Vorteil ist dabei, dass auch die Präsenz hoher Anteile des reaktiven Copolymers Denka IP[XLVII] zu keiner signifikanten Änderung der Blendphasenkontinuität und nur zu geringen Änderungen der Blenddomänengröße führt (Abbildung-A 11). Dies gewährleistet die Vergleichbarkeit der Morphologiebildungs- und Transfermechanismen zwischen den hier diskutierten Untersuchungen und jenen aus Kapitel 4.3.

Das Lokalisierungsverhalten beider CNT-Typen wurde an Anschnitten mit selektiv hydrolysierter PC-Phase in reaktiv modifizierten $PC_{60}/(SAN_{20}/RK_{20})_{40}$-Blends mit 20 Gew.-% Denka IP im Blend und 50 Gew.-% in der SAN-Mischphase untersucht. Der Vergleich mit den ebenso präparierten Anschnitten der unmodifzierten Blends mit NC3150 und NC3152 (Kapitel 4.3.2, Abbildung-A 3) zeigt, dass die Präsenz der Reaktivkomponente das Lokalisierungsverhalten der CNTs verändert. Bei Anordnung der CNTs in der PC-Phase fuhrt die Hydrolyse von Polycarbonat zur Ablagerung der Nanotubes in den dadurch erzeugten Hohlräumen. Dies konnte für alle PC/SAN-Blends ohne Denka IP beobachtet werden (Abbildung-A 3). Im Gegensatz dazu können an diesen Stellen bei Präsenz des reaktiven Copolymers keine Nanotubes nachgewiesen werden (Abbildung-A 16). Diese sind dann in die nicht hydrolytisch angreifbaren Stege aus Domänen der SAN/RK-Phase eingebettet. Dies indiziert, dass die Reaktivmodifizierung der SAN-Phase für beide CNT-Typen und unabhängig von der Art der Einbringung der Nanotubes zu einer Invertierung des Lokalisierungsverhaltens der MWCNTs führt. Diese Annahme konnte durch TEM- und EFTEM-Untersuchungen verifiziert werden (Abbildung 54).

[XLVII] 50 Gew.% innerhalb der SAN-Phase

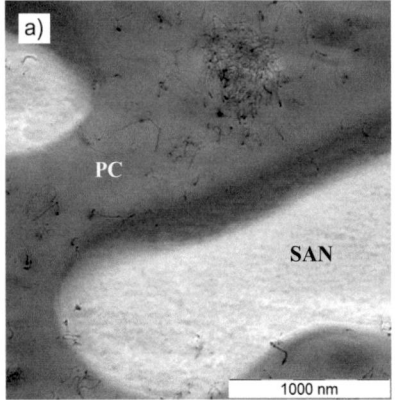 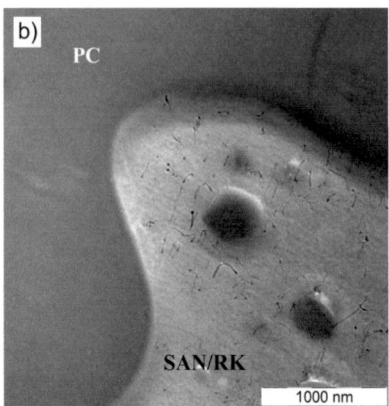

Abbildung 54: Einfluss der Reaktivkomponente (Denka IP) auf das Lokalisierungsverhalten von MWCNTs in cokontinuierlichen PC/SAN-Blends (TEM-Aufnahmen Nachdruck aus [17]); exemplarische Darstellung für einen durch simultanes Mischen aller Komponenten hergestellten Blend mit 0,5 Gew.-% Nanocyl^{TM} NC3152; a) PC_{60}/SAN_{40}, MWCNTs in der Polycarbonat-Phase (Tabelle-A 1, C- 20); b) $PC_{60}/(SAN_{20}$-$RK_{20})_{40}$, MWCNTs in der (SAN/RK)-Phase des Blends (Tabelle-A 1, C- 57); die Phasen konnten in weiterführenden Arbeiten durch EFTEM-Untersuchungen den Blendpolymeren PC und SAN zugeordnet werden.

Während man für die NH_2-modifizierten Tubes von einem gravierenden Einfluss der Reaktivkomponente auf das Lokalisierungsverhalten ausgehen konnte, erscheint die Anordnung der MWCNTs des Typs NC3150 mit nominal rein graphitischer Oberfläche in der SAN/RK-Phase überraschend. Inwiefern die in XPS-Untersuchungen nachweisbaren relativ hohen Sauerstoffkonzentrationen in oder auf den Tubes (Appendix 12.3.1) dabei zu Funktionalitäten auf der CNT-Oberfläche führen, die in der Schmelze kovalente Bindungen mit den MSA-Gruppen der Reaktivkomponente eingehen können, konnte aufgrund der in 2.5.5 beschriebenen Gründe im Rahmen dieser Arbeit nicht geklärt werden.

Noch deutlich schwieriger als der Nachweis funktioneller Gruppen auf der CNT-Oberfläche ist jener der möglichen Kopplungsreaktionen zwischen den CNTs und der Polymermatrix. Bei CNT-Gehalten von 0,5 Gew.-% im Blend ist die Konzentration der an solchen Bindungen beteiligten Elemente sehr gering. Die kovalente Anbindung der CNTs an das Matrixpolymer kann daher derzeit nicht mit standardisierten Verfahren nachgewiesen werden [188].

8.2.3. Elektrische Eigenschaften reaktivmodifizierter Blends

In Kapitel 4.3.2 wurde gezeigt, dass die selektive Anordnung der MWCNT-Typen NC3150 und NC3152 in der PC-Phase des PC/SAN-Modellblends die Realisierung doppelperkolierter Blendstrukturen mit gegenüber den Blendpolymeren deutlich reduzierten spezifischen Volumenwiderständen ermöglicht. Da die Präsenz von Denka IP (RK) zur selektiven Anreicherung der CNTs innerhalb der SAN/RK-Phase führt, wurde zunächst das elektrische Perkolationsverhalten der CNTs innerhalb dieses mischbaren Polymerblends untersucht.

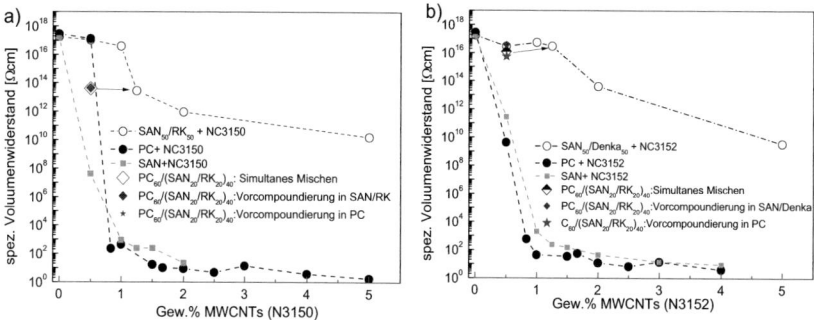

Abbildung 55: Spezifische Volumenwiderstände der Nanokompositblends mit der Reaktivkomponente Denka IP (RK) in SAN [18]; a) unmodifizierte MWCNTs des Typs NC3150: Perkolationsreihen: PC-NC3150 (Tabelle-A 1, C- 48), SAN-NC3150 (C- 49), mischbare SAN_{50}/RK_{50}-Blends (C- 50); ternäre $PC_{60}/(SAN_{20}$-$RK_{20})_{40}$ -Blends (C- 51, C- 52, C- 53); b) NH_2- modifizierte MWCNTs des Typs NC3152: Perkolationskurven: PC-NC3152 (Tabelle-A 1, C- 54); SAN-NC3152 (C- 55); mischbare SAN_{50}/RK_{50} Blends (C- 56); ternäre $PC_{60}/(SAN_{20}$-$RK_{20})_{40}$ -Blends (C- 57, C- 58, C- 59);.

Die spezifischen Volumenwiderstände dieser Blendkomposite mit den MWCNT-Typen NC3150 und NC3152 sind in Abbildung 55 dargestellt. Die Zusammensetzung des SAN/RK-Blends entspricht dabei jener der SAN/RK-Phase in den reaktiv modifizierten $PC_{60}/(SAN_{20}$-$RK_{20})_{40}$-Blends. Dabei zeigt sich, dass das Einbringen der Reaktivkomponente in SAN für beide CNT-Typen zu einer drastischen Erhöhung des elektrischen Volumenwiderstands führt. Die Ursache dieses schon verschiedentlich in der Literatur beschriebenen Phänomens ist bis heute nicht vollständig geklärt. Im Hinblick auf das Ladungstransportvermögen der inneren Schalen der MWCNTs (Kapitel 2.1) ist die Wahrscheinlichkeit, dass die sehr hohen Volumenwiderstände auf eine Störung der Elektronenkonfiguration der Nanotubes zurückzuführen sind, geringer als die einer Erhöhung des Kontaktwiderstands zwischen zwei Nanotubes. Tatsächlich wurden vergleichbare Beobachtungen von verschiedenen Autoren mit einer als Folge sehr starker Bindungskräfte auftretenden Immobilisierung von Polymerketten auf der CNT-Oberfläche erklärt [258-261].

Die großen Unterschiede im Perkolationsverhalten von CNTs in der SAN/RK- und in der PC-Phase ermöglichen es, aus den spezifischen Volumenwiderständen der ternären $PC_{60}/(SAN_{20}/RK_{20})_{40}$-Blends die Lokalisierung der CNTs innerhalb der zwei Blendphasen abzuleiten. Dabei zeigt sich das auf Grund der morphologischen Untersuchungen erwartete Ergebnis. Unabhängig von der Art der Einbringung der CNTs sind die spezifischen Volumenwiderstände der ternären Blends sehr hoch und liegen um viele Dekaden über jenen, die bei selektiver Lokalisierung der MWCNTs in der PC-Phase des Blends gemessen wurden (4.3.2). Das Widerstandsniveau entspricht dabei genau dem, dass bei selektiver Lokalisierung der CNTs in der SAN/RK-Phase erwartet werden könnte. Somit kann die selektive Anordnung der MWCNTs beider Typen in der reaktiv modifizierten SAN-Phase als gesichert angenommen werden.

8.3. Interpretation

Aufgrund der mit dem direkten Nachweis der Grenzflächenreaktionen zwischen CNTs und Polymeren verbundenen Schwierigkeiten konnte nicht nachgewiesen werden, dass die beobachtete Invertierung des Lokalisierungsverhalten tatsächlich auf eine kovalente Anbindung der MSA-Gruppen an funktionelle Gruppen auf der CNT-Oberfläche zurückzuführen ist. Prinzipiell könnte die selektive Anreicherung der MWCNTs in der SAN-Phase auch durch eine mit steigendem Copolymergehalt zunehmende Änderung der Oberflächenspannung der SAN-Phase erklärt werden. Das Lokalisierungsverhalten könnte dann auf dieselben Grenzflächeneffekte zurückgeführt werden, die in unmodifizierten PC/SAN-Blends zu einer selektiven Anreicherung der MWCNTs in der PC-Phase des Blends führen (Kapitel 2.6.1, 4.3.2 und 9.3). Aufgrund des sehr geringen Entropiegewinns beim Mischen von Polymeren (Kapitel 2.3.1) ist deren homogene Mischbarkeit meist aber nur für ähnliche Oberflächenspannungsparameter gegeben. Somit sind auch die Oberflächenspannungsparameter homogen mischbarer Polymerblends häufig nur in geringem Maße von der Blendzusammensetzung abhängig [76]. Diese Überlegungen und die durch die Reaktivkomponente verursachte drastische Erhöhung des Volumenwiderstands lassen die kovalente Anbindung der CNTs an die SAN/RK-Phase daher als sehr viel wahrscheinlicher erscheinen.

Bei Richtigkeit dieser Annahme muss die in-situ Kopplungsreaktion während des Schmelzemischens auch bei in PC vorcompoundierten MWCNTs stattfinden und dann zu einem Übergang der so angebundenen CNTs in die SAN/RK-Phase führen. Dazu muss die MSA-Gruppe des reaktiven Copolymers genau in dem Moment und an dem Ort verfügbar sein, an dem eine funktionelle Gruppe auf der Oberfläche der Carbon-Nanotube in Kontakt mit der Blendgrenzfläche kommt. Typische Schmelzemischprozesse gewährleisten, wie bereits erwähnt, eine hohe Zahl scherinduzierter Kollisionen einzelner CNTs mit der Phasengrenze zwischen den Polymeren (Kapitel 7). Die Wahrscheinlichkeit derartiger Begegnungen und damit die eines durch die Kopplungsreaktion ermöglichten Transfers der CNT von PC nach SAN würde dann mit dem MSA-Gehalt stark abnehmen. Dies sollte auch dann gelten, wenn die Zahl verfügbarer MSA-Gruppen deutlich größer ist, als die Gesamtzahl funktioneller Gruppen auf der Oberfläche der CNTs.

Weiterführenden Untersuchungen bestätigen diese Annahmen. Für sehr niedrige Gehalte des reaktiven Copolymers können in PC vorcompoundierte MWCNTs trotz rechnerisch ausreichender Zahl reaktionsfähiger MSA-Gruppen nicht oder nur unvollständig an die SAN/RK-Phase gebunden werden und verbleiben größtenteils in der Polycarbonatphase [17].

9. LOKALISIERUNGSVERHALTEN VON MWCNTS IN ZWEIPHASIGEN THERMOPLASTISCHEN BLENDS ALS INDIKATOR FÜR DIE WECHSELWIRKUNGEN ZWISCHEN TUBES UND MATRIX

„However, one fundamental problem in developing CNT polymer composites is the lack of understanding of wetting and adhesion behavior at the nanoscale" [171, 262].

Im folgenden Kapitel soll die im Rahmen dieser Arbeit als typisch identifizierte hochselektive Anordnung der Nanotubes innerhalb einer bevorzugten Blendphase als Indikator für die bis heute nicht verstandenen Wechselwirkungen zwischen Carbon-Nanotubes und polymeren Matrizes genutzt werden. Als Blendpolymere wurden dazu wichtige, im Fokus derzeitiger Forschungsanstrengungen zur Dispergierung von CNTs stehende, kommerzielle Polymere eingesetzt, um so Informationen über deren Interaktionen mit dem verwendeten kommerziellen CNT-Typ abzuleiten. Basierend auf der Untersuchung verschiedener Blends, werden dabei die in der Literatur publizierten Erklärungsansätze zum Lokalisierungsverhalten von CNTs in Polymerblends kritisch bewertet. Zudem wird gezeigt, dass das Lokalisierungsverhalten eines Nanotube-Typs in verschiedenen Polymerblends genutzt werden kann, um die derzeit experimentell nur äußerst schwer zu bestimmenden CNT-Oberflächenspannungsparameter einzugrenzen.

9.1. Bedeutung der CNT-Oberflächenspannung für Herstellung und Eigenschaften von Kompositen

Ein grundlegendes Problem bei der Entwicklung von polymeren Nanokompositen ist das derzeit noch sehr lückenhafte Verständnis der Benetzung von Oberflächen nanoskaliger Füllstoffe durch polymere Matrizes [171, 262]. Die Ursache der bisher unzureichenden Aufklärung der Grenzflächenwechselwirkungen wurden in Kapitel 2.5.5 beschrieben. Im Hinblick auf die mit abnehmender Größe der Füllstoffpartikel zunehmende Bedeutung der Grenzfläche wird somit bei polymeren Nanokompositen die Aufklärung vieler entscheidender Wechselwirkungen erschwert bzw. verhindert. Dies betrifft neben der Benetzbarkeit auch Adsorptions- und Immobilisierungsphänomene [117, 118, 168, 263] (Kapitel 2.4).

Unmittelbar auf die Grenzflächenspannung zwischen CNTs und der polymeren Matrix zurückgeführt werden können insbesondere die sich aus dem Benetzungswinkel ergebenden thermodynamischen Triebkräfte beim Partikelkontakt mit der Grenzfläche eines Polymerblends. Diese Kräfte können dann das Lokalisierungsverhalten der Nanotubes innerhalb mehrphasiger Mischungen dominieren (Kapitel 2.6.1, 2.7, 4, 6, 7).

Darüber hinaus wird die Dispergierbarkeit von CNT-Primäragglomeraten während des Schmelzemischens in einer polymeren Matrix entscheidend von der Grenzflächenspannung beeinflusst. Hohe Grenzflächenspannungen können beispielsweise den dabei entscheidenden Infiltrationsschritt [21, 31, 53, 256] behindern oder sogar verhindern. Es kann daher angenommen werden, dass Grenzflächenspannungseffekte eine wichtige Rolle bei der Erklärung der bis heute nicht verstandenen stark unterschiedlichen Dispergierergebnisse spielen, die bei der Einarbeitung von CNTs in polymere Komposite beobachtet werden [21, 53, 256]. Darauf deuten auch die großen Verbesserungen des CNT-Dispersionszustands beim Zusatz von grenzflächenaktiven Additiven hin [256].

Daher ist das Verständnis von Wechselwirkungen zwischen den polymeren Matrizes und den CNTs der Schlüssel zur Nutzung der herausragenden Eigenschaften der Carbon-Nanotubes in Kunststoffkompositen.

9.2. Korrelation von CNT-Oberflächenspannungsparametern und Lokalisierungsverhalten in mehrphasigen Polymerblends

Polymerblends mit zwei oder mehr unmischbaren Phasen sind im Hinblick auf die unbekannten Oberflächeneigenschaften einzelner CNTs aufgrund der beschriebenen Tendenz der CNTs zur phasenselektiven Lokalisierung während des Schmelzemischens [16] (Kapitel 2.4.3, 4.3, 6) sehr interessante Systeme. Es erscheint möglich, bei Auswahl geeigneter Blendpolymere aus dem Lokalisierungsverhalten der CNTs Informationen über deren Oberflächeneigenschaften abzuleiten. Mit zunehmender Anzahl von Lokalisierungsuntersuchungen in verschiedenen Blendsystemen sollte es dann möglich sein, diese Aussage zu präzisieren. Gegenüber herkömmlichen Verfahren zur Bestimmung der Oberflächenspannung (Kapitel 2.5.4 und 2.5.5) besteht der große Vorteil dieser Methode darin, dass tatsächlich die Interaktion zwischen einzelnen CNTs und den Blendpolymeren das Lokalisierungsverhalten der Nanotubes im Blend bestimmt. Typische Schmelzemischprozesse gewährleisten zudem für nahezu jede CNT den Kontakt mit der Blendgrenzfläche (Kapitel 7). Daher bietet sich für die CNTs die Gelegenheit, ihren thermodynamisch bevorzugten Lokalisierungszustand in der mehrphasigen Mischung einzunehmen.

9.3. Unsicherheiten derzeit üblicher Lokalisierungsvorhersagen

9.3.1. Problemstellung

Als mit der Anfertigung dieser Arbeit begonnen wurde, beschäftigte sich nur eine begrenzte Zahl an Publikationen mit Auswertung und Interpretation des Lokalisierungsverhaltens von CNTs in mehrphasigen schmelzegemischten Polymerblends. Dabei wurden die beobachteten

Lokalisierungszustände stets durch Berechnung des von Sumita u.a. [100] eingeführten Benetzungskoeffizienten erklärt (Kapitel 2.6.1 und 2.4.3). Da die Autoren aber bisher in keiner der publizierten Studien auf Oberflächenspannungswerte einzelner Carbon-Nanotubes des jeweils verwendeten CNT-Typs zugreifen konnten (2.4.3, 2.6.1), wurden bisher an anderen CNT-Typen gemessene Werte für die Berechnung verwendet. Daher und aufgrund der Bandbreite verfügbarer CNT-Oberflächenspannungsparameter sind diese Berechnungsergebnisse und damit die Lokalisierungsvorhersagen mit großen Unsicherheiten verbunden (siehe auch Kapitel 2.5.5). Dies soll im Folgenden exemplarisch für zwei Blendsysteme mit Baytubes® C150HP aufgezeigt werden.

9.3.2. Berechnung des Benetzungskoeffizienten nach dem Stand der Wissenschaft - MWCNTs im PC/SAN-Modellblend

Aufgrund der zentralen Stellung des PC/SAN-Modellblends in dieser Arbeit soll die Grenzflächenspannungsbetrachtung zunächst an diesem System durchgeführt werden, obwohl PC/SAN-Blends mit den verwendeten Acrylnitrilanteilen der SAN-Phase aufgrund der sehr geringen Grenzflächenspannung zwischen den Blendphasen eine Sonderstellung unter den phasenseparierten Blends einnehmen, auf die bereits in Kapitel 2.9 verwiesen wurde.

Wie in den in Kapitel 2.4.3 und 2.6.1 beschriebenen Studien, kann auch für Baytubes® C150 HP nicht auf die zur Berechnung des Benetzungskoeffizienten (Gleichung 31) nötigen Oberflächenspannungsparameter (OSP)[XLVIII] zugegriffen werden. In der Literatur wurden in diesem Fall meist die von Barber u.a. [128] und Nuriel u.a. [129] gemessenen Werte zur Abschätzung der Grenzflächenspannung zwischen den Blendpolymeren und dem jeweils verwendeten CNT-Typ verwendet (Kapitel 2.4.3 und 2.5.5.2). Diese sowie die OSP der Polymere des PC/SAN-Modellblends (Kapitel 4.2.3) sind in Tabelle 6 aufgelistet.

Werkstoff	Nr.	Temperatur [°C]	Oberflächenspannung [mN/m]	Polarer Anteil γ^p / γ^{ges}
MCWNT [128]	1	-	27.8	0,37
MCWNT [129]	2	-	45.3	0,59
PC [243]	3	265	30.5	0,26
SAN [242]	4	270	29.5	0,24

Tabelle 6: Bei der Berechnung des Benetzungskoeffizienten für den PC/SAN-MWCNT Modellblend verwendete Oberflächenspannungsparameter

Mit den in Kapitel 2.5.1 beschriebenen Berechnungskonzepten können aus diesen Werten die Grenzflächenspannungen im PC/SAN-MWCNT-Modellblend berechnet werden. Dazu kann das harmonische bzw. das geometrische Mittel eingesetzt werden (2.5.3, Gleichung 29 und

---

[XLVIII] OSP: Begriff kann äquivalent zu dem der Oberflächenenergieparameter verwendet werden

Gleichung 30). Um den Einfluss des Berechnungsverfahrens zu dokumentieren, wurde die Grenzflächenspannung für jede mögliche Kombination der Literaturwerte mit beiden Gleichungen berechnet (Tabelle 7).

Materialpaarung	Quellen-Nr. in Tabelle 6	γ_{12} (harm.) [mN/m]	γ_{12} (geom.) [mN/m]
PC[243]/SAN[242]	3+4	0.05	0.02
PC[243]/MCWNT [128]	3+1	0.94	0.47
SAN[242]/MCWNT [128]	4+1	1.19	0.60
PC[243]/MCWNT [129]	3+2	10.8	5.9
SAN[242]/MCWNT [129]	4+2	12.0	6.7

Tabelle 7: Berechnung der Grenzflächenspannungen im PC/SAN-MWCNT-Modellblend mit dem harmonischen („harm.", Gleichung 30) und geometrischen („geom.", Gleichung 29) Mittel und für verschiedene OSP der MWCNTs.

Die berechneten Grenzflächenspannungen zwischen PC und den MWCNTs liegen für beide Berechnungsverfahren und MWCNT-Oberflächenspannungsparameter stets geringfügig unter jenen, die sich der Berechnung zufolge zwischen SAN und den Nanotubes einstellen. Rein rechnerisch ergibt sich daher eine geringfügig bessere Benetzung der CNT-Oberfläche durch die PC-Phase. Bei Berechnung des Benetzungskoeffizienten aus den tabellierten Grenzflächenspannungen erhält man analog eine auf die thermodynamisch stabile Lokalisierung der CNTs in PC hindeutende Vorhersage (Tabelle 8, Werte $\omega < -1$)[XLIX].

Materialpaarung	Nr.	Quellennr. Tabelle 6	ω_a (harm.)	ω_a (geom.)
SAN [242]/PC [243] /MCWNT [128]	1	3+4+1	-5.2	-5.2
SAN [242]/PC [243]/ /MCWNT [129]	2	3+4+2	-24.6	-30.4

Tabelle 8: Benetzungskoeffizienten ω (Gleichung 31) aus harmonischem (harm.) und geometrischem (geom.) Mittel für verschiedene Literaturquellen

Die deutlich unterhalb des von Sumita u.a. [100] vorgeschlagenen Grenzflächenlokalisierungsintervalls liegenden Zahlenwerte des Benetzungskoeffizienten ergeben sich dabei nicht aus einer deutlich besseren Benetzbarkeit der CNTs durch die PC-Phase, sondern vielmehr aus den äußerst geringen Grenzflächenspannungen zwischen den Polymeren. Gute Verträglichkeit von zwei Phasen eines Blends führt generell zu einer sehr geringen Grenzflächenbelegungswahrscheinlichkeit, die auch bei wenig ausgeprägten Präferenzen der CNTs für eines der Blendpolymere durch hohe Werte des Benetzungskoeffizienten erkennbar wird. Der nach dem in der Literatur üblichen Verfahren berechnete Benetzungskoeffizient und das Lokalisierungsverhalten, das für MWCNTs der Typen Baytubes® C150HP [102], Nanocyl™ NC3150 und NC3152, sowie bei den ausgerichteten MWCNTs beobachtet wurde, sind somit konsistent (Kapitel 4.3 und 6.8.1).

[XLIX] Siehe auch Kapitel 2.6.1

Derartige Übereinstimmungen mit den experimentellen Ergebnissen werden in der Literatur derzeit häufig als Beleg für die Richtigkeit der vorgestellten Berechnungen gewertet. Im Folgenden soll gezeigt werden, dass solche Schlussfolgerungen nicht zulässig sind. Einen ersten Hinweis darauf liefert bereits der Umstand, dass die Lokalisierungsaussage des Benetzungskoeffizienten für zwei stark verschiedene Oberflächenspannungsparametersätze der CNTs identisch ist. Am Beispiel des PC/SAN-Modellblends soll daher zunächst untersucht werden, wie die Aussage des Benetzungskoeffizienten durch die große Bandbreite der für CNTs publizierten polaren Anteile der OSP beeinflusst wird.

9.4. Ausweitung der Grenzflächenspannungs-Betrachtung bei unbekannten Eigenschaften der CNT-Oberfläche

9.4.1. MWCNTs im PC/SAN-Modellblend

Derzeit umfasst das Spektrum der in der Literatur nach Fowkes [163] differenzierten polaren Anteile der Oberflächenspannung von MWCNTs ($\gamma_{pol}/\gamma_{ges}$) Werte zwischen null [168] und 59 [129] Prozent. Es erscheint daher sinnvoll, für einen bisher nicht mit einem geeigneten Verfahren vermessenen CNT-Typ $\gamma_{pol}/\gamma_{ges}$ als unbekannte Variable anzunehmen.

Abbildung 56a zeigt am Beispiel des PC/SAN-MWCNT-Modellblends die mit dem harmonischen Mittel (Gleichung 30) berechneten Grenzflächenspannungen zwischen den Blendpolymeren und den MWCNTs als Funktion von deren Polarität. Der aus den Grenzflächenspannungen berechnete Benetzungskoeffizient ω ist in Abbildung 56b dargestellt.

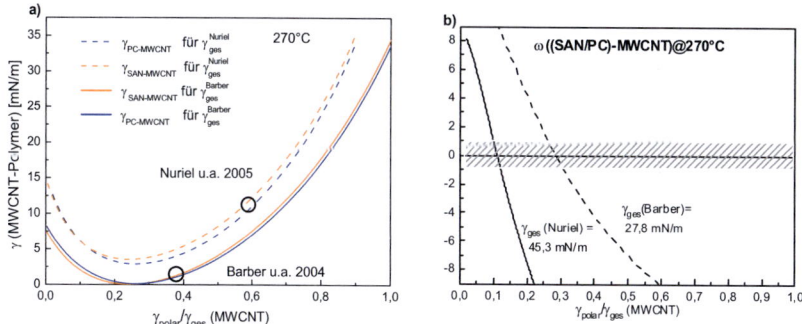

Abbildung 56: a) Aus dem harmonischen Mittel (Gleichung 30) berechnete Grenzflächenspannungen zwischen MWCNTs und dem jeweiligen Blendpolymer (PC oder SAN) als Funktion der MWCNT-Polarität. Berechnung für die von Barber u.a. [128] und Nuriel u.a. [129] publizierten MWCNT-Oberflächenspannungen (γ_{ges}, Tabelle-A 3); b) Benetzungskoeffizient als Funktion des polaren Anteils der MWCNT-Oberflächenspannung ($\gamma_{pol}/\gamma_{ges}$);

Die Berechnung wurde sowohl für die von Barber u.a. [128] als auch die von Nuriel u.a. [129] publizierten CNT-Oberflächenspannungswerte durchgeführt (Tabelle 6). Charakteristisch für den hier beschriebenen PC/SAN-Modellblend sind dabei die unabhängig vom polaren Anteil der CNT-OSP rechnerisch sehr ähnlichen Grenzflächenspannungen beider Blendphasen zur CNT-Oberfläche. Diese Ähnlichkeit ist problematisch, da schon relativ kleine Fehler bei der Messung der Oberflächenspannungen der Polymer dazu führen können, dass die tatsächlich größere GF-Spannung als kleinere in die Rechnung eingehen würde, was wiederum eine Umkehr der Lokalisierungsaussage zur Folge hätte. Daher ist dieses System zur Diskussion der CNT-Oberflächeneigenschaften nicht geeignet.

Die Untersuchung des Lokalisierungsverhaltens in Blends mit deutlich ausgeprägten Unterschieden bei Oberflächenspannung und polaren Anteilen der Polymere würde dagegen die Gewinnung sehr viel belastbarerer Informationen über die Wechselwirkungen der Blendpolymere mit den CNTs erlauben. Ein solches System erhält man beim Ersatz der Polycarbonatphase des PC/SAN-Modellblends durch Polystyrol. Die in Aufbau und Herstellungsverfahren eng verwandten Polymere PS und SAN bieten zudem die Möglichkeit, den Einfluss des Anteils aromatischer Strukturen bzw. den der polaren Acrylnitrilgruppen auf das Lokalisierungsverhalten der verwendeten Carbon-Nanotubes zu untersuchen.

9.4.2. MWCNTs in Blends aus Polystyrol und SAN

Auf Grundlage der Oberflächenspannungsparameter von PS (Tabelle-A 4) kann analog zu dem im vorausgegangenen Kapitel beschriebenen Verfahren die Grenzflächenspannung als Funktion des polaren Anteils der CNT-Oberflächenspannung berechnet werden (Abbildung 57). Bei Verwendung des harmonischen Mittels (Gleichung 30) sowie der von Barber u.a. [128] bzw. Nuriel u.a. [129] publizierten OSP der MWCNTs ergeben sich Werte des Benetzungskoeffizienten von 1,7 bzw. 4,2[L]. Somit wird für beide Literaturwerte die Lokalisierung der CNTs in der SAN-Phase des Blends vorhergesagt. Bei Betrachtung der Grenzflächenspannungen sowie des daraus berechneten Benetzungskoeffizienten wird aber deutlich, dass diese Vorhersage nur innerhalb eines bestimmten MWCNT-Polaritätsintervalls gültig ist (Abbildung 57 a,b). Der Schnittpunkt der Grenzflächenspannungskurven trennt jeweils denjenigen Bereich, in dem die CNT-Oberfläche besser durch die PS-Phase benetzt werden kann, von jenem einer bevorzugten Benetzung durch SAN. An diesem Punkt hat der Benetzungskoeffizient unabhängig von der Grenzflächenspannung zwischen den Blendphasen den Wert Null und markiert die Mitte des Intervalls thermodynamisch bevorzugter Anreicherung der Füllstoffe an der Grenzfläche des Blends.

[L] Gleichung 31: S1 = SAN, S2 = PS

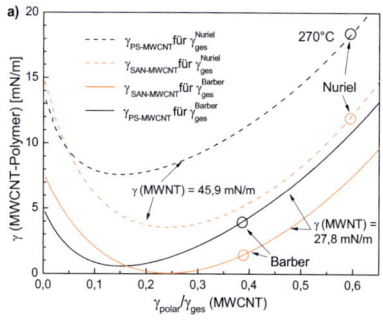 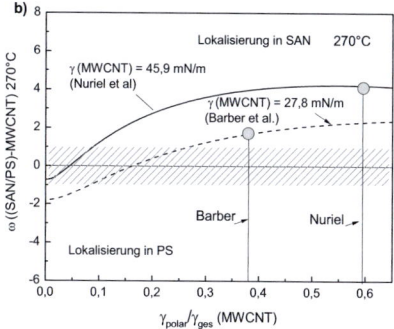

Abbildung 57: a) Aus dem harmonischen Mittel (Gleichung 30) berechnete Grenzflächenspannungen zwischen MWCNTs und dem jeweiligen Blendpolymer (PS oder SAN); Berechnung als Funktion der variablen MWCNT-Polarität für die von Barber u.a. [128] bzw. Nuriel u.a. [129] publizierten Oberflächenspannungswerte der Nanotubes (γ_{ges}(MCWNT)); die eingezeichneten Kreise markieren den Kurvenpunkt mit der vom jeweiligen Autor publizierten Parameterkombination; b) Aus den dargestellten Grenzflächenspannungen berechneter Benetzungskoeffizient

Nach der von Sumita u.a. [100] vorgeschlagenen Interpretation beinhaltet dieses Intervall alle Werte des Benetzungskoeffizienten zwischen $-1 < \omega < 1$[LI]. Verwendet man diese Definition sowie die von Barber u.a. [128] publizierten Werte für γ_{ges}(MCWNT), so ergibt sich aus der Berechnung für $8\% < \gamma_{polar}/\gamma_{ges}$(MCWNT) $< 27\%$ die selektive Lokalisierung der CNTs an der Grenzfläche, für alle Werte darüber in SAN und für alle darunter in PS.

Die Betrachtung dieses Beispiels zeigt, dass verschiedene Literaturwerte für den polaren Anteil der Oberflächenspannung von MCWNTs zu prinzipiell gegensätzlich Aussagen des Benetzungskoeffizienten führen können. Zudem wird die starke Abhängigkeit der Lokalisierungsaussage von der Oberflächenspannung γ_{ges}(MCWNT) deutlich. Auch γ_{ges}(MCWNT) wird derzeit aus einem sehr breiten Intervall verfügbarerer Literaturwerte ausgewählt (Kapitel 2.5.5, Tabelle 4). Es bietet sich daher an, auch γ_{ges}(MCWNT) als variable Größe aufzufassen. Bei bekanntem Lokalisierungsverhalten der CNTs im Blend kann so der Bereich der Oberflächenspannungsparameter eingegrenzt werden, für den man eine mit den experimentellen Ergebnissen übereinstimmende Aussage über den Benetzungskoeffizienten ω erhält.

In Abbildung 58 ist der Benetzungskoeffizienten für den SAN/PS-Blend als Funktion der CNT-Oberflächenspannungsparameter γ_{ges}(MCWNT) und $\gamma_{polar}/\gamma_{ges}$(MCWNT) dargestellt. Nach derzeitigem Stand der Wissenschaft würde die Anordnung der CNTs innerhalb der SAN-Phase für alle $\omega > 1$ erwartet werden (Kapitel 2.6.1).

[LI] Bei Gültigkeit der in Kapitel 6 diskutierten Annahmen reduziert sich die Breite des Intervalls mit zunehmendem Aspektverhältnis der Partikel

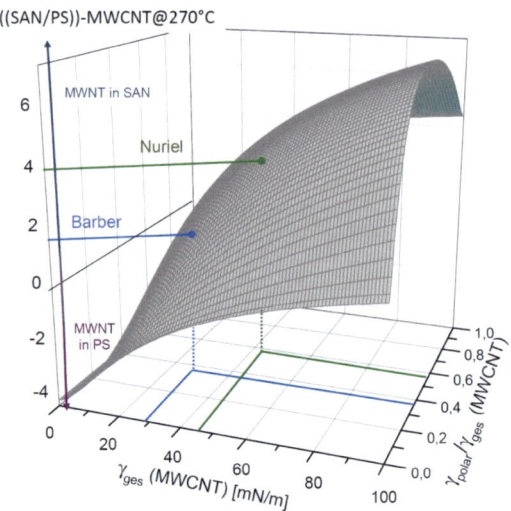

Abbildung 58: Benetzungskoeffizienten ω als Funktion der Grenzflächenspannung γ_{ges} (MCWNT) und derem polaren Anteil $\gamma_{polar}/\gamma_{ges}$ (MCWNT) für den SAN/PS-Modellblend.

Dies entspricht dem tatsächlich für Baytubes® C150HP zu beobachtenden Lokalisierungsverhalten (Abbildung 59).

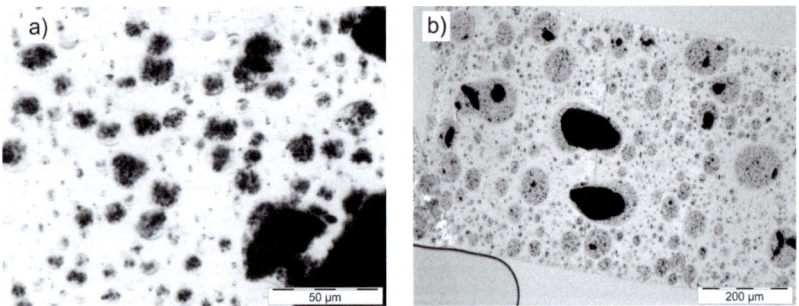

Abbildung 59: PS/SAN-Blends mit Baytubes® C150HP (LiMi- Untersuchung). a) PS_{75}/SAN_{25}; b) PS_{60}/SAN_{40} (Appendix, Tabelle-A 1, C- 66 und C- 67). SAN bildet bei Gehalten von 25 Gew.-% und 60 Gew.-% Tröpfchen bzw. eine disperse Phase innerhalb einer PS-Matrix. Diese sind für beide Blendzusammensetzungen selektiv mit CNTs und CNT-Agglomeraten gefüllt.

Somit kann den mit dem Lokalisierungsverhalten übereinstimmenden z-Werten in der xy-Ebene der MWCNT- Oberflächenparameter eine Fläche „möglicher" Werte zugeordnet werden (Abbildung 60b, gelb). Dementsprechend ergibt sich für alle Werte von ω < -1 eine Fläche nicht möglicher Parameter (Abbildung 60b, schraffiert). Dazwischen liegt ein Unsicherheitsbereich, dessen Ausdehnung bei Richtigkeit der in Kapitel 6 diskutierten Schlussfolgerungen vom effektiven Partikelaspektverhältnis abhängig ist. Beispielhaft wurden die bei der derzeitigen Diskussion des Lokalisierungsverhaltens von CNTs in Blends häufig verwendeten Oberflächenspannungswerte von Barber u.a. [128] und Nuriel u.a. [129] die Diagramme eingetragen und durch die aktuelleren Untersuchungen von Stöckelhuber u.a. [168] ergänzt (Kapitel 2.4.3).

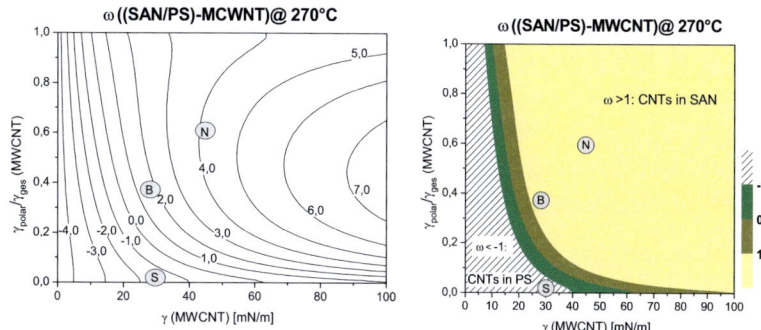

Abbildung 60: a) Topographische Darstellung des Benetzungskoeffizienten für variable OSP der CNTs; b) binarisierte Darstellung; gelb: möglicher Bereich der OSP, schraffiert: Bereich nicht möglicher Parameter; grün/braun: Unsicherheitsbereich, für den nach klassischer Definition von ω [264] die selektive Lokalisierung der Nanotubes an der Blendgrenzfläche erwartet werden könnte; als Referenz eingetragen: Häufig zitierte MWCNT-Oberflächenspannungswerte (S, B, N: Stöckelhuber u.a. [168], Barber u.a. [128], Nuriel u.a. [129])

Die Darstellung zeigt, dass das Lokalisierungsverhalten innerhalb eines großen CNT-Oberflächenparameterbereichs mit der Vorhersage des Benetzungskoeffizienten übereinstimmt. Somit kann die Konsistenz von experimentellem Ergebnis und Lokalisierungsvorhersage keinesfalls als Beweis für die Richtigkeit der verwendeten OSP interpretiert werden.

Setzt man sowohl die Richtigkeit von Polymer-Oberflächenspannungsparametern und Berechnungsmethode voraus, ermöglicht die Darstellung der möglichen und nicht möglichen Oberflächenspannungsbereiche grundsätzlich die gezielte Fraktionierung von CNTs mit unterschiedlichen Oberflächeneigenschaften. Dies könnte beispielsweise genutzt werden, um Nanotubes, die aufgrund mangelnder Zugänglichkeit innerhalb der Primäragglomerate nicht von einem Oberflächenbehandlungsverfahren erreicht werden konnten, von jenen zu trennen, die einer Reaktion zugänglich waren.

9.5. MWCNTs in zweiphasigen thermoplastischen Polymerblends

Im Folgenden soll geklärt werden, ob es CNT-Oberflächenspannungsparameter gibt, mit denen das Lokalisierungsverhalten von Baytubes® C150HP in verschiedenen Blends konsistent erklärt werden kann. Trotz des damit verbundenen Risikos einer Ergebnisverfälschung durch evtl. vorhandene und von den Herstellern nicht deklarierte Zusatzstoffe wurden dabei kommerziell bedeutsame Kunststoffe verwendet, um deren Affinität zu den MWCNTs beurteilen zu können. Dieses Vorgehen erscheint insbesondere im Hinblick auf die bis heute nicht aufgeklärten Ursachen der stark unterschiedlicher Dispergierergebnisse sinnvoll, die sich bei Einarbeitung von CNTs in die hier untersuchten Thermoplasten ergeben [53]. Aufgrund der großen Bedeutung der Grenzflächenspannungen für den Dispergiererfolg [53, 256] wurde von den Lokalisierungsuntersuchungen die Gewinnung von für die zukünftige Vermarktung von thermoplastischen Kunststoffen mit CNTs wertvollen Erkenntnissen erwartet.

Die Untersuchung des Lokalisierungsverhaltens eines spezifischen CNT-Typs in verschiedenen Polymerblends ist auch aus anderer Perspektive interessant. So bietet sich damit die Möglichkeit, die in Kapitel 6 abgeleiteten Vorhersagen zur Grenzflächenstabilität der CNTs weiter zu verifizieren. Darüber hinaus können damit einige der bisher in der Literatur veröffentlichten Vermutungen zu lokalisierungsrelevanten Parametern auf ihre Gültigkeit überprüft werden. Aufgrund der derzeitigen Versuche, MWCNTs in den Matrizes der für antistatische Kunststoffbauteile mit CNTs sehr interessanten Polyamide [265, 266] und Polyester [267, 268] zu dispergieren, sollen diese Polymere zusätzlich zu den bereits beschriebenen Blends aus Polycarbonat und Styrolcopolymeren in die Untersuchung einbezogen werden. Allerdings kann es in Blends aus Polykondensaten zu in-situ Reaktionen zwischen den Blendphasen kommen. So beschreibt die Fachliteratur Umesterungs- bzw. Austauschreaktionen in PC/PBT- [269], PC/PET- [270], PA6/PET- [271] und PA6/PC- [272] Blends. Weil eine Beeinflussung des Lokalisierungsverhaltens der CNTs durch derartige Reaktionen nicht ausgeschlossen werden kann, sollen diese Polymerkombinationen von der folgenden Diskussion der Grenzflächenspannungseffekte ausgeschlossen werden.

Die Abbildungen 61-68 zeigen das Lokalisierungsverhalten von Baytubes® C150HP in verschieden binären Blends aus Polyamid 12 (PA12), Polyamid 6 (PA6), Polyethylenterephthalat (PET), Polymethylmethacrylat (PMMA), PC , SAN und PS. Polymere und Nanotubes wurden in einem Schritt gemischt (Tabelle-A 1). Für jedes Blendsystem wurden drei verschiedene Zusammensetzungen im Transmissionslichtmikroskop untersucht. Im Falle hochselektiver Lokalisierung und genügender Domänengröße führt die starke Absorption der CNTs im optischen Bereich zu einem klaren Kontrast zwischen den Blendphasen. Die asymmetrischen Blendzusammensetzungen erlauben dann die Zuordnung der gefüllten Phase[LII].

Die Untersuchungen zeigen, dass die Substitution der PC-Phase des PC/SAN-Modellblends durch die Polymere PET, PA 12 oder PA 6 stets zur selektiven Anreicherung der CNTs in den teilkristallinen Kunststoffen führt (Abbildung 61-Abbildung 63). Dies geschieht unabhängig von der Blendzusammensetzung und trotz des höheren Schmelzpunkts dieser Polymere.

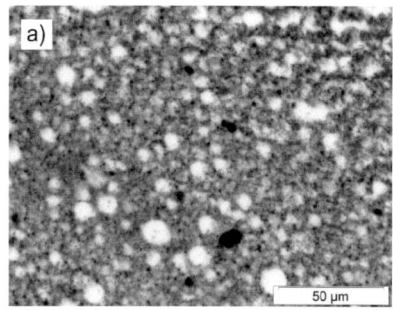 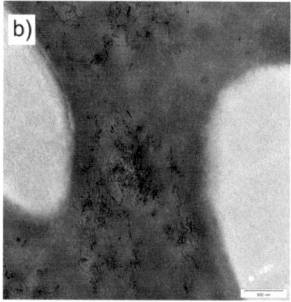

Abbildung 61: 2 Gew.-% Baytubes® C150HP in PET$_{75}$/SAN$_{25}$ Blends (Appendix, Tabelle-A 1, C- 69- C- 71); a) LiMi- und b) TEM-Aufnahmen; Selektive Lokalisierung der MWCNTs in PET; (andere Blendzusammensetzungen: Abbildung-A 17, Abbildung-A 18)

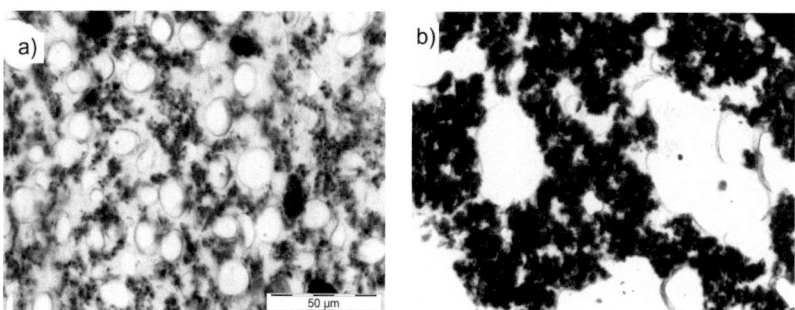

Abbildung 62: 2 Gew.-% Baytubes® C150HP in PA 12/SAN-Blends; (Tabelle-A 1, C- 72- C- 74); a) (PA 12)$_{75}$/SAN$_{25}$; b) (PA12)$_{60}$/SAN$_{40}$; Selektive Lokalisierung der MWCNTs in PA 12; (andere Blends: Abbildung-A 19);

[LII] Aufgrund der hohen Zahl untersuchter Systeme wurde die Darstellung an dieser Stelle auf jeweils zwei der drei Blendzusammensetzungen beschränkt, während die dritte in Kapitel 12.13 dargestellt ist

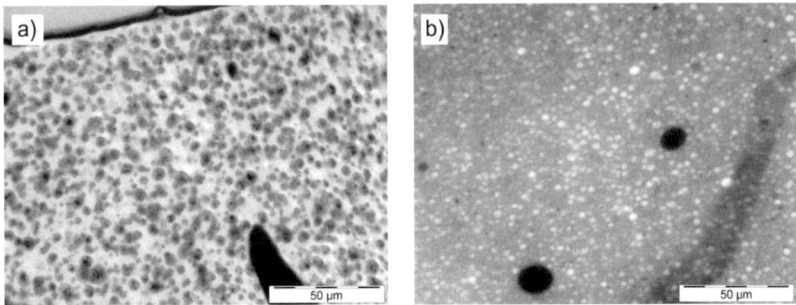

Abbildung 63: 2 Gew.-% Baytubes® C150HP in PA6/SAN-Blends; (Tabelle-A 1, C- 75- C- 77); a) $(PA6)_{25}/SAN_{75}$; b) $(PA6)_{75}/SAN_{25}$; Selektive Lokalisierung der MWCNTs in PA6 (andere Blends: Abbildung-A 21)

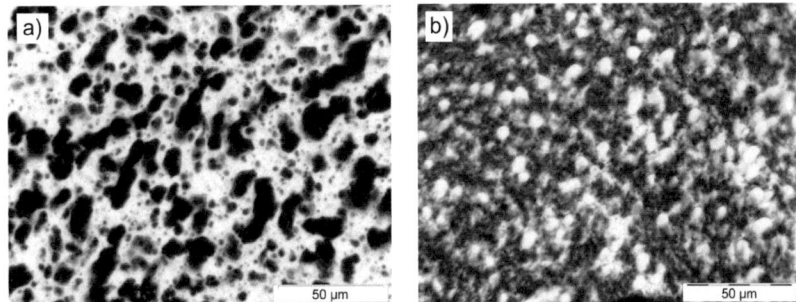

Abbildung 64: 2 Gew.-% Baytubes® C150HP in PET/PMMA-Blends (Tabelle-A 1, C- 78- C- 80); a) $PET_{25}/PMMA_{75}$; b) $PET_{75}/PMMA_{25}$, Selektive Lokalisierung der MWCNTs in PET (Abbildung-A 22)

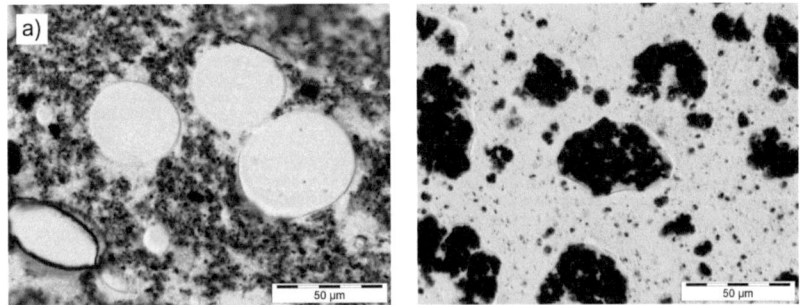

Abbildung 65: 2 Gew.-% Baytubes® C150HP in PA12/PMMA-Blends; (Tabelle-A 1, C- 81- C- 83); a) $(PA12)_{75}/PMMA_{25}$; b) $(PA12)_{25}/PMMA_{75}$; Selektive Lokalisierung der MWCNTs in PA12 (Abbildung-A 23)

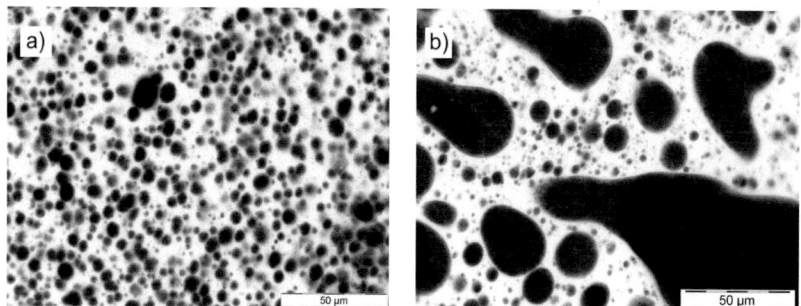

Abbildung 66: 2 Gew.-% Baytubes® C150HP in PA6/PMMA-Blends; (Tabelle-A 1, C- 84- C- 86); a) $PA6_{25}/PMMA_{75}$; b) $(PA6)_{40}/PMMA_{60}$; Selektive Lokalisierung der MWCNTs in PA6 (Abbildung-A 24)

Ersetzt man SAN durch die amorphen Kunststoffe PMMA (Abbildung 64-Abbildung 66) und PS (Abbildung 67, Abbildung 68), ist das Lokalisierungsverhalten analog.

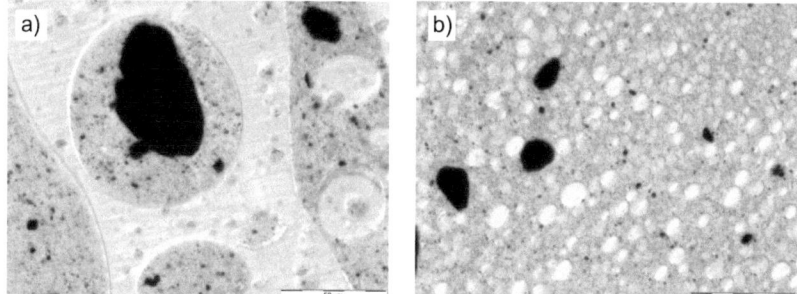

Abbildung 67: 2 Gew.-% Baytubes® C150HP in PC/PS-Blends (Tabelle-A 1, C- 87- C- 89); a) PC_{60}/PS_{40}; b) PC_{75}/PS_{25}; Selektive Lokalisierung der MWCNTs in PC (Abbildung-A 25)

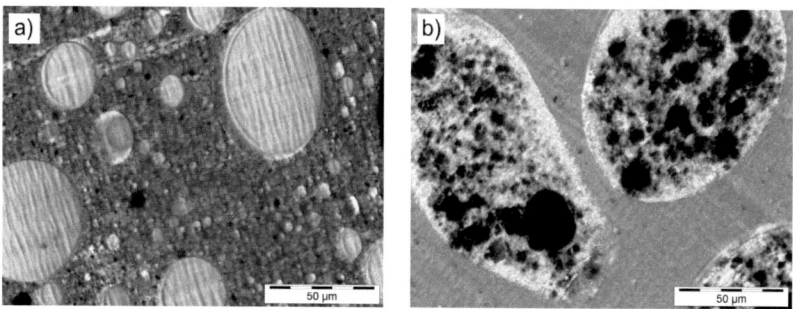

Abbildung 68: 2 Gew.-% Baytubes® C150HP in PET/PS-Blends; (Tabelle-A 1, C- 90- C- 92); a) PET_{75}/PS_{25}; b) PET_{25}/PS_{75}; Selektive Lokalisierung der MWCNTs in PET (Abbildung-A 20)

Die in Abbildung 61-70 dargestellten Morphologien weisen zum Teil erhebliche Unterschiede sowohl bei Form und Größe der Domänen als auch beim Dispersionsgrad der CNTs auf. Dennoch ist die selektive Lokalisierung der CNTs in einer der Blendphasen für alle Zusammensetzungen dieser Blends konsistent und gut nachzuweisen. Das Polymer mit der höheren Affinität zu den CNTs bildet dabei bei einem Massengehalt von 25 Gew.-% stets selektiv gefüllte Tröpfchen in einer transparenten Matrix des Blendpartners. Bei einem hohen Massengehalt der selektiv gefüllten Blendphase (75 Gew.-%) bildet die ungefüllte Blendphase transparente Tröpfchen, die in eine dunkel erscheinende Matrix des bevorzugten Polymers eingelagert sind.

Die dargestellten Untersuchungen zeigen, dass die schon nach relativ kurzen Schmelzemischprozessen hochselektive Anreicherung der CNTs in der bevorzugten Phase eines binären Blendsystems ein für diese Füllstoffklasse typisches Verhalten zu sein scheint. Somit kann ausgeschlossen werden, dass dieses Phänomen auf bisher nicht berücksichtigte Besonderheiten der ausführlich beschriebenen PC/SAN-Blends zurückzuführen ist.

In Verbindung mit den in Kapitel 6.8 beschriebenen Untersuchungen können somit die im Rahmen dieser Arbeit dargestellten Ergebnisse als aussagekräftige Hinweise auf die Richtigkeit der in Kapitel 6 erläuterten Annahmen zur Korrelation von Partikelaspektverhältnis und Lokalisierungsverhalten interpretiert werden.

Darüber hinaus kann das beobachtete Lokalisierungsverhalten dazu genutzt werden, einige bisher veröffentlichte Vermutungen zu lokalisierungsrelevanten Parametern zu überprüfen.

9.6. Überprüfung von publizierten Aussagen zu lokalisierungsrelevanten Parametern

Das unzureichende Verständnis des komplexen Lokalisierungsverhaltens nanoskaliger Füllstoffe in Polymerblends [12] führt zu zum Teil zu stark pauschalisierenden Aussagen einzelner Autoren über den Einfluss der verschiedenen Parameter. So vermuteten Sun u.a. [121] und Yesil u.a. [125] im Jahr 2010, dass Carbon-Nanotubes generell von den Blendphasen mit der höheren Polarität besser benetzt werden und sich daher in dieser anordnen. Eine derartige Tendenz wurde auch von Fenouillot u.a. indiziert [12].

Legt man die in Tabelle-A 4 zusammengefassten Oberflächenspannungswerte der verwendeten Blendpolymere zugrunde, so kann anhand des Lokalisierungsverhaltens von Baytubes® C150HP in PET/SAN-, PA12/SAN- , PET/PMMA- und PA12/PMMA-Blends gezeigt werden, dass ebenso die selektive Anreicherung der Nanotubes in einer Phase mit einem geringeren polaren Anteil möglich ist (Tabelle 9, Parameter $P_p < 1$).

Andere Autoren postulieren die bevorzugte Anreicherung der Füllstoffe in der Blendphase mit der niedrigeren Schmelzeviskosität [125, 201]. Diese Annahme kann durch das Lokalisierungsverhalten von Baytubes® C150HP in PC/SAN-, SAN/PS-, PA6/PMMA-, PC/PS- und PET/PS-Blends widerlegt werden (Tabelle 9, Parameter $p_f > 1$). Besonders aussagekräftig ist dabei der in Kapitel 4.3 beschriebene vollständige Transfer der CNTs aus SAN in die PC-Phase der PC/SAN-Blends. Die Schmelzeviskosität von Polycarbonat liegt dabei im gesamten Scherratenbereich deutlich über der von SAN.

Neben dem Einfluss der Viskosität erscheint in diesem Zusammenhang auch eine analoge Betrachtung von Oberflächenspannung (Tabelle 9, Parameter P_p) und Erweichungstemperatur der selektiv gefüllten Phase als interessant. Auch hier zeigt sich, dass sich die Nanotubes sowohl selektiv in den Blendphasen mit der höheren als auch in jenen mit der niedrigeren Oberflächenspannung bzw. Erweichungstemperatur anordnen können.

Blendsystem	CNTs in	$P_p = \dfrac{\gamma^{polar}_{bevorzugt}/\gamma^{ges}_{bevorzugt}}{\gamma^{polar}_{leer}/\gamma^{ges}_{leer}}$	$P_f = \dfrac{\eta_{bevorzugt}}{\eta_{leer}}$	$P_\gamma = \dfrac{\gamma^{ges}_{bevorzugt}}{\gamma^{ges}_{leer}}$	Zuerst erweichende Phase
PC [243]/SAN 25 [242]	PC	>1	>1	~1	SAN
SAN [242]/PS [273]	SAN	>1	>1	>1	PS
SAN [242]/PET [273]	PET	<1	<1	≈1	SAN
PA12 [273]/SAN [242]	PA12	<1	<1	<1	SAN
PA6 [274]/SAN [242]	PA 6	>1	1	>1	SAN
PET [273]/PMMA [273]	PET	<1	<1	>1	PMMA
PA12 [273]/PMMA [273]	PA12	<1	<1	<1	PMMA
PA6 [274]/PMMA [273]	PA 6	1	>1	>1	PMMA
PC [243]/PS [273]	PC	>1	>1	>1	PS
PET [273]/PS [273]	PET	>1	>1	>1	PS

Tabelle 9: Auswertung des Lokalisierungsverhaltens von Baytubes® C150HP in der Phasenmorphologie der in 9.5 beschriebenen Blends für verschiedene in der Literatur diskutierte lokalisierungsrelevante Parameter; die Quellenangaben zu den Polymeren der Blendsysteme beziehen sich auf die zur Definition der Größen P_p und P_γ benötigten Oberflächenspannungsparameter (Kapitel 12.3.3, Tabelle-A 4); p_f: Verhältnis der Schmelzeviskositäten der ungefüllten Blendpolymere ($\eta_{bevorzugt}$: Viskosität des nach dem Schmelzemischen selektiv mit CNTs gefüllten Blendpolymers; η_{leer}: Viskosität der ungefüllten Phase); P_p: Quotient der polaren Anteile der Grenzflächenspannung der Blendpolymere (Zähler: bevorzugtes Polymer: $\gamma^{polar}_{bevorzugt}/\gamma^{ges}_{bevorzugt}$; Nenner: nicht gefülltes Polymer $\gamma^{polar}_{leer}/\gamma^{ges}_{leer}$; P_γ= Quotient aus der Grenzflächenspannung der bevorzugten und der nicht bevorzugten Blendphase.

Im Folgenden soll untersucht werden, ob es möglich ist, den CNTs des Typs Baytubes® C150HP Oberflächenspannungsparameter zuzuordnen, mit deren Hilfe ihr Lokalisierungsverhalten in allen in 9.6 dargestellten Blends erklärt werden kann.

9.7. Überprüfung der Eignung häufig verwendeter MWCNT-Oberflächenspannungsparameter zur Erklärung des Lokalisierungsverhaltens von Baytubes® C150HP in binären Polymer Blends

Wie bereits erwähnt, wurde das Lokalisierungsverhaltens von CNTs in unmischbaren Blends bisher nahezu ausschließlich durch Berechnung des Benetzungskoeffizienten aus den von Nuriel u.a. [129] und Barber u.a. [128] veröffentlichten CNT-OFP diskutiert. Daher soll überprüft werden, ob das in 9.5 beschriebenen Lokalisierungsverhalten der MWCNTs mit diesen Werten bzw. jenen aus einer aktuelleren Studie von Stöckelhuber u.a. [168] erklärt werden kann. Dazu wurden die Grenzflächenspannungen und der aus ihnen berechnete Benetzungskoeffizient auf Basis der in Tabelle-A 4 zusammengestellten Oberflächenspannungswerte der eingesetzten Polymere berechnet (Tabelle 10).

Blendsystem und verwendete Literaturwerte	Lokalisierung in	Übereinstimmung ω und CNT-Lok. für Werte von		
		*Nuriel u.a. [129]	* Barber u.a. [128]	*Stöckelhuber u.a. [168].
PC[243]/SAN 25[242]	PC	Ja	Ja	Nein
SAN[242]/PS[273]	SAN	Ja	Ja	Nein
SAN[242]/PET[273]	PET	Nein	Nein	Ja
PA12[236]/SAN[20]	PA12	Nein	Nein	Ja
PA6[273]/SAN[242]	PA 6	Ja	teils	Nein
PET[273]/PMMA[273]	PET	Nein	teils	Ja
PA12[273]/PMMA[273]	PA12	Nein	Nein	Ja
PA6[273]/PMMA[273]	PA 6	Ja	Nein	Teils
PC[243]/PS[273]	PC	Ja	Ja	Nein
PET[273]/PS[273]	PET	Ja	Ja	Nein

Tabelle 10*: Vergleich der Vorhersagen des Benetzungskoeffizienten (Kapitel 2.6.1) mit dem beobachteten Lokalisierungsverhalten der CNTs (Kapitel 9.5) für verschiedene publizierte CNT-Oberflächenspannungsparameter [128, 129, 168] (Übereinstimmung Ja/Nein); Berechnung aus den Werten aus Tabelle-A 4 unter Verwendung des harmonischen Mittels (Gleichung 30)

Die Auswertung zeigt, dass keiner der publizierten Werte das Lokalisierungsverhalten in allen Blends erklären kann bzw. besonders gut oder schlecht zur Beschreibung geeignet ist.

9.8. Der Bereich möglicher Oberflächenspannungsparameter von MWCNTs des Typs Baytubes® C150HP

Daher soll im Folgenden mit Hilfe des in 9.4 eingeführten Konzepts möglicher und nicht möglicher Oberflächenspannungsparameter versucht werden, für MWCNTs des Typs Baytubes® C150HP einen Bereich möglicher Oberflächenspannungsparameter aufzufinden, mit dem ihr Lokalisierungsverhalten für jeden der in 9.5 untersuchten Blends erklärt werden kann. Dies setzt voraus, dass die Grenzflächenspannungseffekte in diesen Blends nicht durch andere lokalisierungsrelevante Wechselwirkungen zwischen der CNT-Oberfläche und den Blendpolymeren überlagert werden. Beispielsweise kann nicht vollständig ausgeschlossen werden, dass es zwischen den CNTs und den Polymeren zu kovalenten Kopplungsreaktionen kommt, die das Lokalisierungsverhalten beeinflussen. Zudem ist die Konsistenz der für die Blendpolymere angenommenen Oberflächenspannungsparameter und der tatsächlichen Eigenschaften der verwendeten kommerziellen Polymere nicht abgesichert. Unsicherheiten resultieren dabei aus dem in Kapitel 2.5 beschriebenen Einfluss des Messverfahrens, aus der nicht auszuschließenden Präsenz oberflächenaktiver Additive und aus der nicht gegebenen Verfügbarkeit von Literaturwerten für das jeweilige Handelsprodukt der einzelnen Hersteller (siehe auch: 2.5.5 und 2.6.1). Die Zuverlässigkeit der ermittelten Oberflächenspannungsparameter könnte beispielsweise durch Verwendung von nicht-kommerziellen, hochreinen Polymeren erhöht werden. Wie bereits erwähnt wurde der Kompromiss, für die Untersuchung im großen Maßstab hergestellte Handelsprodukte zu verwenden, aber bewusst eingegangen, um Informationen über die Affinität dieser als Matrixsysteme für CNTs hochinteressanten Polymere zu gewinnen. Das im Folgenden erläuterte Vorgehen soll daher vorrangig dazu dienen, ein Verfahren aufzuzeigen, mit dessen Hilfe aus dem Lokalisierungsverhalten der CNTs in phasenseparierten flüssigen Mischungen auf die Oberflächenspannungsparameter der einzelnen Nanotubes geschlossen werden kann. Dieses beinhaltet die Berechnung des Benetzungskoeffizienten ω als Funktion der unbekannten Oberflächenspannungsparameter der Nanopartikel für verschiedene Systeme mit bekanntem Lokalisierungsverhaltens der CNTs und die anschließende Schnittmengenbildung der möglichen Bereiche in der topographischen Projektion.

Für die in Kapitel 9.5 beschriebenen Blendsysteme ergeben sich die in Abbildung 69-Abbildung 71 dargestellten Werte des Benetzungskoeffizienten (links) sowie die zugehörigen möglichen und nicht möglichen Bereiche (rechts). In dieser Art der Darstellung wird deutlich, dass bei isolierter Betrachtung eines Blendsystems eine große Bandbreite an CNT-Oberflächenspannungsparametern das experimentell beobachtete Lokalisierungsverhalten erklären kann. Auch aus der hochselektiven Lokalisierung von Carbon-Nanotubes in einer Blendphase kann somit nicht darauf geschlossen werden, dass alle CNTs der verwendeten Charge ähnliche Oberflächeneigenschaften aufweisen müssen.

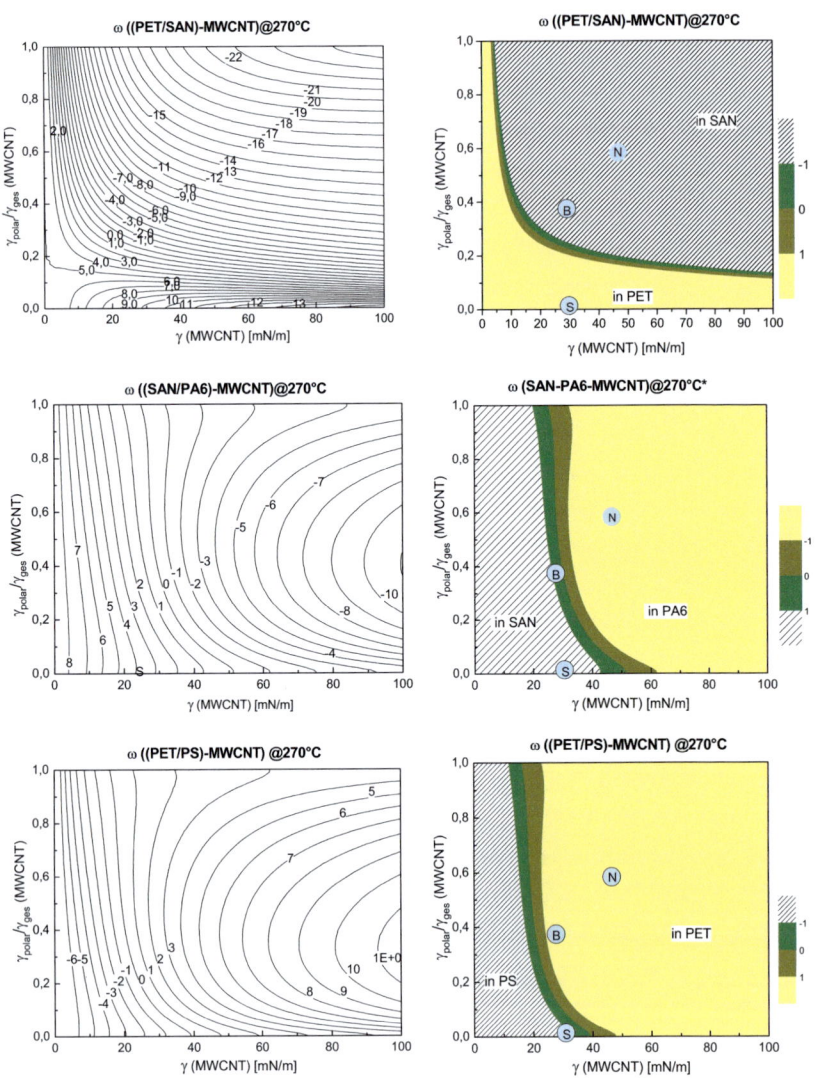

Abbildung 69: Topographische Darstellung des Benetzungskoeffizienten ω sowie der sich daraus ergebenden Bereiche möglicher (gelb) und nicht möglicher (Schraffur) OFP der CNTs; a) PET/SAN, b) PA6/SAN, c) PET/PS; Als Referenz eingetragen: Auswahl publizierter OFP von MWCNTs (S, B, N: Stöckelhuber u.a. [168], Barber u.a. [128], Nuriel u.a. [129])

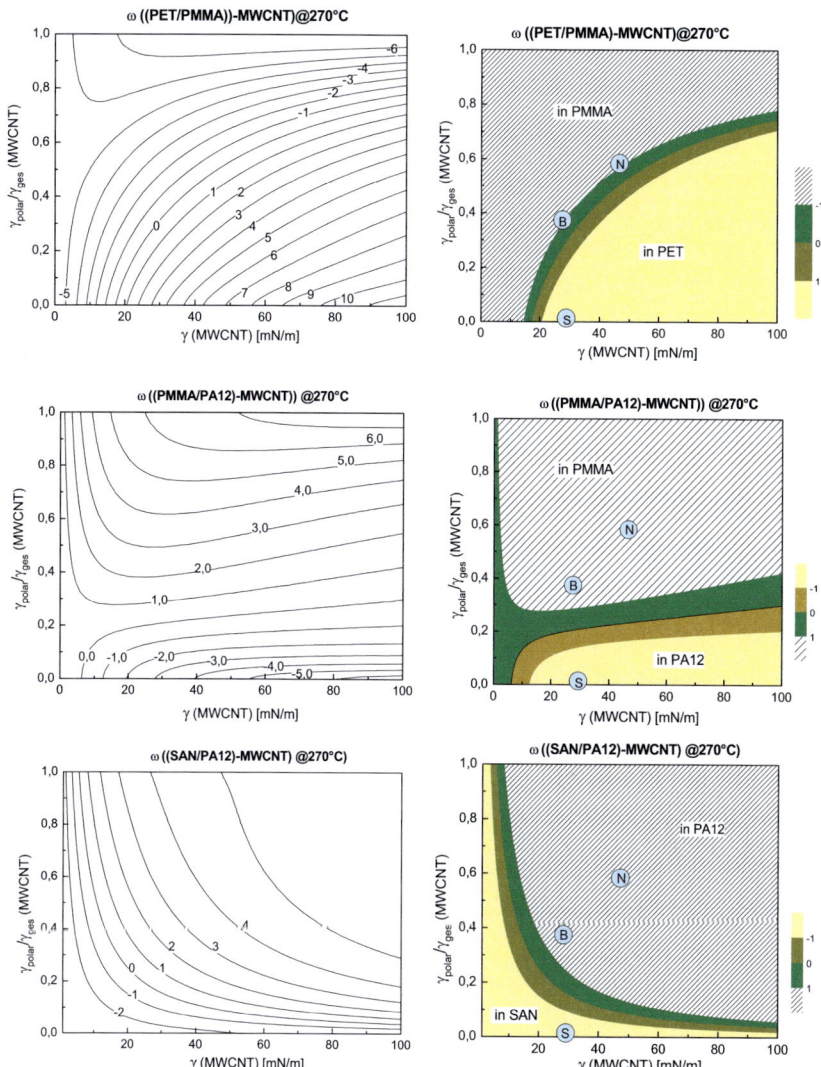

Abbildung 70: Topographische Darstellung des Benetzungskoeffizienten ω bei 270°C sowie der sich daraus ergebenden Bereiche möglicher (gelb) und nicht möglicher (Schraffur) OFP der CNTs; a) PET/PMMA, b) PMMA/PA12; c) SAN/PA12; Als Referenz eingetragen: Auswahl publizierter OFP von MWCNTs (S, B, N: Stöckelhuber u.a. [168], Barber u.a. [128], Nuriel u.a. [129]

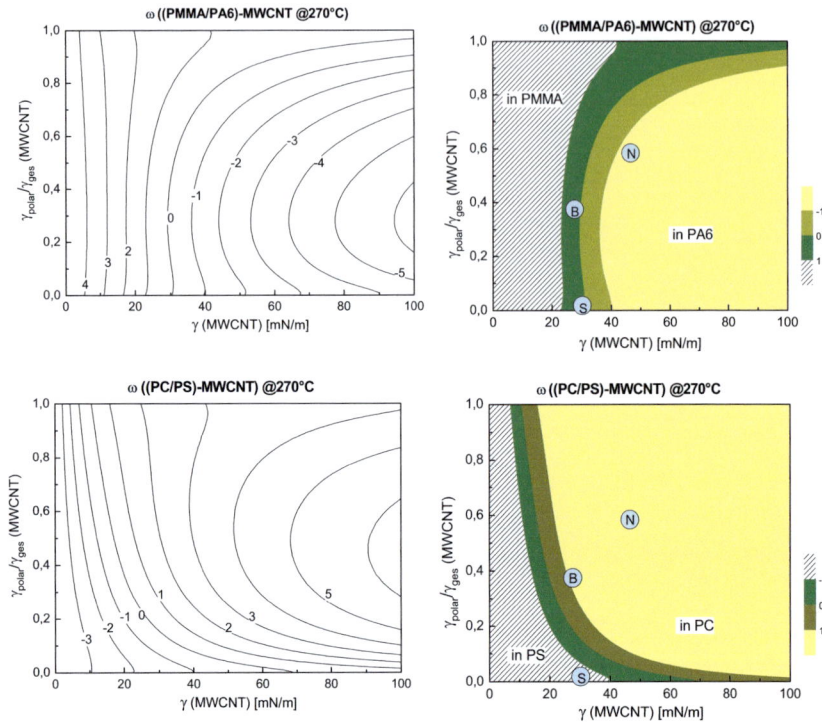

Abbildung 71: Topographische Darstellung des Benetzungskoeffizienten ω bei 270°C sowie der sich daraus ergebenden Bereiche möglicher (gelb) und nicht möglicher (Schraffur) OFP der CNTs; a) PMMA/PA6 , b) PC/PS; Als Referenz eingetragen: Auswahl publizierter OFP von MWCNTs (S, B, N: Stöckelhuber u.a. [168], Barber u.a. [128], Nuriel u.a. [129]

Trotz der mit der Verwendung kommerzieller Polymere verbundenen Unsicherheiten zeigt sich, dass für die insgesamt 9 Blendsysteme mit Baytubes® C150HP eine Schnittmenge möglicher CNT-Oberflächenspannungsparameter definiert werden kann, mit der alle experimentell beobachteten Lokalisierungszustände erklärt werden können (Abbildung 72). Der Überschneidungsbereich wurde aufgrund der in Kapitel 6.4 beschriebenen Beeinflussung des Intervalls thermodynamisch stabiler Grenzflächenlokalisierung der Füllstoffe durch das Aspektverhältnis aus denjenigen Werten von ω ermittelt, die sich aus den im Vergleich zum ungefüllten Polymer geringeren Grenzflächenspannungen zwischen den CNTs und dem bevorzugten Polymer ergeben. Die Auswertung ergibt, dass das beobachtete Lokalisierungsverhalten nur durch solche Oberflächenspannungen der CNTs erklärt werden kann, die deutlich über den von Barber u.a. [128], Nuriel u.a. [129] und Stöckelhuber u.a. [168] ermittelten Werten liegen.

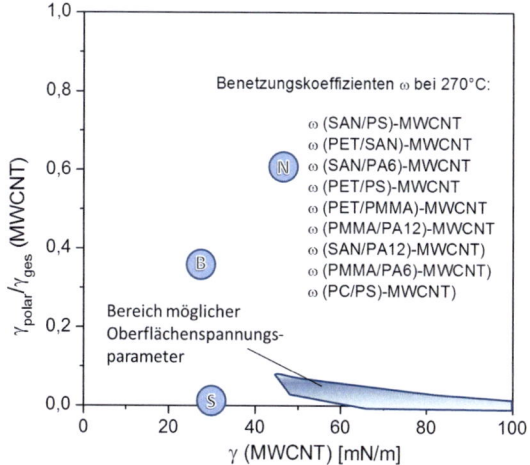

Abbildung 72: Aus Lokalisierungsuntersuchungen abgeleiteter Bereich möglicher und nicht möglicher Oberflächenspannungsparameter von Baytubes® C150HP; Überschneidungsbereich aller Werte von ω, die sich aus im Vergleich zum ungefüllten Polymer geringeren Grenzflächenspannungen zwischen den CNTs und dem bevorzugten Polymer ergeben

Dagegen sind die erlaubten polaren Anteile der Oberflächenspannung relativ gering. Der Maximalwert von $\gamma_{pol}/\gamma_{ges}$ = 9% ergibt sich bei der geringstmöglichen Oberflächenspannung von 45 mN/m und liegt deutlich unter den polaren Anteilen von 37% und 59%, die von Barber u.a. [128] und Nuriel u.a. [129] ermittelt wurden. Das Polaritätsintervall umfasst aber die von Stöckelhuber u.a. [168] gemessene Nullpolarität der CNTs, die ab Oberflächenspannungen von ca. 66 mN/m zur Erklärung des Lokalisierungsverhaltens geeignet ist.

Um in zukünftigen Untersuchungen die Oberflächeneigenschaften verschiedener Nanopartikel exakt bestimmen zu können, erscheint es ideal, das Lokalisierungsverhalten in Mischungen aus niedermolekularen Substanzen mit sehr genau messbaren Oberflächenparametern zu untersuchen. Für solche Flüssigkeitsgemische können alle mit der Verwendung kommerzieller Polymere verbundenen Störfaktoren ausgeschlossen werden.

10. ZUSAMMENFASSUNG

Zur Herstellung von unmischbaren Blends mit Füllstoffen aller Art sind kontinuierliche Extrusionsprozesse im Hinblick auf die kostengünstige und schnelle Herstellung großer Mengen derzeit weitgehend konkurrenzlose Produktionsverfahren. Direkt nach der Schmelzeverarbeitung im Extruder oder nach anschließenden Formgebungsverfahren wie dem Spritzguss werden sowohl die Blendmorphologie als auch die Feststoffpartikel im Blend durch Erreichen der Glasübergang- oder Kristallisationstemperatur eingefroren. Die räumliche Anordnung der Füllstoffe innerhalb der Blendphasen bestimmt dann die Werkstoffeigenschaften der Blendkomposite. Somit ist das Verständnis der maßgeblichen Füllstofflokalisierungsmechanismen während des Schmelzemischens der Schlüssel zu den Eigenschaften dieser Werkstoffe. Dieses Verständnis ist derzeit noch sehr unzureichend und der Einfluss verschiedener Parameter wird kontrovers diskutiert [12]. Dies gilt in besonderem Maße für das Lokalisierungsverhalten von Carbon-Nanotubes, das erst seit wenigen Jahren systematisch erforscht wird.

Die Ursachen des mangelnden Verständnisses sind vielfältig. Als eine der Hauptursachen kann aber die hohe Komplexität der Interaktionen nanoskaliger Partikel mit der Tröpfchenzerteilung und mit den Koaleszenzphänomenen der Blendphasen angesehen werden. Deren Aufklärung wird insbesondere dadurch erschwert, dass die zur Herstellung thermoplastischer Blends verwendeten Extrusionsprozesse keine experimentelle Beobachtung der maßgeblichen Mechanismen erlauben. So bleibt unklar, unter welchen Bedingungen die in der Kolloidchemie spontan und sehr schnell ablaufenden Vorgänge, wie z.B. die Ausbildung eines Benetzungswinkels auf der Oberfläche von Füllstoffpartikeln, auch beim Schmelzemischen von Blends aus hochviskosen Polymeren mit Nanopartikeln stattfinden können. Trotz der entscheidenden Bedeutung für die Lokalisierung der Füllstoffe während des Schmelzemischens wurde dieser Fragestellung bisher nicht nachgegangen.

Die Bewertung des Lokalisierungsverhaltens von CNTs wird weiterhin durch die Schwierigkeiten, die mit der Bestimmung der Oberflächeneigenschaften agglomerierter Nanopartikel verbundenen sind, erschwert. Die breite Streuung der in der Literatur beschriebenen Oberflächenspannungswerte für MWCNTs kann u.a. auf die Verfälschung der Messwerte durch Oberflächenstruktureffekte als auch auf den großen Einfluss von Funktionalitäten und Defekten auf der CNT-Oberfläche zurückgeführt werden. Dies führt dazu, dass die Interaktionen zwischen den CNTs und polymeren Matrizes weitestgehend unbekannt sind und für den überwiegenden Teil kommerziell vertriebener CNTs nicht auf Oberflächenspannungsparameter zurückgegriffen werden kann.

Hauptgegenstand der vorliegenden Arbeit ist die Aufklärung des Lokalisierungsverhaltens von mehrwandigen Carbon-Nanotubes (MWCNTs) beim Schmelzemischen mit zweiphasigen Polymerblends. Für alle auf die Aufklärung der Lokalisierungsmechanismen zielenden Untersuchungen wurde dafür ein Blend aus Polycarbonat (PC) und Styrolacrylnitril (SAN) verwendet. Dieser wurde als Modellsystem für die komplexeren, kommerziell bedeutsamen Blends aus PC und Acrylbutadienstyrol (ABS) konzipiert, an denen das Anwendungspotential von Blendstrukturen mit definierter Anordnung von CNTs aufgezeigt wurde. Zur Gewinnung von Informationen über die Oberflächeneigenschaften der verwendeten CNTs sowie deren Wechselwirkungen mit verschiedenen Polymer-Matrizes wurden zudem im letzten Kapitel dieser Arbeit andere auf kommerziell bedeutsamen Polymeren basierende Blendsysteme untersucht.

Noch 2009 wurde in einem Review-Artikel in Frage gestellt, ob Nanofüllstoffe mit sehr hohen Aspektverhältnissen, wie sie zum Beispiel CNTs aufweisen, während des Schmelzemischens zwischen den Phasen eines Blends transferiert werden können [12]. Für den PC/SAN-Blend konnte nahezu zeitgleich mit der erwähnten Publikation [12] über verschiedene morphologische Charakterisierungsverfahren nachgewiesen werden, dass es während eines fünfminütigen Mischvorgangs in einem Microcompounder sogar zu einem vollständigen CNT-Transfer zwischen den Blendphasen kommen kann [102]. Es konnte darüber hinaus gezeigt werden, dass der Transferprozess auch innerhalb der sehr viel kürzeren Verweilzeiten in einem gleichlaufenden Doppelschneckenextruder ablaufen kann.

Basierend auf der grundlegenden Untersuchung des PC/SAN-Modellblends konnten durch kontinuierliche Extrusion doppelperkolierte PC/ABS-Blends hergestellt werden. Diese Blendstruktur wurde durch elektrische Perkolation von Nanotubes erreicht, die hochselektiv in einer kontinuierlichen Polycarbonatphase angeordnet waren. Dadurch konnte der zur Realisierung antistatischer Eigenschaften des Komposits benötigte CNT-Gehalt auf bis zu ein Drittel des in reinem Polycarbonat benötigten Anteils reduziert werden. Im Vergleich zur Perkolationsschwelle in ABS konnte sogar eine Reduzierung um den Faktor acht erreicht werden. Da dieses Konzept zusätzlich zu allen anderen Bemühungen angewandt werden kann, bei Homopolymeren des Blends die Dispergierung der CNTs zu verbessern und die Perkolationsschwelle abzusenken, kann es als eine vielversprechende Strategie zur Kommerzialisierung thermoplastischer Komposite mit CNTs betrachtet werden.

Die beobachtete hochselektive Anordnung der MWCNTs in PC/SAN- und PC/ABS-Blends führt zu einer ebenfalls selektiven Beeinflussung der rheologischen Eigenschaften der gefüllten Polycarbonatphase und somit des Viskositätsverhältnisses der Blendphasen. Mit Hilfe eines rheologischen Modells, dessen Zuverlässigkeit u. a. in einer vorausgegangenen Studie

[15] belegt wurde, konnte damit die Phaseninversionskonzentration als Bereich höchster Kontinuität beider Blendphasen in Abhängigkeit von der Scherrate des verwendeten Mischprozesses vorhergesagt werden. Dabei konnte gezeigt werden, dass der Einfluss der selektiven Lokalisierung der CNTs auf das Viskositätsverhältnis und damit auf die Phaseninversionsvorhersage mit zunehmender Scherrate stark rückläufig sein sollte. Für die im Rahmen dieser Arbeit untersuchten MWCNT-Gehalte ergab sich bei den Scherraten typischer Mischprozesse ein nahezu vernachlässigbarer Einfluss der selektiven Lokalisierung auf die Blendkontinuität in PC/SAN und PC/ABS-Blends. Dagegen kann bei sehr geringen Scherraten ein sehr großer Effekt erwartet werden. Die Phaseninversionsvorhersage konnte durch morphologische Untersuchungen der Blendstrukturen ungefüllter und selektiv MWCNT-gefüllter PC/SAN- und PC/ABS-Blends bestätigt werden [16]. Somit konnte gezeigt werden, dass bei einer möglichen Kommerzialisierung doppelperkolierter PC/ABS-Blends mit MWCNTs des Typs Baytubes® C150HP bei Verwendung üblicher Mischverfahren und bei CNT-Gehalten in der PC-Phase von unter 3 Gew.-% nicht von einer gravierenden Änderung der Blendkontinuität ausgegangen werden muss[LIII]. Diese Aussage ist insofern von Bedeutung, als der Verlust der Kontinuität der Polycarbonatphase zu einer gravierenden Verschlechterung der mechanischen und thermisch-mechanischen Eigenschaften der CNT-modifizierten PC/ABS-Blends führen würde.

Darüber hinaus wurde im Rahmen dieser Arbeit vermutlich erstmals die Partikelgeometrie als wesentlicher Faktor für die räumliche Anordnung nanoskaliger Füllstoffe in mehrphasigen Polymerblends während des Schmelzemischens betrachtet. Basierend auf den theoretischen Arbeiten von Krasovitski und Marmur [247] konnte gezeigt werden, dass wichtige Aspekte des Lokalisierungsverhaltens von CNTs und anderen Füllstoffen in schmelzegemischten Polymerblends durch den Einfluss des Partikelaspektverhältnisses auf die Grenzflächenstabilität und die Transfergeschwindigkeit der Partikel erklärt werden können [246]. Bei Richtigkeit der vorgeschlagenen Annahmen sollte der Transfer von Partikeln mit hohen Aspektverhältnissen wie Carbon-Nanotubes zwischen zwei flüssigen Blendphasen während des Schmelzemischens generell effizienter sein als der Transfer eher rundlicher Füllstoffpartikel. Zudem wurde gezeigt, dass die Wahrscheinlichkeit einer thermodynamisch stabilen Lokalisierung von Nanopartikeln an der Grenzfläche eines Polymerblends mit zunehmendem effektivem Partikelaspektverhältnis reduziert wird. Die Geometrieabhängigkeit des Lokalisierungsverhaltens, für die der Begriff „Slim-Fast-Mechanismus" (SFM) vorgeschlagen wurde [246], konnte durch verschiedene unabhängige Untersuchungsmethoden verifiziert werden. Durch TEM-Analyse des Simultantransfers von Carbon-Black und Carbon-Nanotubes aus SAN in die

---

[LIII] Die Gültigkeit dieser Aussage ist auf die verwendeten CNTs des Typs Baytubes® beschränkt

thermodynamisch bevorzugte PC-Phase des PC/SAN-Blends konnte gezeigt werden, dass das Lokalisierungsverhalten jedes einzelnen Nanopartikels mit den Prinzipien des SFM erklärt werden kann. Die sich aus dem SFM für Partikel mit hohen Aspektverhältnissen ergebende Tendenz zur hochselektiven Anordnung innerhalb einer thermodynamisch bevorzugten Blendphase konnte darüber hinaus durch Untersuchung des Lokalisierungsverhaltens von MWCNTs in verschiedenen Blendsystemen bestätigt werden (Kapitel 9). Zudem konnte gezeigt werden, dass mit dem SFM rückblickend wichtige Aspekte früherer Studien zum Lokalisierungsverhalten verschiedener anderer Nanofüllstoffe in Polymerblends erklärt werden können [246].

Im Rahmen der vorliegenden Arbeit wurde zudem wahrscheinlich erstmals die Kinetik eines Transfers von Carbon-Nanotubes zwischen zwei Phasen eines Polymerblends während des Schmelzemischens beschrieben [251]. Durch Untersuchung sehr früher Entwicklungsstadien der Blendmorphologie in einer Knetkammer konnte die Korrelation von CNT-Transfer und Blendmorphologieentwicklung aufgezeigt werden. Der Transfer zwischen den Blendphasen wurde durch einen zweistufigen Prozess erklärt, bei dem die CNTs zunächst zur und anschließend durch die Grenzfläche des Blends transferiert werden. Als mögliche Mechanismen für den ersten Schritt wurden Diffusionsprozesse und scherinduzierte Kollisionen zwischen CNTs und der Blendgrenzfläche angenommen. Durch Berechnungen der Translationsbewegung der als steife Stäbchen idealisierten CNTs konnte gezeigt werden, dass Diffusionsprozesse für das untersuchte System innerhalb des möglichen Verarbeitungsbereichs auch für die kleinsten CNTs des Größenspektrums irrelevant sind. Zudem konnte durch grobe Abschätzung gezeigt werden, dass bei den verwendeten Mischprozessen die Wahrscheinlichkeit einer durch das Scherfeld induzierten Kollision zwischen einer einzelnen MWCNT und der Blendgrenzfläche des cokontinuierlichen PC/SAN-Modellblends nahe 100% liegt. Es wurde angenommen, dass der Kontakt zwischen den CNTs und der Blendgrenzfläche vorrangig durch diesen Mechanismus hergestellt und so die Voraussetzung für den anschließenden Transfer der CNTs durch die Grenzfläche geschaffen wird. Als Triebkraft der beobachteten vollständigen Auswanderung der CNTs aus SAN in die PC-Phase wurde die Entstehung eines nanoskaligen Benetzungswinkels auf der Oberfläche der CNTs bei deren Kontakt mit der Blendgrenzfläche angenommen. Dabei wurde erstmals die Kinetik dieses Prozesses als maßgebliche Größe für den Einfluss thermodynamischer Triebkräfte auf das Lokalisierungsverhalten von Nanopartikeln betrachtet. Basierend auf Konzepten aus der Koaleszenztheorie wurde die Wahrscheinlichkeit eines durch den Benetzungswinkel initiierten Transfers der CNTs durch die Blendgrenzfläche auf die charakteristischen Parameter des Blendsystems und des Mischprozesses zurückgeführt. Aus diesen Überlegungen wurde abgeleitet, dass die Rate des CNT-

Transfers bei einer bestimmten kritischen Scherrate maximal sein sollte. Diese sollte dann erreicht sein, wenn das Scherfeld im Mischaggregat einerseits eine möglichst hohe Zahl an Kollisionen zwischen den CNTs und der Blendgrenzfläche gewährleistet, wobei andererseits die durchschnittlichen Kollisionszeiten zwischen CNTs und der Blendgrenzfläche noch ausreichend lang sein müssen, um die Ausbildung des Benetzungswinkels auf der CNT-Oberfläche und den daraus resultierenden Transferprozess zu ermöglichen.

Im Rahmen dieser Arbeit wurde zudem versucht, das Lokalisierungsverhalten der CNTs in einem binären Blendsystem gezielt zu beeinflussen. Es konnte vermutlich erstmals gezeigt werden, dass die Phasenselektivität von Carbon-Nanotubes in doppelperkolierten Blendstrukturen invertiert werden kann. Durch Einbringung einer Reaktivkomponente in diejenige Blendphase, die die Nanotubes schlechter benetzt, konnten die Nanotubes gezielt und hochselektiv in dieser zuvor vollständig ungefüllten Blendphase angeordnet werden. Allerdings führte dies zu einer massiven Störung des elektrischen Netzwerks. Die Ursachen dieses Phänomens werden in der Literatur bis heute kontrovers diskutiert und konnten nicht aufgeklärt werden.

Durch Untersuchung des Lokalisierungsverhaltens von MWCNTs in verschiedenen binären Polymerblends, die aus den kommerziell bedeutsamen Polymeren PC, SAN, PS, PMMA, PET, PA12 und PA 6 hergestellt wurden, konnte zudem gezeigt werden, dass die hochselektive Lokalisierung in einer Blendphase der wahrscheinlichste Anordnungszustand für CNTs in schmelzegemischten Polymerblends ist. Damit wurden die im Rahmen dieser Arbeit abgeleiteten Vorhersagen zum Einfluss der Füllstoffgeometrie auf das Lokalisierungsverhalten während des Schmelzemischens auch durch diese Untersuchungen bestätigt.

Die Tendenz zur phasenselektiven Anordnung in der thermodynamisch bevorzugten Blendphase konnte genutzt werden, um auf die Interaktionen mit verschiedenen kommerziellen Matrizes zu schließen. Dabei konnte durch Modellrechnungen gezeigt werden, dass die in der Literatur zurzeit vorherrschende Praxis, lokalisierungsrelevante thermodynamische Triebkräfte zu diskutieren, zu unzulässigen und irreführenden Schlussfolgerungen führen kann. Durch Einführung der CNT-Oberflächenspannungsparameter als variable Größen konnte mit Hilfe eines neuartigen Verfahrens für MWCNTs des Typs Baytubes® C150HP ein Oberflächenspannungsparameter-Bereich definiert werden, mit dem das experimentell beobachtete Lokalisierungsverhalten in insgesamt 9 Blendsystemen durch Berechnung des Benetzungskoeffizienten erklärt werden kann.

Die im Rahmen dieser Arbeit dargestellten Ergebnisse fanden Eingang in vier Fachzeitschriftenbeiträge [17, 102, 246, 251] und ein Buchkapitel [16] und konnten im Rahmen von 12 Vorträgen auf nationalen und internationalen Konferenzen präsentiert und diskutiert werden.

11. AUSBLICK

Im Rahmen dieser Arbeit konnte gezeigt werden, dass es bei der Herstellung von Blends aus kommerziellen Polymeren und MWCNTs durch Schmelzemischprozesse meist zur hochselektiven Anreicherung der Nanotubes in einer der Blendphasen kommt. Auf Grund der dargestellten Ergebnisse erscheint es als sehr wahrscheinlich, dass dies in den meisten Blendsystemen auf die Entwicklung eines Benetzungswinkels beim Kontakt der CNTs mit der Blendgrenzfläche zurückzuführen ist. Die Beschreibung dieses bisher noch nie direkt beobachteten Vorgangs sowie des daraus resultierenden Transfers der Nanotubes zwischen zwei phasenseparierten Polymerschmelzen erscheint, trotz der sehr hohen damit verbundenen experimentellen Schwierigkeiten, wünschenswert und lohnend. Mit der Aufklärung der viskositätsabhängigen Zeitskala des Transfers könnte vermutlich erstmals vorhergesagt werden, unter welchen Bedingungen während des Schmelzemischens Nanopartikeltransfer zwischen zwei Blendphasen stattfinden kann. Damit könnten vermutlich verschiedene scheinbare Anomalien des Lokalisierungsverhaltens der Nanotubes erklärt werden. Sollte dabei zudem die Vermessung des beobachteten Kontaktwinkels gelingen, könnte dies zur unmittelbaren Bestimmung der bis heute weitestgehend unbekannten Oberflächenspannungsparameter kommerzieller CNTs genutzt werden.

Ein gänzlich anderes Verfahren zu deren Bestimmung wurde in Kapitel 9 dieser Arbeit vorgeschlagen. Dazu wurden für verschiedene unmischbare binäre Blends zunächst alle Parameter ermittelt, die zur richtigen Voraussage des Lokalisierungsverhaltens mit Hilfe des Benetzungskoeffizienten führen, der seinerseits aus dem Verhältnis der Grenzflächenspannungen berechnet wurde. Durch Schnittmengenbildung wurde dann derjenige Oberflächenspannungsbereich der CNTs ermittelt, der für alle untersuchten Blends zur richtigen Voraussage führte. Dadurch konnten die möglichen Werte der im Prinzip unbekannten Oberflächenspannungsparameter wesentlich eingegrenzt werden. In zukünftigen Untersuchungen könnte dieses Verfahren eine präzise Bestimmung der CNT-Oberflächenspannungsparameter ermöglichen. Dazu sollte das Lokalisierungsverhalten der Nanotubes nicht für Blends aus kommerziellen Polymeren, sondern für geeignete, phasenseparierte Mischungen aus niedermolekularen Substanzen mit exakt bekannten Oberflächeneigenschaften ausgewertet werden. Die sich aus dem Slim-Fast-Mechanismus ergebende Tendenz zur hochselektiven Anordnung der CNTs in einer der Phasen einer mehrphasigen Mischung könnte zudem zur schrittweisen gezielten Fraktionierung von CNT-Chargen eingesetzt werden, bei denen von einer herstellungsbedingten Varianz der Oberflächeneigenschaften einzelner CNTs ausgegangen werden muss.

Für zukünftige Untersuchungen erscheint es zudem von Interesse, die Relevanz der nicht in jedem Fall auszuschließenden Kopplungsreaktionen kommerzieller Polymere mit der CNT-Oberfläche anhand des Lokalisierungsverhaltens von CNTs in nicht mischbaren binären Polymerblends zu beurteilen. Durch die hohe Anzahl von scherinduzierten Kontakten der CNTs mit der Blendgrenzfläche (Kapitel 7) ist dabei gewährleistet, dass die CNTs während des Mischvorgangs mit beiden Blendpolymeren in Kontakt kommen. Enthalten zudem beide Blendpolymere mit der CNT-Oberfläche koppelbare Gruppen, so konkurrieren diese während des Mischens um die funktionellen Gruppen der CNTs. Dies sollte insbesondere bei der simultanen Mischung aller Komponenten (Kapitel 9.5) zu einer Verteilung der CNTs auf beide Blendphasen oder zu deren Anreicherung an der Blendgrenzfläche führen. Sind diese aber selektiv in einer der beiden Blendphasen lokalisiert, so kann darauf geschlossen werden, dass zumindest die ungefüllte Phase nicht im größeren Maße irreversible Bindungen mit der CNT-Oberfläche eingeht.

Im Hinblick auf die kommerzielle Nutzung von Polymerblends mit CNTs ergeben sich verschiedene interessante Perspektiven. Es konnte gezeigt werden, dass doppelperkolierte Strukturen einfach und in einer Vielzahl verschiedener, unkompatibilisierter Blends realisiert werden können. Allerdings ist der Einsatz von MWCNTs in bestehenden kommerziellen Blendsystemen aufgrund der Wechselwirkungen zwischen den CNTs und Maleinsäureanhydrid (MSA), das häufig zur In-Situ-Kompatibilisierung unverträglicher Blendkomponenten während des Schmelzemischens eingesetzt wird [197], problematisch. Werden die Nanotubes bei der Reaktivextrusion zugesetzt, kommt es mit hoher Wahrscheinlichkeit zur kovalenten Anbindung der CNTs an die häufig innerhalb des Rückgrats der Polymerketten angeordneten MSA-Gruppen. Durch derartige Reaktionen verliert der Kompatibilisator seine Wirksamkeit. Zudem konnte gezeigt werden, dass es dabei zu einem weitgehenden Verlust der elektrischen Leitfähigkeit des CNT-Netzwerks kommt. Die Ursache dieses Effekts ist derzeit nicht bekannt. Es ist aber möglich, diese Schwierigkeiten durch Einbringung der CNTs in das fertige Blendsystem zu vermeiden, falls dabei die Sättigung aller freien MSA-Gruppen gewährleistet ist. Von generellem Interesse wäre die Klärung der Fragestellung, inwiefern Kopplungsreaktionen zwischen den CNTs und den Blendpolymeren zwangsläufig zu einer Schädigung des elektrischen Netzwerks führen. Die Untersuchung der Interaktionen zwischen weiteren häufig zur Kompatibilisierung verwendeten reaktiven Gruppen wie z.B. Fumarsäure oder Glycidylmethacrylat [197] einerseits und den Nanotubes andererseits erscheint in jedem Fall lohnend.

Generell erscheinen Blendstrukturen, in denen die CNTs selektiv und verarbeitungsstabil an der Grenzfläche eines cokontinuierlichen Blends angeordnet sind, insbesondere im Hinblick auf die damit mögliche drastische Reduzierung der elektrischen Perkolationsschwelle als vielversprechendste morphologische Anordnung. Um dies zu erreichen, könnten die CNTs beispielsweise analog zu den in Kapitel 8 dargestellten Versuchen an reaktive Gruppen im Mittelblock eines Dreiblockcopolymers angebunden werden. Die bei solchen Lokalisierungszuständen potentiell mögliche drastische Reduzierung der Perkolationsschwelle kann aber auch in diesem Fall nur dann realisiert werden, wenn es zum einen zur Perkolation des Mittelblocks entlang der Grenzfläche des Blends kommt und zum anderen die Ankopplungsreaktion nicht zu einer massiven Schädigung des elektrischen Netzwerks führt. Da bereits die Realisierung der gewünschten Anordnungszustände der häufig zur Kompatibilisierung von unmischbaren Polymerblends eingesetzten ABC-Blockcopolymere bei der Schmelzeverarbeitung schwierig ist [253, 275, 276], müssen zunächst noch die Grundlagen für die Realisierung dieses Konzepts geschaffen werden.

Für Nischenanwendungen mit geringen Anforderungen an die mechanischen Eigenschaften der Blends wäre es interessant, durch Herstellung von solchen ternären Blends, in denen eine der drei Blendkomponenten entlang der Phasengrenze einer cokontinuierlicher Blendstruktur spreitet, ein elektrisch perkoliertes CNT-Netzwerk an der Grenzfläche zu erzeugen. Derartige Strukturen entstehen nur bei sehr spezifischen Konstellationen der Grenzflächenspannungen zwischen den Blendphasen [277-279]. Gelingt die selektive Lokalisierung der CNTs innerhalb der spreitenden Phase, kann eine gegenüber den Blendpolymeren drastische Absenkung der elektrischen Perkolationsschwelle erwartet werden.

12. APPENDIX

12.1. Abkürzungsverzeichnis

12.1.1. Verwendete Abkürzungen

ABS	Poly(Acrylbutadienstyrol)
Baytubes® C150HP	MWCNT- Typ hoher Reinheit (HP = High purity)
Buckypapers	Verbund aus CNT-Agglomeraten
bzw.	beziehungsweise
CNT	Carbon-Nanotube
d.h.	das heißt
Denka IP bzw. RK	(Poly(N-Phenylmaleimid-Styren-Maleinsäureanhydrid), mit SAN mischbares statistisches Copolymer
DMA	Dynamisch Mechanische Analyse
DSC	Differential Scanning Calorimetry (Thermoanalyse)
DSE	Doppelschneckenextruder
DSM15	DSM Xplore 15-Microcompounder mit 15 ml Schmelzevolumen (DSM, Geleen, Niederlande)
EVA	Ethylenvinylacetat
EFTEM	Energiegefilterte TEM-Untersuchung
Gew. %-	Gewichts- bzw. Massenprozent
MWCNT	Multiwalled Carbon-Nanotube
NC3150	MWCNT-Typ des Herstellers Nanocyl
NC3152	MWCNT-Typ des Herstellers Nanocyl mit aminmodifizierter Oberfläche
Nr.	Nummer
OSP	Oberflächenspannungsparameter
PA 12	Polyamid-12
PA 6	Polyamid-6
PB	Polybutadien
PC	Polycarbonat
PEA	(Poly)Ethylenacrylat Copolymer
PET	Polyethylenterephtalat
PMMA	Polymethyl-methacrylat
PS	Polystyrol
REM	Rasterelektronenmikroskop
REM-EDX	Ortsaufgelöste energiedispersive Röntgenspektroskopie (energy dispersive X-ray spectroscopy, EDX) im Rasterelektronenmikroskop (REM-EDX)
SAN	Styrol Acryl Nitril
SFM	Slim-Fast-Mechanismus – Im Rahmen dieser Arbeit eingeführter Begriff, der

	die Korrelation der Geschwindigkeit des Transfers von Nanopartikeln durch die Blendgrenzfläche mit dem Aspektverhältnis der Partike beschreibt (Kapitel 6)
TEM	Transmissionselektronenmikroskop
Temperung	Wärmebehandlung
u.a.	unter anderem
U/min	Schneckenumdrehungen pro Minute [1/min]
XPS	X-ray photoelectron spectroscopy (Photoelektronen-Spektroskopie)

12.1.2. Wichtige Symbole und Formelzeichen

E	Elastizitätsmodul
$\eta_m(\dot{\gamma})$	Scherratenabhängige Viskosität der Matrixphase
$\eta_d(\dot{\gamma})$	Scherratenabhängige Viskosität der dispersen Blendphase
$\dot{\gamma}_S$	Scherrate im Extruder
δ	Spaltmaß zwischen Extruderschnecke und Gehäuse
Φ_{CNT}	Volumenanteil der MWCNTs im Blend
D	Diffusionskoeffizient
F	Kraft
G	Schubmodul
k_B	Boltzmannkonstante
l	Länge
l_{krit}	Kritische Eindringtiefe, ab der eine CNT unter den gewählten Verarbeitungsbedingungen nicht mehr aus der besser benetzenden Phase entfernt werden kann.
$l_{wetting}$	Eindringtiefe einer CNT im Moment der Ausbildung des Benetzungswinkels
m	Masse
P_{ab}	Wahrscheinlichkeit für ein vollständiges Abfließen des Matrixfilms zwischen den Tropfen
p_{eff}	Viskositätsverhältnis der Blendphasen
P_{koal}	Koaleszenzwahrscheinlichkeit
P_{koll}	Kollisionswahrscheinlichkeit zwischen den Tröpfchen der dispersen Phase während der zur Verfügung stehenden Prozesszeit
$P_{transfer}$	Wahrscheinlichkeit des Nanotubetransfers bei einer durch die Scherströmung verursachten Kollision zwischen CNT und Blendgrenzfläche
R	Diffusionsinduzierten Translation der Partikel
T	Temperatur
t	Zeit
t_{ab}	charakteristischen Abflusszeit des Matrixfilms
T_g	Glasübergangstemperatur
t_{koll}	Durchschnittliche Kollisionszeit zweier Tröpfchen

$t_{koll\text{-}CNT}$	Dauer einer zufälligen, durch die Scherströmung verursachten Kollision zwischen CNT und Blendgrenzfläche
t_{proc}	Prozesszeit (Dauer des Verarbeitungsprozesses)
ε	Dehnung
ζ	Strömungswiderstandsparameter
η^*	Komplexe Viskosität
θ	Benetzungswinkel auf einer Oberfläche
θ_2	Benetzungswinkel eines Festkörperpartikels an der Grenzfläche von 2 flüssigen Phasen
Φ_{cr}	Perkolationsschwelle der dispersen Blendphase
Φ_{PI}	Phaseninversionskonzentration
ω	Benetzungskoeffizient
γ_{12}	Grenzflächenspannung [mN/m], äquivalent zu Oberflächenenergie [mJ/m^2]

12.2. Im Rahmen dieser Arbeit hergestellte Blends und Komposite

Nr.	Komponenten	Zusammensetzung (Gew. %)	Füllstoffe	Mischer	U/min	t_{mix}	$T_{schmelz}$	$T_{Gehäuse}$
C-1	PC+MWCNT	PC + 0,5%-3% CNT	C150HP	DSM 15	100	5 min	~260°C	280°C
C-2	SAN+MWCNT	SAN+ 1%-5% CNT	C150HP	DSM 15	100	5 min	~260°C	280°C
C-3	ABS+MWCNT	ABS+ 1%-5% CNT	C150HP	DSM 15	100	5 min	~260°C	280°C
C-4	PC+MWCNT	PC_{98}-CNT_2	C150HP	ZE 25	500	~1min	T-Profil	T-Profil
C-5	SAN+MWCNT	SAN_{98}-CNT_2	C150HP	ZE 25	500	~1min	T-Profil	T-Profil
C-6	PC+MWCNT	PC_{92}-CNT_8	C150HP	ZE 25	500	~1min	T-Profil	T-Profil
C-7	PC+MWCNT	$PC_{99,5}$-$CNT_{0,5}$ durch Verd. Von C-6	C150HP	ZE 25	500	~1min	T-Profil	T-Profil
C-8	PC+SAN+ MWCNT	(C-4)$_{60}$/ SAN_{40}	C150HP	DSM 15	100	5 min	~260°C	280°C
C-9	PC+SAN+ MWCNT	60%PC+40%SAN+ 1,2 % CNT	C150HP	DSM 15	100	5 min	~260°C	280°C
C-10	PC+SAN + MWCNT	(C-5)$_{40}$/PC_{60}	C150HP	DSM 15	100	5 min	~260°C	280°C
C-11	PC+MWCNT	$PC_{99,167}$-$CNT_{0,833}$	NC3150	DSM 15	100	5 min	~260°C	280°C
C-12	SAN+MWCNT	$SAN_{98,75}$-$CNT_{1,25}$	NC3150	DSM 15	100	5 min	~260°C	280°C
C-13	PC+SAN+ MWCNT	(C-11)$_{60}$/SAN_{40}	NC3150	DSM 15	100	5 min	~260°C	280°C
C-14	PC+SAN+ MWCNT	(C-12)$_{40}$/ PC_{60}	NC3150	DSM 15	100	5 min	~260°C	280°C
C-15	PC+SAN+ MWCNT	60%PC+40%SAN+ 0,5 % CNT	NC3150	DSM 15	100	5 min	~260°C	280°C
C-16	PC+MWCNT	$PC_{99,167}$-$CNT_{0,833}$	NC3152	DSM 15	100	5 min	~260°C	280°C
C-17	SAN+MWCNT	$SAN_{98,75}$-$CNT_{1,25}$	NC3152	DSM 15	100	5 min	~260°C	280°C
C-18	PC+SAN+ MWCNT	(C-16)$_{60}$/SAN_{40}	NC3152	DSM 15	100	5 min	~260°C	280°C
C-19	PC+SAN+ MWCNT	PC_{60}/(C-17)$_{40}$	NC3152	DSM 15	100	5 min	~260°C	280°C
C-20	PC+SAN+ MWCNT	60%PC+40%SAN+ 0,5 % CNT	NC3152	DSM 15	100	5 min	~260°C	280°C
C-21	PC+ABS MWCNT	(C-4)$_x$/ ABS_y	C150HP	DSM 15	100	5 min	~260°C	280°C
C-22	PC+ABS MWCNT	($PC_{99,5}$-$CNT_{0,5}$)$_{60}$/ ABS_{40} aus C-7	C150HP	DSM 15	100	5 min	~260°C	280°C
C-23	PC+ABS MWCNT	($PC_{99,75}$-$CNT_{0,25}$)$_{60}$/ ABS_{40}	C150HP	DSM 15	100	5 min	~260°C	280°C
C-24	PC+ MWCNT	PC_{98}-CNT_2	C150HP	ZE 25	500	~1min	T-Profil	T-Profil
C-25	PC+ABS MWCNT	(C-24)$_{60}$/ ABS_{40}	C150HP	ZE 25	500	~1min	T-Profil	T-Profil
C-26	PC+ABS MWCNT	(C-24)$_{50}$/ ABS_{50}	C150HP	ZE 25	500	~1min	T-Profil	T-Profil
C-27	PC+ MWCNT	PC_{92}-CNT_8	C150HP	ZE 25	500	~1min	T-Profil	T-Profil
C-28	PC+ MWCNT	Verd.: (C-27)$_x$-PC_y	C150HP	ZE 25	500	~1min	T-Profil	T-Profil
C-29	PC+SAN+ MWCNT			HAAKE	100	10 sec	~260°C	-
C-30	PC+SAN+ MWCNT	(C-5/PC_{60})	C150HP	PolyLab	100	30 sec	~260°C	-
C-31	PC+SAN+ MWCNT			Kneter	100	60 sec	~260°C	-
C-32	SAN+ MWCNT + CB	SAN_{98}-CNT_1-CB_1	C150HP, Printex 35	DSM15	100	10 min	~260°C	280°C
C-33	PC+SAN+ MWCNT + CB	PC_{60}/(C-32)$_{40}$	C150HP, Printex 35	DSM15	100	5 min	~260°C	280°C
C-34	PC+SAN+ MWCNT + CB	PC_{49}/SAN_{49}- CNT_1-CB_1	C150HP, Printex 35	DSM15	100	5 min	~260°C	280°C
C-35								
C-36	PC+ A-CNT	PC_{98}-A-CNT_2	Ausgerichtete Carbon-Nanotubes (A-CNT)	DSM15	100	3 + 15 min	320°C (3 min)[LIV] 280°C Mischtemperatur (Zyl., 15 min)	
C-37	SAN + A-CNT	SAN_{97}- A-CNT_3	Ausgerichtete Carbon-Nanotubes (A-CNT)	DSM15	100	3+15 min	300°C (3 min), 280°C Mischtemperatur (Zyl., 15 min)	
C-38	PC+ SAN + A-CNT	(C-36)$_{60}$+ SAN_{40}		DSM15	100	5 min	~260°C	280°C
C-39	PC+ SAN + A-CNT	(C-37)$_{40}$+ PC_{60}-		DSM15	100	5 min	~260°C	280°C
C-40	PC+ SAN + A-CNT	50%PC+50%SAN+2% A-CNT	Ausgerichtete CNTs	DSM15	100	5 min	~260°C	280°C
C-41	PC+SAN	PC_{25}/SAN_{75}	-	DSM15	100	5 min	~260°C	280°C
C-42	PC+SAN	PC_{50}/SAN_{50}	-	DSM15	100	5 min	~260°C	280°C
C-43	PC+SAN	PC_{60}/SAN_{40}	-	DSM15	100	5 min	~260°C	280°C
C-44	PC+SAN	PC_{75}/SAN_{25}	-	DSM15	100	5 min	~260°C	280°C
C-45	PC+SAN+RK	PC_{60}/(SAN_{38}/RK_2)	-	DSM15	100	5 min	~260°C	280°C
C-46	PC+SAN+RK	PC_{60}/($SAN_{39,8}$/$RK_{0,2}$)	-	DSM15	100	5 min	~260°C	280°C
C-47	PC+SAN+RK	PC_{60}/(SAN_{20}/RK_{20})	-	DSM15	100	5 min	~260°C	280°C

[LIV] Zur Überwindung der sich aus der parallelen Anordnung der CNTs in den Primäragglomeraten sehr hohen van der Waals-Kräfte zwischen den CNTs musste ein speziell angepasster Dispergierprozess verwendet werden

Im Rahmen dieser Arbeit untersuchte Materialien (Fortsetzung)

C-48	PC+MWCNT	PC + 0,5%-5% CNT	NC3150	DSM 15	100	5 min	~260°C	280°C
C-49	SAN+MWCNT	SAN+ 0,5%-2% CNT	NC3150	DSM 15	100	5 min	~260°C	280°C
C-50	SAN+RK+CNT	(SAN_{50}/RK_{50}) + 0,5%-5% CNT	NC3150	DSM15	100	5 min	~260°C	280°C
C-51	PC+SAN+RK+CNT	$PC_{60}/(SAN_{20}/RK_{20})$ + 0,5 % CNT	NC3150	DSM15	100	5 min	~260°C	280°C
C-52	PC+SAN+RK+CNT	$(C-11)_{60}/(SAN_{20}/RK_{20})$	NC3150	DSM15	100	5 min	~260°C	280°C
C-53	PC+SAN+RK+CNT	$PC_{60}/((C-12)_{20}/RK_{20})$	NC3150	DSM15	100	5 min	~260°C	280°C
C-54	PC+MWCNT	PC + 0,5%-4% CNT	NC3152	DSM 15	100	5 min	~260°C	280°C
C-55	SAN+MWCNT	SAN+ 0,5%-4% CNT	NC3152	DSM 15	100	5 min	~260°C	280°C
C-56	SAN+RK+CNT	(SAN_{50}/RK_{50}) + 0,5%-5% CNT	NC3152	DSM15	100	5 min	~260°C	280°C
C-57	PC+SAN+RK+MWCNT	$PC_{60}/(SAN_{20}/RK_{20})$ + 0,5 % CNT	NC3152	DSM15	100	5 min	~260°C	280°C
C-58	PC+SAN+RK+MWCNT	$(C-16)_{60}/(SAN_{20}/RK_{20})$	NC3152	DSM15	100	5 min	~260°C	280°C
C-59	PC+SAN+RK+MWCNT	$PC_{60}/((C-17)_{20}/RK_{20})$	NC3152	DSM15	100	5 min	~260°C	280°C
C-60				DSM15	100	5 min	223	235°C
C-61	PC/SAN+MWCNT	$(C-5)_{40}/PC_{60}$	C150HP	DSM15	100	5 min	200	210°C
C-62				DSM15	100	5 min	171	185°C
C-63				DSM15	100	5 min	-	165°C
C-64	PC/SAN+MWCNT	$(C-5)_{40}/PC_{60}$	C150HP	ZE 25	500	~1min	T-Profil	T-Profil
C-65	PC/SAN+MWCNT	$(C-5)_{50}/PC_{50}$		ZE 25	500	~1min	T-Profil	T-Profil
C-66		75/25+ 2% CNT						
C-67	PS/SAN+MWCNT	60/40+ 2% CNT	C150HP	DSM 15	100	5 min	~260°C	280°C
C-68		25/75+ 2% CNT						
C-69		75/25+ 2% CNT						
C-70	PET/SAN+MWCNT	40/60+ 2% CNT	C150HP	DSM 15	100	5 min	~280°C	300°
C-71		25/75+ 2% CNT						
C-72		75/25+ 2% CNT						
C-73	PA12/SAN+MWCNT	60/40+ 2% CNT	C150HP	DSM 15	100	5 min	~260°C	280°C
C-74		25/75+ 2% CNT						
C-75		75/25+ 2% CNT						
C-76	PA6/SAN+MWCNT	60/40+ 2% CNT	C150HP	DSM 15	100	5 min	~260°C	280°C
C-77		25/75+ 2% CNT						
C-78		75/25+ 2% CNT						
C-79	PET/PMMA+MWCNT	40/60+ 2% CNT	C150HP	DSM 15	100	5 min	~280°C	300°
C-80		25/75+ 2% CNT						
C-81		75/25+ 2% CNT						
C-82	PA12/PMMA+MWCNT	40/60+ 2% CNT	C150HP	DSM 15	100	5 min	~260°C	280°C
C-83		25/75+ 2% CNT						
C-84		75/25+ 2% CNT						
C-85	PA6/PMMA+MWCNT	40/60+ 2% CNT	C150HP	DSM 15	100	5 min	~260°C	280°C
C-86		25/75+ 2% CNT						
C-87		75/25+ 2% CNT						
C-88	PC/PS+MWCNT	60/40+ 2% CNT	C150HP	DSM 15	100	5 min	~260°C	280°C
C-89		25/75+ 2% CNT						
C-90		75/25+ 2% CNT						
C-91	PET-PS+MWCNT	60/40+ 2% CNT	C150HP	DSM 15	100	5 min	~280°C	300°C
C-92		25/75+ 2% CNT						

Tabelle-A 1: Herstellung von Blends und Compounds im Rahmen dieser Arbeit; C150HP = Baytubes® C150HP; Printex 35 = Leitruß/Carbon-Black des Typs Printex 35; DSE = Doppelschneckenextruder, ZE 25 = Berstorff DSE, DSM 15 = Microcompounder DSM15® Xplore (Kapitel 3.2.1)

12.3. Eigenschaften der verwendeten Materialien

12.3.1. XPS-Analyse der verwendeten CNTs

Atomverhältnis	NC3150	NC3152	C150HP
$[N]/[C]|_{spec}$	–	0,004	
$[O]/[C]|_{spec}$	0,011	0,007	> 0,009

Tabelle-A 2: XPS-Analyse der im Rahmen dieser Arbeit verwendeten Nanotubes; Nanocyl^{TM} NC3150 und NC3152; Darstellung der auf den Kohlenstoff der CNTs bezogenen Konzentrationen von Stickstoff (N) und Sauerstoff (O) [18].

12.3.2. CNT-Oberflächenspanungsparameter aus der Literatur

Quelle	Verwendete Carbon-Nanotubes	γ_{ges} [mN/m]	γ_d [%]	γ_p [%]	Methode
[128]	MWCNT (Dynamic Enterprises, U.K.)	27.8	63	37	Wilhelmy-Methode
[129]	MWCNT (Nanolab, USA)	45.3	41	59	Kontaktwinkelmessung
[183]	MWCNT aus NMR Laboratory (FUNDP, Belgien)	-	-	-	Modulierte DSC
[185]	Nanocyl*		114	-	Inverse Gaschromato-graphie
	Arkema*		115	-	
[184]	MWCNT aus CVD-Prozess*	Nur qualitativ			Peel-versuche
[168]	MWCNT Nanocyl^{TM} NC7000	30,9	100	0	Modifizierte Wilhelmy-Methode/CNT-Pulver
	MWCNT-OH Nanocyl^{TM} NC3153	31,1	100	0	
	MWCNT-SH Nanocyl^{TM} NC-3154	30,4	100	0	

Tabelle-A 3: Literaturwerte für die Oberflächenspanungsparameter verschiedener MWCNTs; * keine näheren Angaben zum Typ

12.3.3. Oberflächenspannungsparameter der untersuchten Polymere

Polymer	$\dfrac{\Delta\gamma^{ges}}{\Delta T}$ [N/(m K)]	T_{ber}	γ_{ges} [mN/m]	$\gamma_{disp}(T)$ [mN/m]	$\gamma_{pol}(T)$ [mN/m]	$\dfrac{\gamma^d}{\gamma^{ges}}$	$\dfrac{\gamma^p}{\gamma^{ges}}$	Quelle
PC	n.ben.	265°C	30,5	22,6	7,9	74,0%	26,0%	[243]
SAN25	n.ben.	270°C	29,1	22,1	7,0	75,8%	24,2%	[242]
PET	-0,07	270°C	28,4	22,7	5,7	80,0%	20,0%	[273]
PA12	n.ben.	270°C	24,5	21,5	3,0	88,0%	12,0%	[273]
PS	-0,07	270°C	22,7	19,3	3,4	85,0%	15,0%	[273]
PA6	-0,065	270°C	35,5	25,5	9,9	72,0%	28,0%	[274]
PMMA	-0,08	270°C	22,9	16,5	6,4	72,0%	28,0%	[273]

Tabelle-A 4: Verwendete Oberflächenspannungswerte für die Berechnung der Grenzflächenspannungen und der Benetzungskoeffizienten der binären Blends mit MWCNTs bei Verarbeitungstemperatur. Mit Ausnahme von PC, SAN25 und PA12 wurden diese unter Annahme der Temperaturunabhängigkeit der polaren und dispersiven Anteile extrapoliert. Dazu wurde γ_{ges} für PET, PA12, PS und PMMA mit den angegebenen Temperaturkoeffizienten ($\Delta\gamma_{ges}/\Delta T$) berechnet. Für PA6 erfolgte die Berechnung ausgehend von Werten aus [274].

12.3.4. Aufbau und Agglomeratstruktur der verwendeten ausgerichteten CNTs

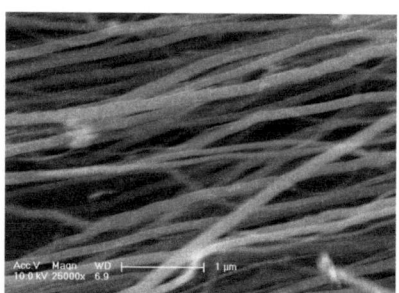

Abbildung-A 1: Ausgerichtete MWCNTs (A-MWCNTs) mit Längen bis 150 µm und Durchmessern bis 100 nm; Herstellung aus Ferrozen/Toluol-Mischung durch Synthese im Röhrenofen[LV];

[LV] Herstellung und Charakterisierung: Dr. Sven Pegel, siehe Danksagung

12.4. Nachweis der MWCNT-Lokalisierung im PC/SAN-Modellblend

12.4.1. Nachweis für Baytubes® C150HP über die Flächenanteile der gefüllten Blendphase

Methode	Vordispergierung in PC	Vordispergierung in SAN	Herstellung in einem Schritt
Lichtmikroskop1	54	64	--
Lichtmikroskop2	58	68	--
TEM1	60	56	60
TEM2	62	52	61
TEM3	--	--	60

Tabelle-A 5: Flächenanteile der MWCNT-gefüllten Phase in PC/SAN-Blends mit 60 Gew.-% PC und 40 Gew.-% SAN für die verschiedenen Verfahren zur Einbringung der CNTs in die Blends (Tabelle-A 1, C- 8-C- 10) und verschiedene Nachweismethoden; Auswertung an verschiedenen Stellen im Blend. Im statistischen Mittel würde sich für Blends der genannten gravimetrischen Zusammensetzung und vollständig selektiver Beladung der PC-Phase mit Baytubes® C150HP ein Flächenanteil der PC-CNT-Phase von 57,5 % ergeben.

12.4.2. Kontrastierung durch selektive Hydrolyse der PC-Phase

PC-Anteil [Ma%]	75	60	50	40	25
Ätzzeiten [min]	20	30	30	40	40

Tabelle-A 6 Behandlungszeiten bei der selektiven Hydrolyse der PC-Phase in PC/SAN und PC/ABS für verschiedene Phasenanteile der Polycarbonatphase (PC-Anteil) nach dem von Dong u.a. [280] vorgeschlagenen Verfahren (Kapitel 3.2.4)

12.4.3. Nachweis für Baytubes®C150HP durch REM-EDX Untersuchung

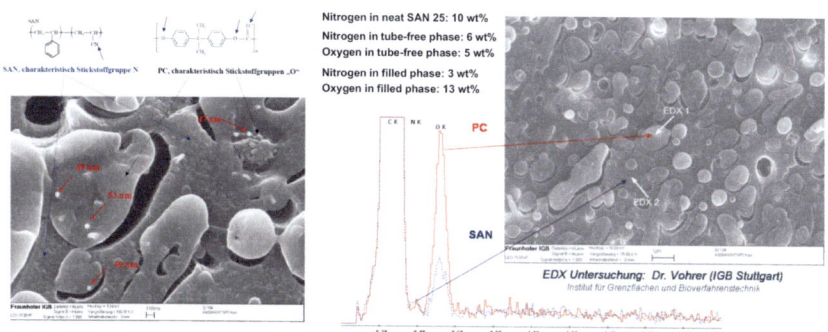

Abbildung-A 2: Nachweis der Migration von Baytubes® C150HP aus der SAN-Phase des PC/SAN-Modellblends in die Polycarbonatphase. REM-EDX Untersuchungen nach fünfminütigen Schmelzmischen (vergleiche auch mit Abbildung 26c,d, Kapitel 4.3.1 und Tabelle-A 1, C- 10); Das EDX Spektrum der CNT gefüllten Bereiche weist einen deutlichen Sauerstoffpeak auf, der in dem gewählten Blendsystem spezifisch für die PC-Phase ist. In den Bereichen ohne CNTs kann wiederum der für SAN spezifische Stickstoff nachgewiesen werden. (Aufnahme Fraunhofer IGB Stuttgart, Dr. Uwe Vohrer)

Anmerkung: Die Durchmesser der den MWCNTs zugeordneten zylindrischen Strukturen lagen mit bis zu 55 nm deutlich über den laut Datenblatt für Baytubes® C150HP zu erwartenden Werten (13-16 nm [65]). Eine derartige Diskrepanz der Tubedurchmesser wurde bereits von Pötschke u.a. [281] für Kryobruchflächen von PC-MWCNT Komposites beschrieben und kann durch eine stark auf der CNT-Oberfläche anhaftende Polycarbonatschicht erklärt werden.

12.4.4. Nachweis für Nanocyl™ NC3150 und NC3152 an Anschnitten mit selektiv hydrolysierter PC-Phase

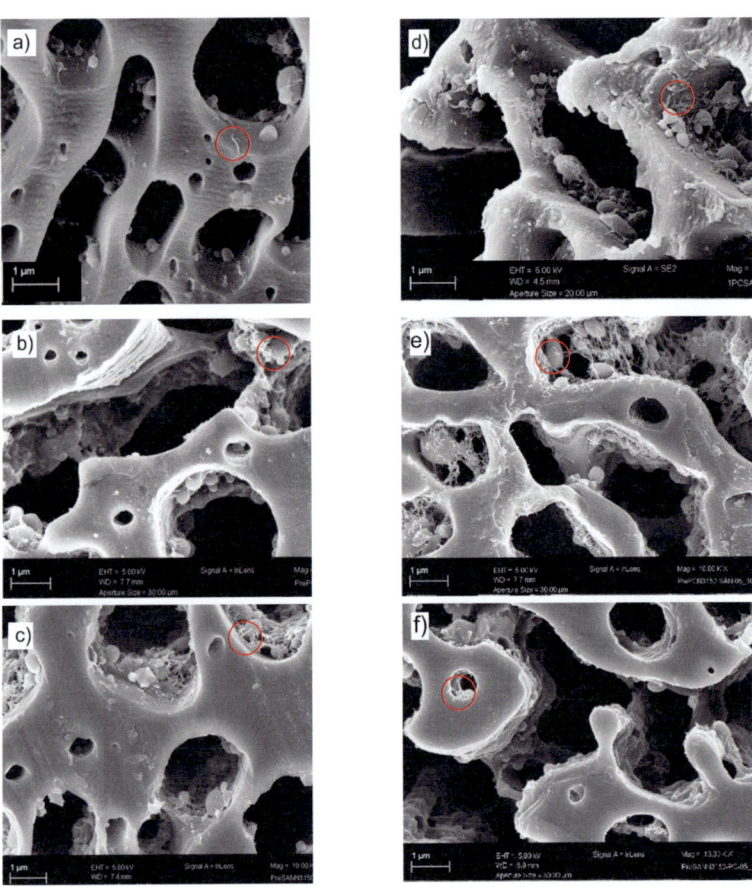

Abbildung-A 3: Lokalisierung von MWCNTs in doppelperkolierten PC_{60}/SAN_{40} Blends [18]; Die PC-Phase wurde durch selektive Hydrolyse entfernt; a-c) Nanocyl™ NC3150; Die Komposite wurden entweder durch Compoundierung in einem Schritt (a), Tabelle-A 1, C- 15) oder durch Vorcompoundierung in PC (b), C- 11) bzw. SAN (c), C- 12) und anschließendes Blenden mit der jeweils anderen Blendphase (C- 13, C- 14) hergestellt. d-f) die Einarbeitung der funktionalisierten CNTs des Typs NC3152 erfolgte analog (C- 16-C- 20); Herstellung: Tabelle-A 1, C- 13-C- 15; Präparation: Kapitel 3.2.4 und Tabelle-A 6);

12.4.5. Nachweis der Auswanderung ausgerichteter MWCNTs aus der SAN-Phase

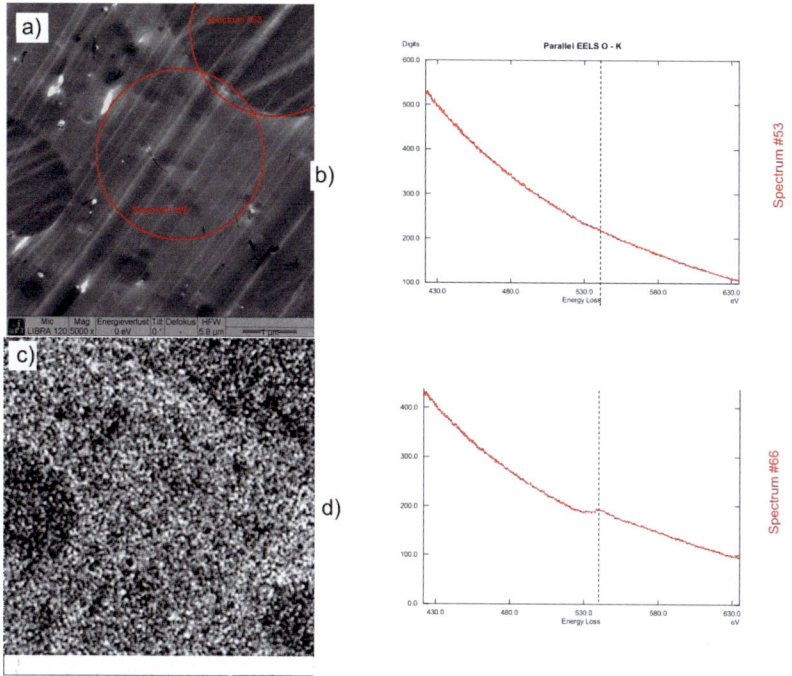

Abbildung-A 4: EFTEM-Untersuchung des durch Vorcompoundierung von ausgerichteten MWCNTs (A-MWCNTs) in SAN hergestellten PC_{60}/SAN_{40}-Modellblends aus Abbildung 42 (Tabelle-A 1, C- 39); a): TEM-Aufnahme mit EFTEM-Ausschnitten (Spectrum 53 und 66). b) Spektrum der CNT-freien Phase; c,d) Sauerstoffkarte und Spektrum der selektiv CNT-gefüllten Blendphase; nur die CNT-gefüllte Phase emittiert genügend charakteristische Elektronen der für PC charakteristischen Sauerstoffbande, um daraus eine Sauerstoffkarte zu erzeugen (Abbildung-A 4c)

12.4.6. MWCNT-Nachweis innerhalb des gemischten Füllstoffsystems

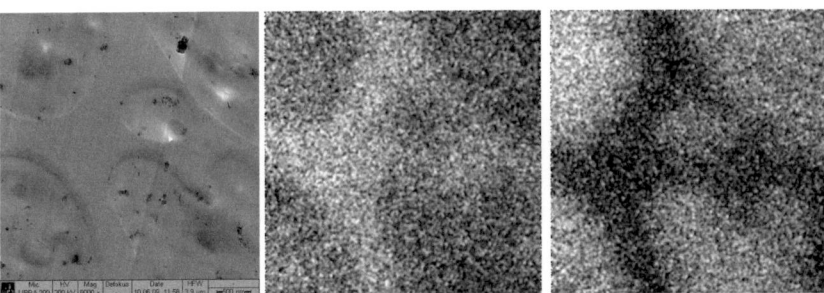

Abbildung-A 5: EFTEM-Untersuchung des durch Vorcompoundierung von CB und CNTs in SAN und anschließendes Blenden mit reinem PC hergestellten PC/SAN-Blends aus Abbildung 43; a) Hellfeldmodus; b) EFTEM-Untersuchung, Nachweis Stickstoff in SAN, N-K Linie); c) Nachweis Sauerstoff, O-K Linie. Die Stickstoffkarte (b) weist in der ungefüllten Blendphase eine wesentlich höhere Signaldichte (b, hell) auf als in der gefüllten Blendphase (b, dunkel). Dementsprechend zeigt sich in der mit CNTs und CB gefüllten Phase ein gegenüber der ungefüllten Phase deutlich stärkeres Sauerstoffsignal (c). Somit kann c) als Negativ von b) interpretiert und die gefüllte Phase eindeutig PC zugeordnet werden. Durch die geringe Dicke der untersuchten Ultradünnschnitte ist die Wechselwirkung des Elektronenstrahls mit der Probe nur schwach, die Signaldichte ist dadurch gering.

12.5. Nachweis der MWCNT-Lokalisierung im PC/ABS-Modellblend

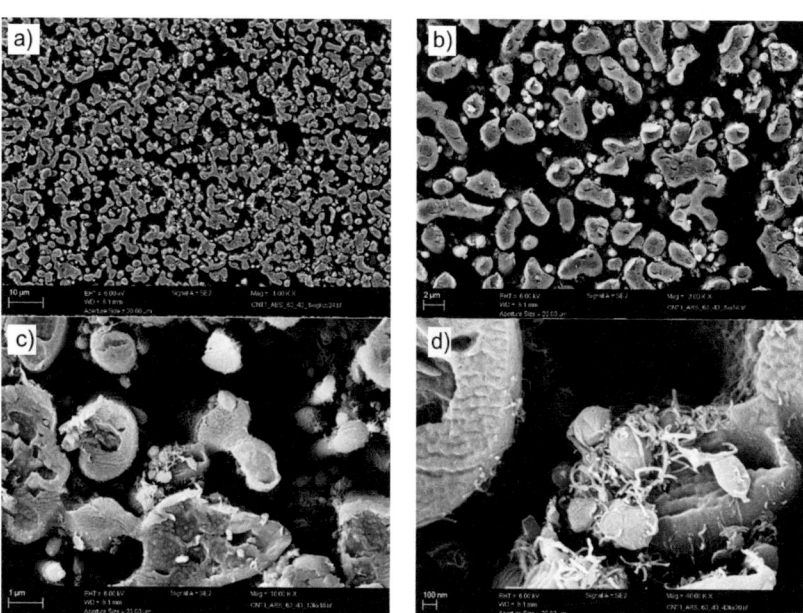

Abbildung-A 6: Nachweis von MWCNTs des Typs Baytubes® C150HP in dem durch Vorcompoundierung von 2 Gew.% MWCNTs in PC hergestelltem doppelperkolierten PC_{60}/ABS_{40} Blend. Die PC-Phase wurde durch selektive Hydrolyse entfernt; die dort lokalisierten CNTs wurden aus der Matrix gelöst und in den entstandenen Hohlräumen abgelagert; Herstellung: Tabelle-A 1, C- 21. Präparation: Tabelle-A 6, Kapitel 3.2.4

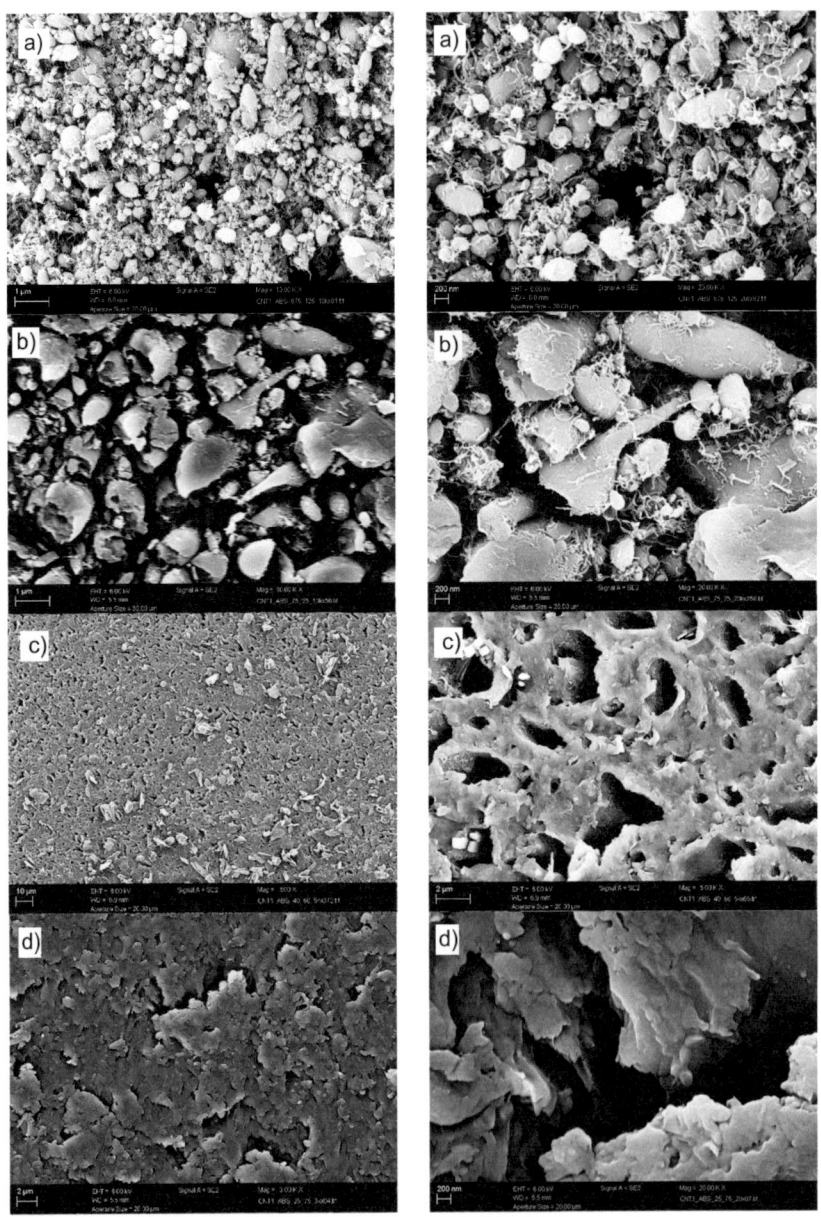

Abbildung-A 7: Nachweis von MWCNTs des Typs Baytubes® C150HP in durch Vorcompoundierung von 2 Gew.-% MWCNTs in PC hergestellten PC/ABS-Blends; a) $PC_{87,5}/ABS_{12,5}$ b) PC_{75}/ABS_{25} c) PC_{40}/ABS_{60} d) PC_{25}/ABS_{75}; Herstellung: Tabelle-A 1, C- 21; Präparation: Tabelle-A 6, Kapitel 3.2.4

12.6. Untersuchungen zur Blendkontinuität

12.6.1. Kontinuität des PC/SAN-Modellblends

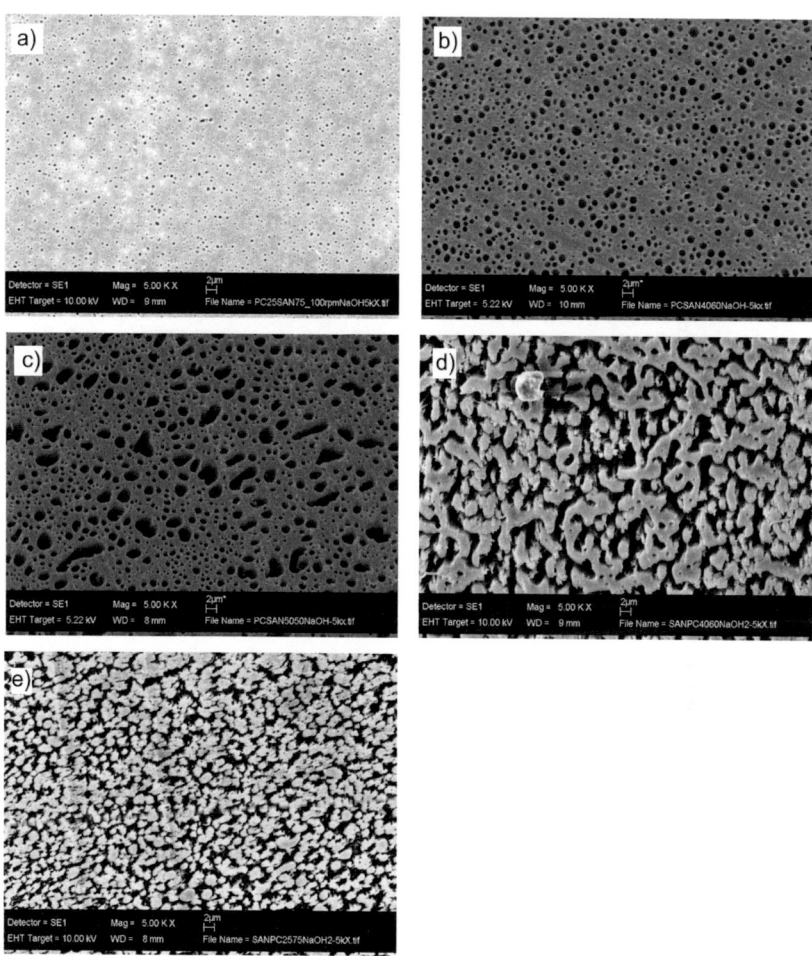

Abbildung-A 8: Morphologien ungefüllter PC/SAN-Blends mit selektiv hydrolysierter Polycarbonatphase [18]; a) PC_{25}/SAN_{75} b) PC_{40}/SAN_{60} c) PC_{50}/SAN_{50} d) PC_{60}/SAN_{40} e) PC_{75}/SAN_{25}; Herstellung: Tabelle-A 1, C-41-C-44; Präparation: Tabelle-A 6.

12.6.2. Einfluss selektiv lokalisierter CNTs auf die Kontinuität der Blendphasen des PC/SAN-Modellblends

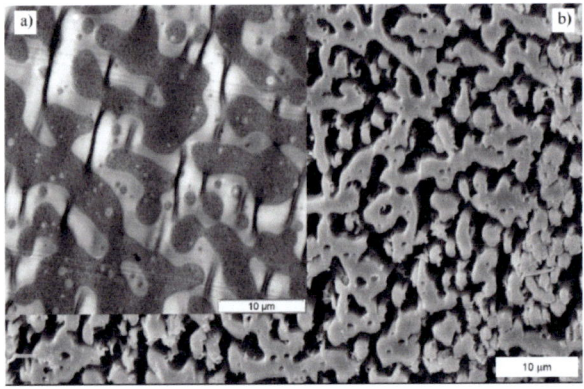

Abbildung-A 9: Vergleich der Blendmorphologien und Kontinuitäten von PC_{60}/SAN_{40}-Blends mit und ohne Carbon-Nanotubes; a) PC/SAN-Blend mit 2% MWCNTs des Typs Baytubes® C150HP in der PC-Phase (TEM-Dünnschnitt); b) ungefüllter Blend gleicher Zusammensetzung (Präparation: Tabelle-A 6)

12.6.3. Einfluss selektiv lokalisierter CNTs auf die Kontinuität der Blendphasen des PC/ABS-Modellblends

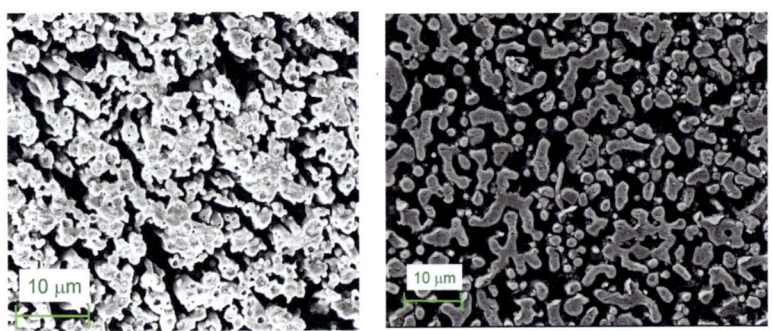

Abbildung-A 10: Vergleich der Blendmorphologien und Kontinuitäten von PC_{60}/ABS_{40}-Blends mit a) ungefüllten Blendphasen und b) 2 Gew.-% MWCNTs des Typs Baytubes® C150HP in Polycarbonat; REM-Aufnahmen an Anschnitten nach Entfernung der PC-Phase durch selektive Hydrolyse; Herstellung: Tabelle-A 1, C- 21; Präparation: Tabelle-A 6, Kapitel 3.2.4.

12.6.4. Einfluss der Reaktivkomponente Denka IP auf die Blendmorphologien ternärer PC/(SAN/RK)-Blends

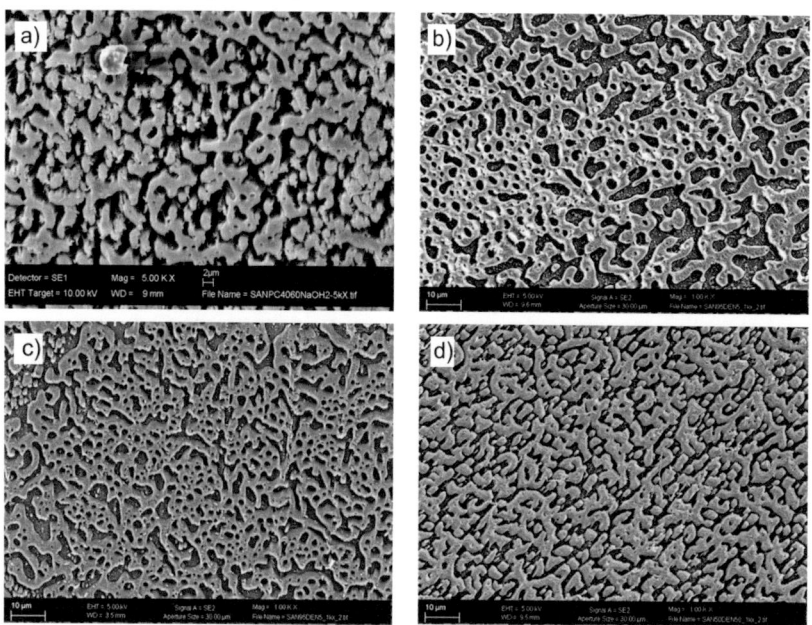

Abbildung-A 11: Einfluss der Reaktivkomponente Denka IP (RK) auf die Blendmorphologien ternärer PC/(SAN/RK)-Blends. REM-Aufnahmen an Anschnitten nach Entfernung der PC-Phase durch selektive Hydrolyse [18]; a) PC_{60}/SAN_{40} b) $PC_{60}/(SAN_{39,8}/RK_{0,2})_{40}$ c) $PC_{60}/(SAN_{38}/RK_2)_{40}$ d) $PC_{60}/(SAN_{20}/RK_{20})_{40}$; (Herstellung: Tabelle-A 1, C- 45-C- 47, Präparation; Tabelle-A 6)

12.7. Berechnung des Volumenanteils der CNTs in der Schmelze

Dichte von Baytubes® C150HP in Polycarbonat: $\rho = 1,899 \pm 0,038$ g/cm³ ([256], Seite 85)

Dichte von Polycarbonat Makrolon 2600: $\rho = 1,20$ g/cm³;

Dichte von Luran 358N: $\rho = 1,08$ g/cm³;

Mittlere Dichte des PC_{60}/SAN_{40}-Blends:

$$\frac{m_{PC}}{m_{ges}} = 0,6; \quad \frac{m_{SAN}}{m_{ges}} = 0,4; \quad \rho_{blend} = \frac{V_{PC} \cdot \rho_{PC} + V_{SAN} \cdot \rho_{SAN}}{V_{ges}} = 1,148 \frac{g}{cm^3}$$

Für 2 Gew.-% Baytubes® C150HP in der SAN-Trägerphase ergibt sich im PC_{60}/SAN_{40}-Modellblend eine Konzentration von 0,8 Gew.% MWCNTs; Dies entspricht einem Volumengehalt von 0,5 %.

12.8. Scherraten wichtiger technischer Prozesse

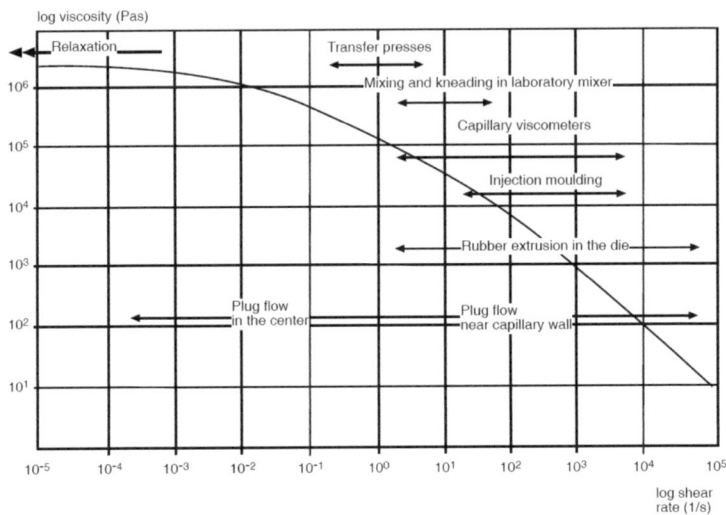

Abbildung-A 12: Abschätzung der Scherraten wichtiger technischer Prozesse [56].

12.9. Berechnung der Scherrate im Extruder

Parameter	DSM 15	Extruder
Schneckendurchmesser D	15 mm mittlerer Durchmesser	25 mm
Spaltmaß zwischen Schnecke und Gehäuse δ:	0.2 mm;	0.3 mm
Schneckendrehungen in der Sekunde N:	100/60= 1,67;	500/60= 8.3

Tabelle-A 7: Prozessparameter für die Abschätzung der maximalen Scherrate für die verwendeten Mischprozesse

12.10. Viskositätsabhängigkeit des CNT-Transfers zwischen den Blendphasen

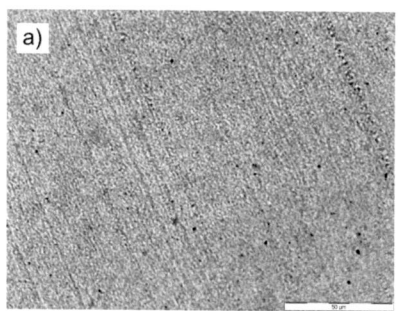
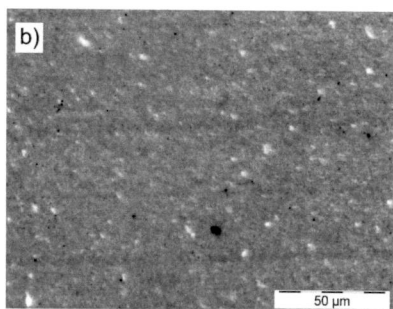

Abbildung-A 13: LiMi-Aufnahmen zur Abhängigkeit des CNT-Transfers von SAN nach PC von der Viskosität der Blendpolymere (Kapitel 7.6); Schmelzetemperaturen im Microcompounder: a) 223°C, rechts: 171°C (Tabelle-A 1, C- 60-C- 63)

12.11. Zuordnung der Blendphasen im Knetversuch

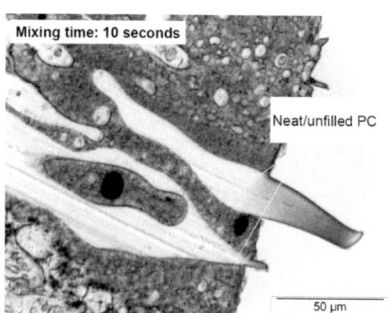
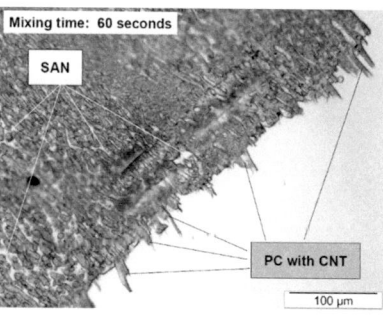

Abbildung-A 14: Deformationsverhalten der duktilen PC-Phase und der spröden SAN-Phase im Transmissionslichtmikroskop. Die PC-Phase wird durch die Klinge in Schnittrichtung in Streifen über den Probenrand gezogen. Die spröde SAN-Phase verformt sich dagegen nicht. a) Für sehr kurze Mischzeiten (10 Sekunden, Tabelle-A 1, C- 29) erscheinen insbesondere die aus groben Domänen der PC-Phase gezogenen Streifen transparent, da sie noch frei von CNTs sind; b) nach 60 Sekunden erscheint die PC-Phase durch die während des Mischens in dieser angereicherten CNTs dunkel

12.12. PC/SAN-Blends mit Reaktivmodifizierung

12.12.1. Nachweis der Mischbarkeit von SAN mit dem reaktiven Copolymer

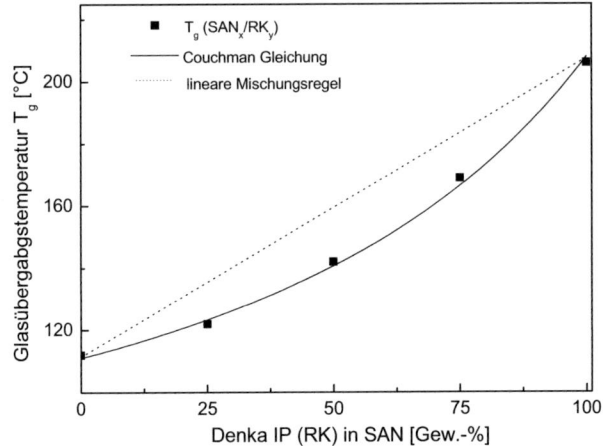

Abbildung-A 15: Nachweis der Mischbarkeit von SAN/Denka IP-Blends mit der Couchmangleichung (Gleichung 5) [18]

12.12.2. Nachweise zur Änderung des Lokalisierungsverhaltens

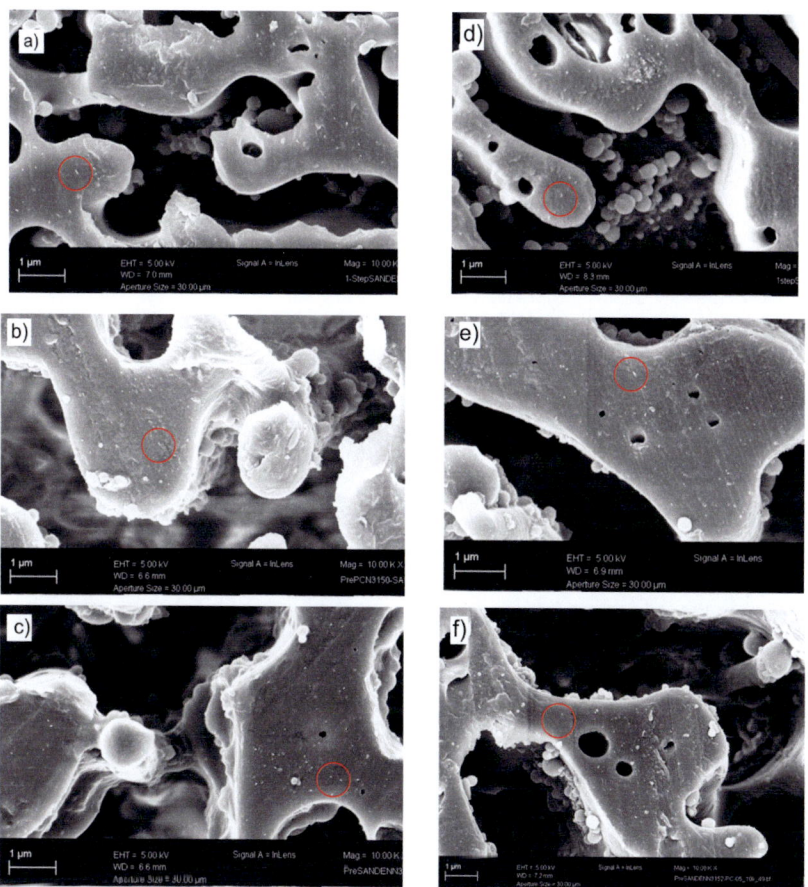

Abbildung-A 16 Nachweise zum Lokalisierungsverhalten von 0,5 Gew.-% MWCNTs NC3152 in reaktiv modifizierten $PC_{60}/(SAN_{20}/RK_{20})_{40}$-Blends [18]; REM-Aufnahmen an Anschnitten nach Entfernung der PC-Phase durch selektive Hydrolyse; a-c) Nanocyl® NC3150: Die Komposite wurden entweder durch Compoundierung in einem Schritt (a), Tabelle-A 1, C- 51) oder durch Vorcompoundierung in PC (b), C- 52) bzw. in der SAN/RK-Phase (c), C- 53) und anschließendes Blenden mit der jeweils anderen Blendphase hergestellt; d-f) die Einarbeitung der funktionalisierten CNTs des Typs Nanocyl® NC3152 erfolgte analog (Tabelle-A 1, C- 57-C- 59); Präparation: Tabelle-A 6, Kapitel 3.2.4;

Im Unterschied zu den in Abbildung-A 3 dargestellten Morphologien enthalten die durch selektive Hydrolyse der PC-Phase erzeugten Hohlräume im Fall reaktiv-modifizierter Blends keine CNTs. Dagegen können diese in den durch die Behandlung nicht angegriffenen Domänen der SAN-Denka-Phase nachgewiesen werden.

12.13. Nachweis der CNT-Lokalisierung in verschiedenen Blendsystemen

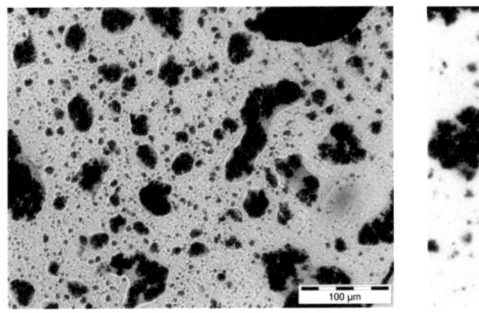

Abbildung-A 17: PET_{40}/SAN_{60}

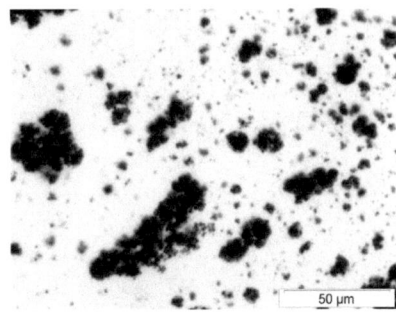

Abbildung-A 18: PET_{25}/SAN_{75}

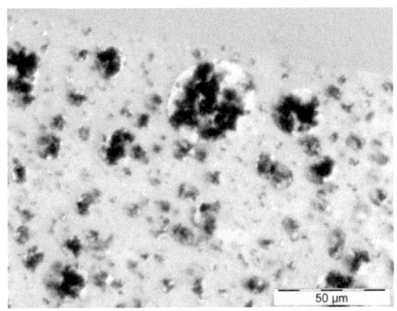

Abbildung-A 19: $(PA12)_{25}/SAN_{75}$

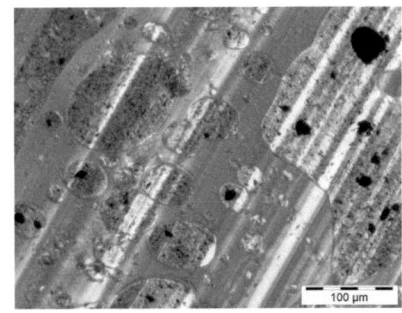

Abbildung-A 20: PET_{60}/PS_{40}

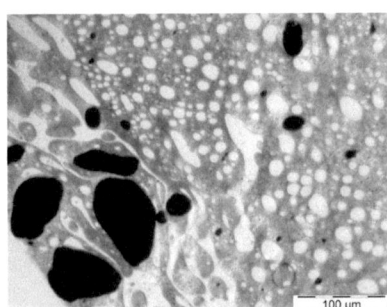

Abbildung-A 21: $(PA6)_{60}/SAN_{40}$

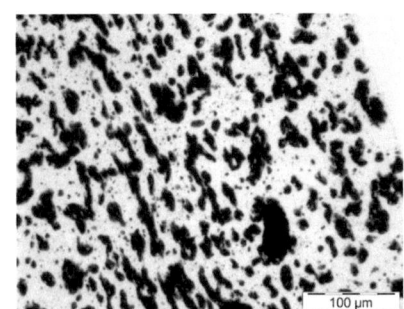

Abbildung-A 22: $PET_{40}/PMMA_{60}$

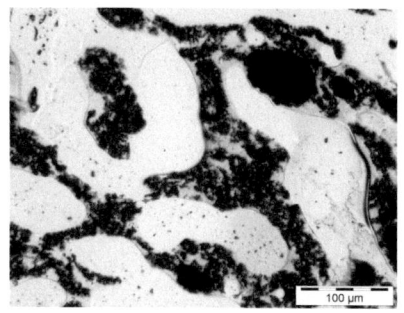 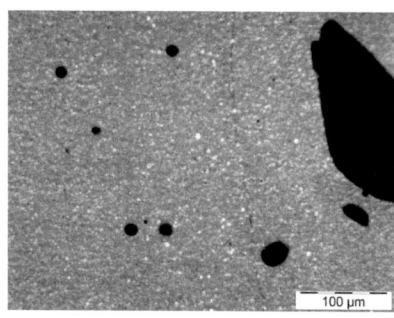

Abbildung-A 23: $(PA12)_{40}/PMMA_{60}$ Abbildung-A 24: $(PA6)_{75}$-$PMMA_{25}$

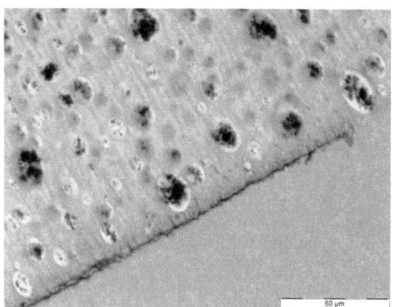

Abbildung-A 25: PC_{25}/PS_{75}

13. LITERATURVERZEICHNIS

1. Utracki LA. Polymer Alloys and Blends. vol. 1. Auflage. München, Wien, New York: Hanser Verlag 1989.

2. Utracki LA. Polymer Blends Handbook. Dordrecht/Boston/London: Kluwer Academic Publishers, 2002.

3. Helms J, Blais E, Cheung M-F, Schroeder J, and Derengowski T. Conductive modification of injection molded thermoplastics:electrical properties and electrostatic paintability. Industry Applications Conference, 1995. Thirtieth IAS Annual Meeting, IAS '95., vol. 2. Orlando, FL, USA, 1995. pp. 1514-1522.

4. Bigg DM and Stutz DE. Polymer Composites 1983;4(1):40-46.

5. Sandler JKW, Kirk JE, Kinloch IA, Shaffer MSP, and Windle AH. Polymer 2003;44(19):5893-5899.

6. Breuer O and Sundararaj U. Polymer Composites 2004;25(6):630-645.

7. Du J-H, Bai J, and Cheng H-M. Express Polymer Letters Vol.1, No.5 (2007) 253–273 2007;1.

8. Villmow T, Pegel S, Pötschke P, and Wagenknecht U. Composites Science and Technology 2008;68(3-4):777-789.

9. Krause B, Ritschel M, Täschner C, Oswald S, Gruner W, Leonhardt A, and Pötschke P. Composites Science and Technology 2010;70(1):151-160.

10. Gergen WP, Lutz RG, and Davison S. Hydrogenated block copolymers in thermoplastic elastomer interpenetrating polymer networks. In: Holden G, Legge NR, Quirk R, and Schroeder HE, editors. Thermoplastic Elastomers. München: Car Hanser Verlag, 1996.

11. Lopez-Barron CR and Macosko CW. Langmuir 2009;25(16):9392-9404.

12. Fenouillot F, Cassagnau P, and Majeste JC. Polymer 2009;50(6):1333-1350.

13. Pötschke P, Bhattacharyya AR, and Janke A. Polymer 2003;44(26):8061-8069.

14. ISI Web of knowledge; key word search 2011: blend&polymer and carbon nanotube & blend ; http://apps.isiknowledge.com/.

15. Göldel A, Ruckdäschel H, Müller AHE, Pötschke P, and Altstädt V. E-Polymers 2008:17.

16. Göldel A and Pötschke P. CNTs in multiphase Polymer Blends. In: McNally T and Pötschke P, editors. Polymer carbon nanotube composites: preparation, properties and applications. Cambridge CB21 6AH, UK: Woodhead Publishing Limited, 2011. pp. 587-619.

17. Gültner M, Göldel A, and Pötschke P. Composites Science and Technology 2011;72(1):41-48.

18. Herbst M. Diplomarbeit: Funktionalisierte Multiwalled Carbon Nanotubes in reaktiven Polycarbonat/Poly(styrol-co-acrylnitril) Blends. Fakultät für Mathematik und Naturwissenschaften: Technische Universität Dresden, 2009.

19. Kasaliwal G, Göldel A, and Pötschke P. Journal of Applied Polymer Science 2009;112(6):3494-3509.

20. Kasaliwal GR, Göldel A, Pötschke P, and Heinrich G. Polymer 2011;52(4):1027-1036.

21. Kasaliwal GR, Pegel S, Göldel A, Pötschke P, and Heinrich G. Polymer 2010;51(12):2708-2720.

22. Moniruzzaman M and Winey KI. Macromolecules 2006;39(16):5194-5205.

23. Hytwo L. Hytwo Hex. vol. 2011. Cohoes NY, U.S.A., 2007.

24. Tessonnier J-P, Rosenthal D, Hansen TW, Hess C, Schuster ME, Blume R, Girgsdies F, Pfänder N, Timpe O, Su DS, and Schlögl R. Carbon 2009;47(7):1779-1798.

25. Dresselhaus MS, Dresselhaus G, and Avouris P. Carbon nanotubes :synthesis, structure, properties, and applications. Berlin; New York: Springer, 2001.

26. Awasthi K, Srivastava A, and N. SO. Journal of Nanoscience and Nanotechnology 2005;5(10):1616-1636.

27. Hamada N, Sawada S, and Oshiyama A. Physical Review Letters 1992;68(10):1579-1581.

28. Mintmire JW, Dunlap BI, and White CT. Physical Review Letters 1992;68(5):631-634.

29. Saito R, Fujita M, Dresselhaus G, and Dresselhaus MS. Applied Physics Letters 1992;60(18):2204-2206.

30. White CT, Robertson DH, and Mintmire JW. Physical Review B 1993;47(9):5485-5488.

31. Pegel S. Dissertation: Komposite aus Polycarbonat und Kohlenstoff Nanoröhren. Fakultät für Maschinenwesen, Technische Universität Dresden, 2011.

32. Ebbesen TW, Lezec HJ, Hiura H, Bennett JW, Ghaemi HF, and Thio T. Nature 1996;382(6586):54-56.

33. Krause B, Boldt R, and Pötschke P. Carbon 2011;49(4):1243-1247.

34. Kim SH, Mulholland GW, and Zachariah MR. Carbon 2009;47(5):1297-1302.

35. Gao G, Cagin T, and Goddard WA. Nanotechnology 1998;9:184-191.

36. Dekker C. Physics Today 1999;52:22-30.

37. Yu MF, Lourie O, Dyer MJ, Moloni K, Kelly TF, and Ruoff RS. Science 2000;287(5453):637-640.

38. Yu MF, Files BS, Arepalli S, and Ruoff RS. Physical Review Letters 2000;84(24):5552-5555.

39. Baughman RH, Zakhidov AA, and de Heer WA. Science 2002;297(5582):787-792.

40. Iijima S. Nature 1991;354(6348):56-58.

41. Monthioux M and Kuznetsov VL. Carbon 2006;44(9):1621-1623.

42. Radushkevich LV and Lukyanovich VM. Journal of Physical Chemistry of Russia 1952;26:88-95.

43. Singh C, Shaffer MSP, and Windle AH. Carbon 2003;41(2):359-368.

44. Wang Y, Wei F, Luo G, Yu H, and Gu G. Chemical Physics Letters 2002;364(5-6):568-572.

45. Winey KI and Vaia RA. MRS Bulletin 2007;32:314-322.

46. Zhu J, Peng HQ, Rodriguez-Macias F, Margrave JL, Khabashesku VN, Imam AM, Lozano K, and Barrera EV. Advanced Functional Materials 2004;14(7):643-648.

47. Gojny FH, Wichmann MHG, Fiedler B, Kinloch IA, Bauhofer W, Windle AH, and Schulte K. Polymer 2006;47(6):2036-2045.

48. Logakis E, Pandis C, Pissis P, Pionteck J, and Pötschke P. Composites Science and Technology 2011;71(6):854-862.

49. Zeng Y, Liu PF, Du JH, Zhao L, Ajayan PM, and Cheng HM. Carbon;48(12):3551-3558.

50. Zhang C, Wang P, Ma C-a, Wu G, and Sumita M. Polymer 2006;47(1):466-473.

51. Skipa T, Lellinger D, Böhm W, Saphiannikova M, and Alig I. Polymer 2009;51(6):201-210.

52. Pegel S, Pötschke P, Villmow T, Stoyan D, and Heinrich G. Polymer 2009;50(9):2123-2132.

53. Kasaliwal G, Villmow T, Pegel S, and Pötschke P. Influence of material and processing parameters on carbon nanotube dispersion in polymer melts. In: McNally T and Pötschke P, editors. Polymer carbon nanotube composites: preparation, properties and applications. Cambridge CB21 6AH, UK: Woodhead Publishing Limited, 2011. pp. 92-132.

54. Alig I, Skipa T, Lellinger D, and Pötschke P. Polymer 2008;49(16):3524-3532.

55. Laun M. Vorlesung: Industrial Rheology of Polymer Melts. Universität Dortmund, 2005.

56. Schramm G. A Practical Approach to Rheology and Rheometry. Karlsruhe: Gebrüder HAAKE GmbH, 1994.

57. Rauwendaal C. Polymer extrusion. München: Hanser Verlag, 1986.

58. Schaefer DW and Justice RS. Macromolecules 2007;40(24):8501-8517.

59. Brown JM, Anderson DP, Justice RS, Lafdi K, Belfor M, Strong KL, and Schaefer DW. Polymer 2005;46(24):10854-10865.

60. Smallwood HM. Journal of Applied Physics 1944;15(11):758-766.

61. Witten TA, Rubinstein M, and Colby RH. Journal De Physique Ii 1993;3(3):367-383.

62. Deng F, Ito M, Noguchi T, Wang LF, Ueki H, Niihara K, Kim YA, Endo M, and Zheng QS. Acs Nano 2011;5(5):3858-3866.

63. Li C, Thostenson ET, and Chou T-W. Composites Science and Technology 2008;68(6):1445-1452.

64. Balberg I, Anderson CH, Alexander S, and Wagner N. Physical Review B 1984;30(7):3933-3943.

65. Datenblatt Baytubes C150HP, Edition 2007-05-14. Bayer MaterialScience AG, Germany 2007.

66. Weber M. Polymerblends - Werkstoffe mit vielfältigen Eigenschaften. Vorlesung Polymerwerkstoffe. Kunststoff-Laboratorium BASF Aktiengesellschaft 2002.

67. Couchman PR. Macromolecules 1978;11(6):1156-1161.

68. Scott CE and Macosko CW. Polymer 1995;36(3):461-470.

69. Potente H and Bastian M. Polymer Engineering and Science 2000;40(3):727-737.

70. Pötschke P and Paul DR. Journal of Macromolecular Science-Polymer Reviews 2003;C43(1):87-141.

71. Lyngaae-Jørgensen J and Utracki LA. Makromolekulare Chemie. Macromolecular Symposia 1991;48-49(1):189-209.

72. Lyngaae-Jørgensen J, Rasmussen KL, Chtcherbakova EA, and Utracki LA. Polymer Engineering & Science 1999;39(6):1060-1071.

73. Utracki LA. Journal of Rheology 1991;35(8):1615-1637.

74. Mekhilef N and Verhoogt H. Polymer 1996;37(18):4069-4077.

75. Tol RT, Groeninckx G, Vinckier I, Moldenaers P, and Mewis J. Polymer 2004;45(8):2587-2601.

76. Everaert V, Aerts L, and Groeninckx G. Polymer 1999;40(24):6627-6644.

77. Steinmann S, Gronski W, and Friedrich C. Polymer 2001;42(15):6619-6629.

78. Grace HP. Chemical Engineering Communications 1982;14(3-6):225-277.

79. Manas-Zloczower I and Cheng JJ. International Polymer Processing 1990;5(178).

80. Smoluchowksi M. Z. Phys. Chem. 1917;92:129-168.

81. Chesters AK. Chemical Engineering Research & Design 1991;69(4):259-270.

82. Ross SL, Verhoff FH, and Curl RL. Industrial & Engineering Chemistry Fundamentals 1978;17(2):101-108.

83. Janssen PJA and Anderson PD. Macromolecular Materials and Engineering 2011;296(3-4):238-248.

84. Coulaloglou CA. Dissertation: Dispersed phase interactions in anagitated flow vessel. vol. Ph.D. Chicago: Illinois Institute of Technology, 1975.

85. Ross SL. Dissertation: Measurements and models of the dispersed phase mixing process. vol. Ph.D. Michigan: The University of Michigan, 1971.

86. Abid S and Chesters AK. International Journal of Multiphase Flow 1994;20(3):613-629.

87. Veenstra H, Norder B, van Dam J, and de Boer BP. Polymer 1999;40(18):5223-5226.

88. Veenstra H, van Lent BJJ, van Dam J, and de Boer AP. Polymer 1999;40(24):6661-6672.

89. Marin N and Favis BD. Polymer 2002;43(17):4723-4731.

90. Willemse RC, de Boer AP, van Dam J, and Gotsis AD. Polymer 1998;39(24):5879-5887.

91. Willemse RC. Polymer 1999;40(8):2175-2178.

92. He JS, Bu WS, and Zeng JJ. Polymer 1997;38(26):6347-6353.

93. Joseph S, Rutkowska M, Jastrzebska M, Janik H, Haponiuk JT, and Thomas S. Journal of Applied Polymer Science 2003;89(13):3700-3700.

94. Cook WD, Moad G, Fox B, VanDeipen G, Zhang T, Cser F, and McCarthy L. Journal of Applied Polymer Science 1996;62(10):1709-1714.

95. Cook WD, Zhang T, Moad G, VanDeipen G, Cser F, Fox B, and Oshea M. Journal of Applied Polymer Science 1996;62(10):1699-1708.

96. Kolarik J, Lednicky F, Locati G, and Fambri L. Polymer Engineering and Science 1997;37(1):128-137.

97. Quintens D, Groeninckx G, Guest M, and Aerts L. Polymer Engineering and Science 1991;31(16):1215-1221.

98. Quintens D, Groeninckx G, Guest M, and Aerts L. Polymer Engineering and Science 1990;30(22):1474-1483.

99. Chun BC and Gibala R. Polymer Engineering and Science 1996;36(6):744-754.

100. Sumita M, Sakata K, Asai S, Miyasaka K, and Nakagawa H. Polymer Bulletin 1991;25(2):265-271.

101. Laredo E, Grimau M, Bello A, Wu DF, Zhang YS, and Lin DP. Biomacromolecules 2010;11(5):1339-1347.

102. Göldel A, Kasaliwal G, and Pötschke P. Macromolecular Rapid Communications 2009;30(6):423-429.

103. Wu M and Shaw LL. Journal of Power Sources 2004;136(1):37-44.

104. Wu DF, Zhang YS, Zhang M, and Yu W. Biomacromolecules 2009;10(2):417-424.

105. Li Y and Shimizu H. Macromolecules 2008;41(14):5339-5344.

106. Meincke O, Kaempfer D, Weickmann H, Friedrich C, Vathauer M, and Warth H. Polymer 2004;45(3):739-748.

107. Zou H, Wang K, Zhang Q, and Fu Q. Polymer 2006;47(22):7821-7826.

108. Zhang LY, Wan CY, and Zhang Y. Composites Science and Technology 2009;69(13):2212-2217.

109. Jin SH and Lee DS. Journal of Nanoscience and Nanotechnology 2007;7(11):3847-3851.

110. Sun Y, Jia MY, Guo ZX, Yu JA, and Nagai S. Journal of Applied Polymer Science 2011;120(6):3224-3232.

111. Elias L, Fenouillot F, Majeste JC, Martin G, and Cassagnau P. Journal of Polymer Science Part B-Polymer Physics 2008;46(18):1976-1983.

112. Ko SW, Hong MK, Park BJ, Gupta RK, Choi HJ, and Bhattacharya SN. Polymer Bulletin 2009;63(1):125-134.

113. Wu M and Shaw L. Journal of Applied Polymer Science 2006;99(2):477-488.

114. Khare RA, Bhattacharyya AR, Kulkarni AR, Sarp M, and Biswas A. Journal of Polymer Science Part B-Polymer Physics 2008;46(21):2286-2295.

115. Li ZM, Li SN, Xu XB, and Lu A. Polymer-Plastics Technology and Engineering 2007;46(2):129-134.

116. Cayla A, Campagne C, Rochery M, and Devaux E. Synthetic Metals 2011;161(11-12):1034-1042.

117. Baudouin A-C, Bailly C, and Devaux J. Polymer Degradation and Stability 2010;95(3):389-398.

118. Baudouin A-C, Devaux J, and Bailly C. Polymer 2010;51(6):1341-1354.

119. Baudouin AC, Auhl D, Tao FF, Devaux J, and Bailly C. Polymer 2011;52(1):149-156.

120. Wu DF, Sun YR, Lin DP, Zhou WD, Zhang M, and Yuan LJ. Macromolecular Chemistry and Physics 2011;212(15):1700-1709.

121. Sun Y, Zhao-Xia G, and Jian Y. Macromolecular Materials and Engineering 2010;295(3):263-268.

122. Zhang LY, Wan CY, and Zhang Y. Polymer Engineering and Science 2009;49(10):1909-1917.

123. Shi YY, Li YL, Wu J, Huang T, Chen C, Peng Y, and Wang Y. Journal of Polymer Science Part B-Polymer Physics 2011;49(4):267-276.

124. Wu DF, Lin DP, Zhang J, Zhou WD, Zhang M, Zhang YS, Wang DM, and Lin BL. Macromolecular Chemistry and Physics 2011;212(6):613-626.

125. Yesil S, Koysuren O, and Bayram G. Polymer Engineering & Science 2010;50(11):2093-2105.

126. Xiang F, Wang Y, Shi Y, Huang T, Chen C, Peng Y, and Wang Y. Polymer International 2012:n/a-n/a.

127. Wu S. Polymer Interface and Adhesion: Marcel Dekker Inc. New York, 1982.

128. Barber AH, Cohen SR, and Wagner HD. Physical Review Letters 2004;92(18).

129. Nuriel S, Liu L, Barber AH, and Wagner HD. Chemical Physics Letters 2005;404(4-6):263-266.

130. Zonder L, Ophir A, Kenig S, and McCarthy S. Polymer 2011;52(22):5085-5091.

131. Su C, Xu L, Zhang C, and Zhu J. Composites Science and Technology 2011;71(7):1016-1021.

132. Besco S, Modesti M, Lorenzetti A, Donadi S, and McNally T. Journal of Applied Polymer Science 2012;124(5):3617-3625.

133. Lisunova MO, Mamunya YP, Lebovka NI, and Melezhyk AV. European Polymer Journal 2007;43(3):949-958.

134. Bokobza L. Polymer 2007;S48(17):4907-4920.

135. Calberg C, Blacher S, Gubbels F, Brouers F, Deltour R, and Jerome R. Journal of Physics D-Applied Physics 1999;32(13):1517-1525.

136. Ozkoc G, Bayram G, and Tiesnitsch J. Polymer Composites 2008;29(4):345-356.

137. Elias L, Fenouillot F, Majeste JC, and Cassagnau P. Polymer 2007;48(20):6029-6040.

138. Vo LT and Giannelis EP. Macromolecules 2007;40(23):8271-8276.

139. Zhu Y, Ma HY, Tong LF, and Fang ZP. Journal of Zhejiang University-Science A 2008;9(11):1614-1620.

140. Hong JS, Namkung H, Ahn KH, Lee SJ, and Kim C. Polymer 2006;47(11):3967-3975.

141. Pötschke P, Kretzschmar B, and Janke A. Composites Science and Technology 2007;67(5):855-860.

142. Filippone G, Idintcheva NT, La Mantia FP, and Acierno D. Journal of Polymer Science Part B-Polymer Physics 2010;48(5):600-609.

143. Tchoudakov R, Breuer O, Narkis M, and Siegmann A. Polymer Engineering and Science 1996;36(10):1336-1346.

144. Thongruang W, Balik CM, and Spontak RJ. Journal of Polymer Science Part B-Polymer Physics 2002;40(10):1013-1025.

145. Zaikin AE, Karimov RR, and Arkhireev VP. Colloid Journal 2001;63(1):53-59.

146. Gubbels F, Blacher S, Vanlathem E, Jerome R, Deltour R, Brouers F, and Teyssie P. Macromolecules 1995;28(5):1559-1566.

147. Xu ZB, Zhao C, Gu AJ, Fang ZP, and Tong LF. Journal of Applied Polymer Science 2007;106(3):2008-2017.

148. Cheah K, Forsyth M, and Simon GP. Journal of Polymer Science Part B: Polymer Physics 2000;38(23):3106-3119.

149. Soares BG, Gubbels F, Jerome R, Teyssie P, Vanlathem E, and Deltour R. Polymer Bulletin 1995;35(1-2):223-228.

150. Gubbels F, Jerome R, Teyssie P, Vanlathem E, Deltour R, Calderone A, Parente V, and Bredas JL. Macromolecules 1994;27(7):1972-1974.

151. Al-Saleh MH and Sundararaj U. Composites Part a-Applied Science and Manufacturing 2008;39(2):284-293.

152. Cao Y, Zhang J, Feng J, and Wu P. Acs Nano 2011;5(7):5920-5927.

153. Sinha Ray S, Pouliot S, Bousmina M, and Utracki LA. Polymer 2004;45(25):8403-8413.

154. Gubbels F, Jerome R, Vanlathem E, Deltour R, Blacher S, and Brouers F. Chemistry of Materials 1998;10(5):1227-1235.

155. Shen L, Wang F, Jia W, and Yang H. Polymer International 2011:n/a-n/a.

156. Brezesinski G and Moegel HJ. Grenzflächen und Kolloide. Heidelberg; Berin; Oxford: Spektrum Akadem.Verlag, 1993.

157. Grundke K. Wetting, Spreading and Penetration. In: Holmberg K, editor. Handbook of Applied Surface and Colloid Chemistry: John Wiley & Sons, Ltd, 2001. pp. 119-142.

158. Spelt JK and Li D. The equation of state approach to interfacial tensions. In: Neumann AW and Spelt JK, editors. Applied Surface Thermodynamic, vol. 63. New York: Marcel Dekker, 1996. pp. 239-292.

159. Good RJ and Van Oss CJ. The modern theory of contact angles and the hydrogen bond components of surface energies. In: Schrader ME and Loeb GI, editors. Modern

Approaches to Wettability - Theory and Applications. New York Plenum Press, 1992. pp. 1–27.

160. Young T. Phil. Trans. R. Soc. Lond. 1805;95:65-87.

161. Sessile Drop Method, http://membranes.edu.au/wiki/index.php/Sessile_Drop_Method, accessed 09.09.2010.

162. Girifalco LA and Good RJ. Journal of Physical Chemistry 1957;61(7):904-909.

163. Fowkes FM. Journal of Physical Chemistry 1963;67(12):2538-&.

164. Owens DK and Wendt RC. Journal of Applied Polymer Science 1969;13(8):1741-&.

165. Ibarra-Gomez R, Marquez A, Valle L, and Rodriguez-Fernandez OS. Rubber Chemistry and Technology 2003;76(4):969-978.

166. Katada A, Buys YF, Tominaga Y, Asai S, and Sumita M. Colloid and Polymer Science 2005;284(2):134-141.

167. Villmow T, Pegel S, John A, Rentenberger R, and Pötschke P. Materials Today 2011;14(7-8):340-345.

168. Stöckelhuber KW, Das A, Jurk R, and Heinrich G. Polymer 2010;51(9):1954-1963.

169. Wikepdia. Wilhelmy plate. http://en.wikipedia.org/wiki/Wilhelmy_plate, 2011.

170. Wikepdia. Pendant drop. http://en.wikipedia.org/wiki/File:Pendant_drop.png, 2011.

171. Tran MQ, Cabral JT, Shaffer MSP, and Bismarck A. Nano Letters 2008;8(9):2744-2750.

172. Dresselhaus MS and Dai H. MRS Bulletin 2004;29:237-243.

173. Ajayan PM, Redlich P, and Rühle M. Journal of Microscopy Oxford 1997;185: 275–282.

174. Schröder A, Klüppel M, and Schuster RH. Macromolecular Materials and Engineering 2007;292(8):885-916.

175. Barthlott W and Neinhuis C. Planta 1997;202(1):1-8.

176. Duparré A, Flemming M, and Notni G. Lotuseffekt, Kohlrabiblatt, Mottenauge? Nanostruktur-Design für ultrahydrophobe Oberflächen, Fraunhofer IOF, Jahresbericht 2004.

177. Turner C. SuperSurface-Superhydrophobic Surfaces by Sustainable Technology. SuperSurface, 2011.

178. Hong YC, Shin DH, Cho SC, and Uhm HS. Chemical Physics Letters 2006;427(4-6):390-393.

179. Ajayan PM and Iijima S. Nature 1993;361(6410):333-334.

180. Dujardin E, Ebbesen TW, Krishnan A, and Treacy MMJ. Advanced Materials 1998;10(17):1472-1475.

181. Dujardin E, Ebbesen TW, Hiura H, and Tanigaki K. Science 1994;265(5180):1850-1852.

182. Rossi MP, Ye HH, Gogotsi Y, Babu S, Ndungu P, and Bradley JC. Nano Letters 2004;4(5):989-993.

183. Miltner HE, Peeterbroeck S, Viville P, Du Bois P, and Van Mele B. Journal of Polymer Science Part B-Polymer Physics 2007;45(11):1291-1302.

184. Mark C. Strusa CIC, R. Byron Pipesb, c, d, Cattien V. Nguyene and Arvind Ramana. 2009.

185. Menzel R, Lee A, Bismarck A, and Shaffer MSP. Langmuir 2009;25(14):8340-8348.

186. Yang MJ, Koutsos V, and Zaiser M. Journal of Physical Chemistry B 2005;109(20):10009-10014.

187. Rausch J. Dissertation: Grenzflächenmodifizierung von glasfaserverstärktem Polypropylen durch Einsatz von Carbon Nanotubes. Fak. Maschinenwesen. Dresden: Techn. Univ., 2011. pp. 174.

188. Malanin M. Expertenaussage: Nachweis funktioneller Gruppen auf der Oberfläche von Carbon Nanotubes, 22.11.2011.

189. Lee SH, Cho E, Jeon SH, and Youn JR. Carbon 2007;45(14):2810-2822.

190. Neimark AV. Journal of Adhesion Science and Technology 1999;13(10):1137-1154.

191. Schröder A, Klüppel M, Schuster RH, and Heidberg J. Carbon 2002;40(2):207-210.

192. Kim YA, Hayashi T, Osawa K, Dresselhaus MS, and Endo M. Chemical Physics Letters 2003;380(3-4):319-324.

193. Binks BP and Clint JH. Langmuir 2002;18(4):1270-1273.

194. Binks BP. Current Opinion in Colloid & Interface Science 2002;7(1-2):21-41.

195. Baskaran D, Mays JW, and Bratcher MS. Polymer 2005;46(14):5050-5057.

196. Weber M, Heckmann W, and Goeldel A. Macromolecular Symposia 2006;233:1-10.

197. Weber M. Macromolecular Symposia 2002;181:189-200.

198. Prashantha K, Soulestin J, Lacrampe MF, Claes M, Dupin G, and Krawczak P. Express Polymer Letters 2008;2(10):735-745.

199. Lee G-W, Jaganathan S, Chae HG, Minus ML, and Kumar S. Polymer 2008;49(7):1831-1840.

200. Wang GJ, Qu ZH, Liu L, Shi Q, and Guo HL. Materials Science and Engineering a-Structural Materials Properties Microstructure and Processing 2008;472(1-2):136-139.

201. Feng JY, Chan CM, and Li JX. Polymer Engineering and Science 2003;43(5):1058-1063.

202. Persson AL and Bertilsson H. Polymer 1998;39(23):5633-5642.

203. Mamunya Y. Macromolecular Symposia 2001;170:257-264.

204. Einstein A. Annalen der Physik 1905;17.

205. Ramsden W. Proceedings of the Royal Society of London 1903;72(479):156-164.

206. Pickering SU. Journal of the Chemical Society 1907;91:2001-2021.

207. Vermant J, Cioccolo G, Nair KG, and Moldenaers P. Rheologica Acta 2004;43(5):529-538.

208. Okubo T. Journal of Colloid and Interface Science 1995;171(1):55-62.

209. Vignati E, Piazza R, and Lockhart TP. Langmuir 2003;19(17):6650-6656.

210. Levine S and Bowen BD. Colloids and Surfaces a-Physicochemical and Engineering Aspects 1993;70(1):33-45.

211. Thareja P and Velankar S. Rheologica Acta 2007;46(3):405-412.

212. Paul DR and Robeson LM. Polymer 2008;49(15):3187-3204.

213. Ray SS and Bousmina M. Macromolecular Rapid Communications 2005;26(20):1639-1646.

214. Li YJ and Shimizu H. Polymer 2004;45(22):7381-7388.

215. Khatua BB, Lee DJ, Kim HY, and Kim JK. Macromolecules 2004;37(7):2454-2459.

216. Si M, Araki T, Ade H, Kilcoyne ALD, Fisher R, Sokolov JC, and Rafailovich MH. Macromolecules 2006;39(14):4793-4801.

217. Filippone G, Dintcheva NT, La Mantia FP, and Acierno D. Polymer 2010;51(17):3956-3965.

218. Moghbelli E, Sue HJ, and Jain S. Polymer 2010;51(18):4231-4237.

219. Hong JS, Kim YK, Ahn KH, and Lee SJ. Journal of Applied Polymer Science 2008;108(1):565-575.

220. Sung YT, Kim YS, Lee YK, Kim WN, Lee HS, Sung JY, and Yoon HG. Polymer Engineering and Science 2007;47(10):1671-1677.

221. Shen Y, Guo ZH, Cheng J, and Fang ZP. Journal of Applied Polymer Science 2010;116(3):1322-1328.

222. Callaghan TA, Takakuwa K, Paul DR, and Padwa AR. Polymer 1993;34(18):3796-3808.

223. Kim CK and Paul DR. Polymer 1992;33(23):4941-4950.

224. Keitz JD, Barlow JW, and Paul DR. Journal of Applied Polymer Science 1984;29(10):3131-3145.

225. Cheng TW, Keskkula H, and Paul DR. Polymer 1992;33(8):1606-1619.

226. Mendelson RA. Journal of Polymer Science Part B-Polymer Physics 1985;23(10):1975-1995.

227. Kurauchi T and Ohta T. Journal of Materials Science 1984;19(5):1699-1709.

228. Kim JH and Kim CK. Journal of Applied Polymer Science 2003;89(10):2649-2656.

229. BASF SE:Terblend® N, http://www.styrolution.net/wa/EU/Catalog/eStyrolution_EU/pi/BASF/prodline/terblend_n, 15.12.2011.

230. Lombardo BS, Keskkula H, and Paul DR. Journal of Applied Polymer Science 1994;54(11):1697-1720.

231. Merfeld GD and Paul DR. Macromolecular Symposia 2000;159:105-112.

232. Watkins VH and Hobbs SY. Polymer 1993;34(18):3955-3959.

233. Hanafy GM, Madbouly SA, Ougizawa T, and Inoue T. Polymer 2004;45(20):6879-6887.

234. Guest MJ and Daly JH. European Polymer Journal 1989;25(9):985-988.

235. Ehrenstein GW. Polymer-Werkstoffe; Struktur-Eigenschaften-Anwendung, 2nd ed. München: Carl Hanser Verlag München Wien, 1999.

236. Datenblatt Nanocyl, Characterization NC3150, NC3151, NC3152, http://www.nanocyl.com/004_download/Datasheet%203150.pdf, 17.08.2011, Nanocyl.

237. Wang ZW, Liu CL, Liu ZG, Xiang H, Li Z, and Gong QH. Chemical Physics Letters 2005;407(1-3):35-39.

238. DSM Xplore, http://www.xplore-together.com/15ml_compounder.htm, 06.10.2008.

239. Villmow T, Kretzschmar B, and Pötschke P. Composites Science and Technology 2010;70(14):2045-2055.

240. Dong LS, Greco R, and Orsello G. Polymer 1993;34(7):1375-1382.

241. Cox WP and Merz EH. Journal of Polymer Science 1958;28(118):619-622.

242. Pionteck J and Kressler J. Interfacial tension and miscibility of polymer blends. In: Pick R, editor. The European Physical Society: EPFL, vol. 21B. Lausanne, Switzerland: Europhysics Conference Abstracts, 1997. pp. 31.

243. Uzman P, Pötschke P, and Pionteck J. Measurements of surface and interfacial tensions of technical thermoplastics. The fifth international conference on composite interfaces. Göteborg, Sweden, 1994.

244. Pötschke P, Bhattacharyya AR, Janke A, and Goering H. Composite Interfaces 2003;10(4):389-404.

245. Nobile MR. Rheology of polymer-carbon nanotube composites melts. In: McNally T and Pötschke P, editors. Polymer carbon nanotube composites: preparation, properties and applications. Cambridge CB21 6AH, UK: Woodhead Publishing Limited, 2011. pp. 428-481.

246. Göldel A, Marmur A, Kasaliwal GR, Pötschke P, and Heinrich G. Macromolecules 2011;44(15):6094-6102.

247. Krasovitski B and Marmur A. Journal of Adhesion 2005;81(7-8):869-880.

248. Marmur A. Influence of particle aspect ratio on the wetting coefficient; Persönliches Gespräch, Dresden (2009).

249. Gurevitch I and Srebnik S. Chemical Physics Letters 2007;444(1-3):96-100.

250. Kusner I and Srebnik S. Chemical Physics Letters 2006;430(1-3):84-88.

251. Göldel A, Kasaliwal GR, Pötschke P, and Heinrich G. Polymer 2012;53(2):411-421.

252. Auschra C, Stadler R, and Voigtmartin IG. Polymer 1993;34(10):2081-2093.

253. Ruckdaschel H, Sandler JKW, Altstadt V, Rettig C, Schmalz H, Abetz V, and Muller AHE. Polymer 2006;47(8):2772-2790.

254. Doi M and Edwards SF. The Theory of Polymer Dynamics. Oxford: Clarendon Press, 2004.

255. Tuteja A, Mackay ME, Narayanan S, Asokan S, and Wong MS. Nano Letters 2007;7(5):1276-1281.

256. Kasaliwal G. Dissertation: Analysis of multiwalled carbon nanotube agglomerate dispersion in polymer melts. Fakultät für Maschinenwesen, Technische Universität Dresden, 2011.

257. Eggers J, Lister JR, and Stone HA. Journal of Fluid Mechanics 1999;401:293-310.

258. Bhattacharyya AR, Potschke P, Haussler L, and Fischer D. Macromolecular Chemistry and Physics 2005;206(20):2084-2095.

259. Bhattacharyya AR, Pötschke P, Abdel-Goad M, and Fischer D. Chemical Physics Letters 2004;392(1-3):28-33.

260. Bhattacharyya AR and Pötschke P. Macromolecular Symposia 2006;233:161-169.

261. Bhattacharyya AR, Bose S, Kulkarni AR, Pötschke P, Häussler L, Fischer D, and Jehnichen D. Journal of Applied Polymer Science 2007;106(1):345-353.

262. Wagner HD. Chemical Physics Letters 2002;361(1-2):57-61.

263. Stöckelhuber KW, Svistkov AS, Pelevin AG, and Heinrich G. Macromolecules 2011;44(11):4366-4381.

264. Bose S, Bhattacharyya AR, Bondre AP, Kulkarni AR, and Potschke P. Journal of Polymer Science Part B-Polymer Physics 2008;46(15):1619-1631.

265. Socher R, Krause B, Boldt R, Hermasch S, Wursche R, and Pötschke P. Composites Science and Technology 2011;71(3):306-314.

266. Socher R, Krause B, Hermasch S, Wursche R, and Pötschke P. Composites Science and Technology 2011;71(8):1053-1059.

267. Kim JY. Journal of Applied Polymer Science 2009;112(5):2589-2600.

268. Broza G, Kwiatkowska M, Roslaniec Z, and Schulte K. Polymer 2005;46(16):5860-5867.

269. Pompe G and Häussler L. Journal of Polymer Science Part B-Polymer Physics 1997;35(13):2161-2168.

270. Zheng W-g, Wan Z-h, Qi Z-n, and Wang F-s. Polymer International 1994;34(3):301-306.

271. Denchev Z, Evstatiev M, Fakirov S, Friedrich K, and Pollio M. Advanced Composite Materials 1998 7(4):313 - 324.

272. Cortárzar M, Eguiazábal JI, and Iruin JJ. British Polymer Journal 1989;21(5):395-397.

273. Holz T. Solid surface energy, http://www.surface-tension.de/solid-surface-energy.htm, Juni 2009.

274. Son Y. Polymer 2001;42(3):1287-1291.

275. Auschra C and Stadler R. Macromolecules 1993;26(24):6364-6377.

276. Ruckdäschel H, Sandler JKW, Altstädt V, Schmalz H, Abetz V, and Müller AHE. Polymer 2007;48(9):2700-2719.

277. Zhang JH, Ravati S, Virgilio N, and Favis BD. Macromolecules 2007;40(25):8817-8820.

278. Hobbs SY, Dekkers MEJ, and Watkins VH. Polymer 1988;29(9):1598-1602.

279. Valera TS, Morita AT, and Demarquette NR. Macromolecules 2006;39(7):2663-2675.

280. Dong LS, Greco R, and Orsello G. Polymer 1993;34(7):1375-1382.

281. Pötschke P, Fornes TD, and Paul DR. Polymer 2002;43(11):3247-3255.

14. PUBLIKATIONSVERZEICHNIS

ZEITSCHRIFTENARTIKEL ALS ERSTAUTOR

1. Göldel A., Ruckdäschel H., Müller A.H.E., Pötschke P., Altstädt V.:
   Controlling the Phase Morphology of Immiscible Poly(2,6-Dimethyl-1,4-Phenylene Ether)/Poly(Styrene-Co-Acrylonitrile) Blends via Addition of Polystyrene.
   e-Polymers. 2008:17.

2. Göldel A., Kasaliwal G., Pötschke P.:
   Selective Localization and Migration of Multiwalled Carbon-Nanotubes in Blends of Polycarbonate and Poly(styrene-acrylonitrile).
   Macromolecular Rapid Communications. 2009; 30(6):423-429.

3. Göldel A., Marmur A., Kasaliwal G., Pötschke P., Heinrich, G.:
   Shape Dependent Localization of Carbon-Nanotubes and Carbon-Black in an Immiscible Polymer Blend during Melt Mixing.
   Macromolecules. 2011, 44, 6094-6102

4. Göldel A., Kasaliwal G., Pötschke P., Heinrich, G.:
   The Kinetics of CNT-Transfer between Immiscible Blend Phases during Melt Mixing.
   Polymer. 2012, 53(2), 411-421

ZEITSCHRIFTENARTIKEL ALS BETEILIGTER AUTOR

1. Weber M., Heckmann W., Göldel A.:
   Styrenics/Polyamide-Blends - Reactive Blending and Properties.
   Macromolecular Symposia. 2006; 233:1-10.

2. Lovera D., Ruckdäschel H., Göldel A., Behrendt N., Frese T., Sandler J.K.W., Altstädt V., Giesa R., Schmidt H.W.:
   Tailored Polymer Electrets based on Poly(2,6-Dimethyl-1,4-Phenylene Ether) and its Blends with Polystyrene.
   European Polymer Journal. 2007; 43(4):1195-1201.

3. Kasaliwal G., Göldel A., Pötschke P.:
   Influence of Processing Conditions in Small-Scale Melt Mixing and Compression Molding on the Resistivity and Morphology of Polycarbonate-MWNT Composites.
   Journal of Applied Polymer Science. 2009;112(6):3494-3509.

4. Kasaliwal G., Pegel S., Göldel A., Pötschke P., Heinrich G.: *Analysis of Agglomerate Dispersion Mechanisms of Multiwalled Carbon-Nanotubes during Melt Mixing in Polycarbonate.*
   Polymer. 2010; 51(12): 2708-2720.

5. Kasaliwal G. R., Göldel A., Pötschke P., Heinrich G.:
   Influences of Polymer Matrix Melt Viscosity and Molecular Weight on MWCNT Agglomerate Dispersion.
   Polymer. 2011; 52(4):1027-1036.

6. Buschhorn, S. T., Wichmann, M. H. G., Sumfleth, J., Schulte, K., Pegel, S., Kasaliwal, G., Villmow, T., Krause, B., Göldel, A., Pötschke, P.:
   Charakterisierung der Dispersionsgüte von Carbon-Nanotubes in Polymer-Nanokompositen.
   Chemie Ingenieur Technik. 2011; 83(6):767-781.

7. Gültner, M., Göldel A., Pötschke P.:
   Tuning the Localization of Functionalized MWCNTS in SAN/PC Blends by a Reactive Component.
   Composites Science and Technology 2011, 72, 41-48

BUCHKAPITEL

1. Göldel A., Pötschke, P.:
   Carbon-Nanotubes in Multiphase Polymer Blends.
   Pages 587-619 in: Polymer Carbon Nano-Tube Composites: Preparation, Properties and Applications, Woodhead Publishing Limited, Cambridge CB21 6AH, UK, 2011, ISBN-13: 978-1845697617.

Der disserta Verlag bietet die kostenlose Publikation
Ihrer Dissertation als hochwertige
Hardcover- oder Paperback-Ausgabe.

Fachautoren bietet der disserta Verlag
die kostenlose Veröffentlichung professioneller Fachbücher.

Der disserta Verlag ist Partner für die Veröffentlichung
von Schriftenreihen aus Hochschule und Wissenschaft.

Weitere Informationen auf www.disserta-verlag.de